U0311642

普通高等院校"十二五"规划教材

普通高等院校"十二五"规划教材

普通高等院校机械类精品教材

机械工程概论

（第二版）

主　编　邓绍文

副主编　叶秉良　袁水铃

华中科技大学出版社

http://www.hustp.com

中国·武汉

内 容 简 介

本书是专门介绍机械工程学科领域科学、技术、工程等问题的概述性科普教材,旨在展示机械工程学科所涵盖的主要内容及其对人类社会发展与进步所起的重要推动作用。同时,介绍了机械工程行业的最新发展,让广大学生了解作为机械工程科技人员所需的专业知识、技能及其择业范围。

全书共七章,主要内容有:机械工程及学科总论,机械工程中的力学,机械设计,机械制造基础,先进制造技术,机电一体化技术,新材料及其工程应用。

本书可作为高等学校机械类专业导论课教材,也可作为非工程类专业人员了解机械工程领域基本知识的概述性教材使用,还可供有关工程技术人员学习参考。

图书在版编目(CIP)数据

机械工程概论/郭绍义主编.—2版.—武汉:华中科技大学出版社,2015.6(2020.7重印)
普通高等院校"十一五"规划教材 普通高等院校机械类精品教材
ISBN 978-7-5680-0947-8

Ⅰ.① 机… Ⅱ.①郭… Ⅲ.①机械工程-高等学校-教材 Ⅳ.①TH

中国版本图书馆 CIP 数据核字(2015)第 132524 号

机械工程概论(第二版)　　　　　　　　　　　　　　　　　　郭绍义　主编

策划编辑:俞道凯
责任编辑:王　晶
封面设计:潘　群
责任校对:刘　竣
责任监印:张正林
出版发行:华中科技大学出版社(中国·武汉)　　　电话:(027)81321913
　　　　　武汉市东湖新技术开发区华工科技园　　　邮编:430223
录　　排:武汉市洪山区佳年华文印部
印　　刷:武汉中科兴业印务有限公司
开　　本:787mm×960mm　1/16
印　　张:16.75　插页:2
字　　数:358千字
版　　次:2009 年 7 月第 1 版　2020 年 7 月第 2 版第 6 次印刷
定　　价:39.80 元

序

　　"爆竹一声除旧，桃符万户更新。"在新年伊始，春节伊始，"十一五规划"伊始，来为"普通高等院校机械类精品教材"这套丛书写这个"序"，我感到很有意义。

　　近十年来，我国高等教育取得了历史性的突破，实现了跨越式的发展，毛入学率由低于10%达到了高于20%，高等教育由精英教育而跨入了大众化教育。显然，教育观念必须与时俱进而更新，教育质量观也必须与时俱进而改变，从而教育模式也必须与时俱进而多样化。

　　以国家需求与社会发展为导向，走多样化人才培养之路是今后高等教育教学改革的一项重要任务。在前几年，教育部高等学校机械学科教学指导委员会对全国高校机械专业提出了机械专业人才培养模式的多样化原则，各有关高校的机械专业都在积极探索适应国家需求与社会发展的办学途径，有的已制定了新的人才培养计划，有的正在考虑深刻变革的培养方案，人才培养模式已呈现百花齐放、各得其所的繁荣局面。精英教育时代规划教材、一致模式、雷同要求的一统天下的局面，显然无法适应大众化教育形势的发展。事实上，多年来许多普通院校采用规划教材就十分勉强，而又苦于无合适教材可用。

　　"百年大计，教育为本；教育大计，教师为本；教师大计，教学为本；教学大计，教材为本。"有好的教材，就有章可循、有规可依、有鉴可借、有道可走。师资、设备、资料（首先是教材）是高校的三大教学基本建设。

　　"山不在高，有仙则名。水不在深，有龙则灵。"教材不在厚薄，内容不在深浅，能切合学生培养目标，能抓住学生应掌握的要言，能做到彼此呼应、相互配套，就行，此即教材要精、课程要精，能精则名、能精则灵、能精则行。

　　华中科技大学出版社主动邀请了一大批专家，联合了全国几十个应用型机械专业，在全国高校机械学科教学指导委员会的指导下，保证了当前形势下机械学科教学改革的发展方向，交流了各校的教改经验与教材建设计划，确定了一批面向普通高等院校机械学科精品课程的教材编写计划。特别要提出的，教育质量观、教材质量观必须随高等教育大众化而更新。大众化、多样化决不是降低质量，而是要面向、适应与满足人才市场的多样化需求，面向、符合、激活学生个性与能力的多样化特点。"和而不同"，才能生动活泼地繁荣与发展。脱离市场实际的、脱离学生实际的一刀切的质量不仅不是"万应灵丹"，而是"千篇一律"的桎梏。正因为如此，为了真正确保高等教育大众化时代的教学质量，教育主管部门正在对高校进行教学质量评估，各高校正在积极进行教材建设，特别是精品课程、精品教材建设。也因为如此，华中科技大学出版社组织出版普通高等院校应用型机械学科的精品教材，可谓正得其时。

　　我感谢参与这批精品教材编写的专家们！我感谢出版这批精品教材的华中科技大学出版社的有关同志！我感谢关心、支持与帮助这批精品教材编写与出版的单位与同志们！我深信编写者与出版者一定会同使用者沟通，听取他们的意见与建议，不断提高教材的水平！

　　特为之序。

中国科学院院士

教育部高等学校机械学科指导委员会主任

杨叔子

2006.1

前　言

对于刚刚进入大学校门的机械类专业的学生来讲,"什么是机械工程"、"机械工程包含哪些内容"、"机械类专业学生要学习哪些课程"、"机械工程专业学生将来可以做什么"等问题常使他们感到困惑。

机械工业是一切工业的基础,机械工程行业是世界上最大的行业之一,从事该行业的专业人士人数以千万计。几乎所有的工科院校都有机械工程或相关专业。可以这样说,现在几乎找不到一个科技领域可以不使用机械作为它的制造基础,或者说没有可以离开机械行业而能单独存在的工业领域和产品。选择在机械工程领域工作,职业选择范围宽广,就业前景光明,工作充满创意并富有挑战性,同时还可以创造出巨大的社会财富并造福人类……

如果你想象力丰富并充满创意,不妨考虑当设计工程师;

如果你喜欢在实验室做实验,看来测试工程师可能适合你;

如果你喜欢组织并促成一些活动,那么,你可以当研发工程师;

如果你说服力强并喜欢与人打交道,那么,可以往销售或售后服务工程师方向发展;

如果你热衷于自然科学,喜欢和数字打交道,分析工程的工作就最适合不过了。

在机械工程领域中,几乎所有问题都没有最后答案或唯一的答案,也没有书本或教授可以告诉你答案的对与错。如果你天性喜欢接受挑战,那么,总是充满挑战性问题的工程学,无疑会十分适合你。

学习机械工程,前景广阔。一方面,机械工程本身的发展空间很大,当今高新技术的发展离不开机械工程,国家的强盛离不开机械工程,国家的安全也离不开机械工程,因此,在此领域可以大展宏图;另一方面,如果具有良好的机械工程背景、数学基础、外语水平,还可以在相当多的领域施展自己的才华,实现自己的抱负和理想。

本书在第一版的基础上,根据机械工程领域的最新进展和读者的反馈情况,对部分章节做了适当的增补。参加本书编写的有:浙江理工大学郭绍义(第1、4章),李剑敏(第2章),叶秉良(第3章),杨金林(第5章),陈元斌(第6章),袁永锋(第7章)。全书由郭绍义任主编,叶秉良和袁永锋任副主编。

本书的编写,参考和使用了大量相关的科技著作、教材、论文和网络资料,在此对这些著作、教材、论文和资料的作者表示衷心的感谢。本书的编写和出版得到了方方面面的支持,在此也一并表示感谢。

由于编者水平有限,书中一定存在缺点和不足之处,恳请读者批评指正。

编　者
2015 年 3 月

目　　录

第1章 机械工程及学科总论

1.1 科学和工程

1.1.1 科学的基本概念

什么是科学？这是我们首先应当搞清楚的基本问题。人类最早是用拉丁文"scientia"表述"科学"的概念的，英文"science"、德文"wissenschaft"、法文"scientia"则是由此衍生借用来的，其本义为"学问"、"知识"。中国古代《中庸》上用"格物致知"表示实践出真知的概念，日本转译为"致知学"。明治维新时期，日本著名科学启蒙大师、教育家福泽瑜吉把"science"译成"科学"，在日本广泛应用。1893 年，康有为引进并使用"科学"二字。科学启蒙大师、翻译家严复在翻译《天演论》等科学著作时，也用"科学"二字，此后"科学"二字在中国得到广泛应用。

科学在不同时期、不同场合有不同意义，科学本身在发展，人们对它的认识也在不断深化。到目前为止，还没有一个为世人公认的"科学"定义，要给"科学"下一个永世不变的定义，是难以做到的。科学有若干种解释，每一种解释都从某一个侧面对其本质特征进行揭示和描述，归纳起来大致有下述几种基本解释。

1. 科学是对客观事物发展规律的正确认识和总结

生产和实验是人类社会赖以生存和发展的最基本的实践活动，在这个活动过程中出现了历史、社会和自然界现象等，如工具的变化、经济波动、雷电轰鸣、天然放射性元素等。孤立地看，这些现象千奇百怪、貌似紊乱，但深入研究，人们发现客观世界种种现象之间存在内在的和本质的必然联系，如"水往低处流"，这只是一种现象的描述，这种描述至多只是为真正的科学研究奠定了一个基础，还不能叫科学。只有当牛顿发现了"万有引力定律"，并用这一定律来解释"水往低处流"等自然现象的时候，才算真正进入了科学的大门。再如，西方微观经济学中的"均衡价格"理论，尽管使用了许多图表和精确的数学工具，但实际上仍然只是对供求现象的描述，还不能称得上是科学。相比之下，马克思的劳动价值理论，尽管目前许多人指出其存在种种缺陷，但这一理论却是在努力探索价格确定的内在规律，仍可以称得上是科学，即使错误，也只是科学的错误。找出客观事物之间的必然联系，对它进行正确认识和总结，上升到理性高度，就是发现了规律，这种规律，就是学问，就是知识。这里所说的规律，就是事物发展过程中事物之间内在的、本质的、必然的联系。它是在一定条件下，可以反复出现的，是客观存在的,人们只能发现它,但不能创造它。

对纷繁复杂的客观事物,正确认识和总结它们之间必然的联系,就是科学,由此我们就进入了伟大的科学殿堂。

2. 科学是关于自然、社会和思维的知识体系

科学不是点点滴滴互不联系的知识单元,也不只是事实或规律的知识单元,只有当这些知识单元的内在逻辑特征和知识单元间的本质联系清楚了,并建立起一个完整的知识体系时才可称为科学。由这些知识单元组成学科,学科又组成学科群,如此形成一个多层次的知识体系。如当代信息科学是一个综合性的学科群,它是以信息论为基础,由电子学、控制论、自动化技术、计算机科学、人工智能及神经科学等学科组合而成的,而以上各学科可以分解为若干知识单元。

科学史表明,古今中外的大科学家不只是知识创造者,更重要的,他们还是知识的综合者。古希腊的亚里士多德,是科学史上对后人影响最大的科学家之一,他的卓越贡献是集古代知识之大成,并对知识进行了分类,他的著作就是古代的百科全书。古希腊的欧几里得也是一位科学知识的综合者,他以严谨的逻辑和科学的推理方法写成的《几何学原本》是古希腊科学的最高成就,他通过逻辑的推理和严密的论证使知识体系化。

事实上,科学的形成取决于两个方面,一是在生产和实践中创造知识,二是综合知识的逻辑思维。在综合化过程中,按照内在逻辑关系把已知知识条理化、系统化,发现矛盾或空白,再进行观察、试验论证,得知新的原理,补充和完善知识体系,因此,综合化过程也是一种科学过程。

3. 科学是征服自然、改造社会的武器

从科学与自然、科学与社会的关系来说,科学的本质含义是告诉人们怎样去征服自然、改造社会,这样科学概念才会有实际意义。自然科学是人们在自然界争取自由的武器,社会科学是人们在社会活动中得到自由的武器。人们要在自然界得到自由,就要运用自然科学了解自然、征服自然和改造自然,从自然界里得到自由。为使人类社会进步,就要以社会科学为武器来了解社会、改造社会,进行社会革命。科学是使一切活动合理和有效的基础,是行动规则的总和。

人们习惯把科学分成纯粹科学和应用科学,认为纯粹科学影响我们的思想方式,应用科学影响我们的生产方式和生活方式。实际上,纯粹科学的最终目的仍然是通过科学应用解决生产与生活的实际问题。因此,只存在为人类社会的进步服务的统一的科学,没有超脱人类社会的不解决任何实际问题的科学。科学只能是征服自然、改革社会的武器和工具。

科学作为一项事业,在社会总体活动中的地位和功能的表现有两个方面:一是在精神文明方面,即认识世界是科学的认识功能;二是在物质文明方面,即改造世界是科学的生产力功能。

科学是对客观实际的反映和本质的描述,但客观世界处于不断变化和发展之中,科学当然也处于动态之中。科学无止境的发展和不完全重复的变化,使科学总是处于不断补充与修改之中。科学既是一支"未完成的交响曲",也是一台大型的"机器",它总是处于增加配件和不间断的改进之中。科学不仅仅是研究过程的产物,更重要的是必须把科学看成是一个连续发展的社会过程。

美国科学家贝尔纳对科学虽然做过深入研究,但他深感为科学下圆满定义的难处,而只能从不同侧面去理解和认识科学。他认为科学包括五个侧面:一是指体制,是完成科学社会任务的组织;二是指方法,即发现事实和规律的一切方法的总和;三是指累积而成的知识体系;四是指科学是导致生产发展的重要因素;五是指科学是构成新思想和世界观产生的源泉。

1.1.2　工程的概念

工程就是应用科学知识使自然资源最佳地为人类服务的一种专门技术。

工程(engineering)一词来源于拉丁文"ingenium",最初指的是古罗马军团士兵用的撞城锤。到了中世纪,人们称操纵这种武器的人为"ingeniators",后来这个词逐渐演变为"engineer",是指建筑城堡、制造武器的人,这些人所从事的工作和所选用的知识便称为"engineering"(工程)。

工程技术是在历史过程中产生和发展起来的,工程技术的概念也伴随着历史的发展而发展,今天人们普遍认为:

第一,工程技术不仅是人类为实现一定的目的,创造和运用的知识、规则和物质手段的总和,而且是人类社会活动的一个重要领域,是连接科学与社会、科学与生产的重要桥梁。

第二,工程技术不仅是一个相对独立的社会活动领域,而且是广泛渗透到人类社会一切活动中并日益发挥着越来越大作用的因素。今天,不仅科学和生产技术化了,而且社会生活的其他领域也技术化了。例如,从政治选举到文化娱乐,甚至宗教布道都采用了种种技术手段。

第三,工程技术不仅是各种手段的静态总和,而且是综合运用各种工具、规则和程序去实现特定目标的动态过程。写在书本里的工程学知识,建成的工程项目,都是工程技术活动过程的成果和结晶。真正的工程技术存在于人类改造自然、社会和人类自身(医疗、教育等)的活动之中。如今甚至有些工程技术的对象和产品本身也是某种意义的过程,如生产工艺、计算机运行程序、作战计划等。

根据上述认识,我们可以把工程技术大致定义为:它是为了满足特定的社会需要,由具有专门知识和技能的人所从事的研究、开发、设计、创造和使用具备特定功能的产品(包括人工过程)的活动过程,以及这种过程所使用和创造的各种手段、知识和规则的总和。

现代的工程学涉及人员、金钱、信息、材料、机械和能量。工程不同于科学,因为它主要是研究如何将科学家所发现并表达为适当理论的自然现象付诸实用以取得经济效果,所以工程首先要具有富于创造性的想象力,以便对自然现象的有效运用进行革新。它从不满足于已有的方法和设备。它不断探索更新、更省、更好地利用自然能源和材料的手段,来提高人类的生活水平,并减轻繁重的劳动。

1.1.3　工程技术的基本特点

工程技术作为一个特殊的活动领域,它与科学、生产和艺术有着相当密切的联系,同时存在着根本的区别。

第一,与科学研究相比,工程技术的显著特点是实用性。科学研究的任务是探索真理,增加人类的知识财富;工程技术的任务是控制、利用和改造客观世界,增加人类的物质财富。科学知识的任务则是力求反映客观真理,并且越精确越好;而工程技术所要求的技术知识主要是为解决实际问题,往往要求越实用越好,有时只要能解决问题,近似解也是可以的。例如,波动光学当然比几何光学更精确,但是由于它太复杂而难以应用,所以,设计和制造光学仪器往往只需应用几何光学,波动光学反而常常派不上用场。

第二,与生产活动相比,工程技术的特点是其成果的信息形式。这里的工程技术含义是狭义的,是就工程技术活动的核心——工程技术研究而言的。工程技术研究所取得的成果(如新材料、新产品和新工艺等)固然要付诸于生产实践,但这些物质成果本身并不是工程技术研究结果的主要标志。其主要标志是导致这些物化成果的技术知识,表现为设计方案、技术诀窍、工艺说明书等信息形式。所以,在一些发达国家里,工程技术人员被称为第四产业(信息产业)劳动者。

第三,工程技术具有更大的经验性。科学虽然有时也从经验出发,但由于其目的是揭示客观事物发展变化的普遍规律,所以,理论方法在科学研究中占有更为特殊的地位,而其成果也无一例外都是抽象的。工程技术研究则离不开经验,不仅古代的工匠要运用经验和技能,现代工程师也必须具有丰富的实践经验才能较好地解决具体、复杂的实际问题。例如,确定产品的安全系数离不开经验,尽管有了可靠性技术的理论计算,但它仍然无法囊括全部复杂的不确定性因素,仍然要求助于经验和试验。

第四,工程技术具有高度的综合性。它不仅与某一门学科有关,而且要运用多学科的综合知识,涉及经济的、社会的、法律的、环境的、心理的和生理的因素。例如,对于设计一台电气控制柜,科学家主要考虑的是其电气原理是否合理、效率如何,而工程师则还要考虑到成本、配件供应情况、操作性能、可靠性、维修性、外观是否美观,以及仪表、手柄和按钮是否易于感触等。

1.2　机械与机械工程

1.2.1　机械

人类从使用简单工具到今天能够设计复杂的现代机械,经历了漫长的过程。随着社会的进步和生产的不断发展,各种各样的机械不断地进入社会的各个领域,承担着大量人力所不能或不便进行的工作,大大改善了劳动条件,提高了生产率,同时也促进了经济的发展。

机械是现代社会进行生产和服务的六大要素(即人、资金、信息、能量、材料和机械)之一,并且能量和材料的生产还必须有机械的参与。所谓的机械就是机器和机构的总称。机器在我们生活中有很多,如内燃机、发电机、电梯、机器人(见图 1-1)及各种机床等。

尽管机器品种繁多、形式多样、用途各异,但都具有如下特征:① 都是由许多构件组合而成;② 组成机器的各运动实体之间有确定的相对运动关系;③ 能实现能量的转换,代替或减轻人的劳动,完成有用的机械功。

凡具备上述三个特征的实体组合体称为机器。

因此,机器就是人为的实体组合,它的各个部分之间

图 1-1　仿人画像机器人

有确定的相对运动,并能代替和减轻人类的体力劳动,完成有用的机械功或实现能量的转换。

所谓机构,就是具有确定相对运动的各种实物的组合,即符合机器的前两个特征。机构主要用来传递和变换运动,而机器主要用来传递和变换能量,从结构和运动学的角度分析,机器与机构之间并无区别。

机器是由若干不同零件组装而成的,零件是组成机器的基本要素,即机器的最小制造单元。各种机器经常用到的零件称为通用零件,如螺钉、螺母、轴、齿轮、弹簧等。在特定的机器中用到的零件称为专用零件,如汽轮机中的叶片,起重机的吊钩,内燃机中的曲轴、连杆、活塞等。构件是机器的运动单元,一般由若干个零件刚性连接而成,也可以是单一的零件。

一部完整的机器基本上由原动机、工作机和传动装置三部分组成:① 原动机是机器的动力来源,常用的原动机(发动机)有电动机、内燃机及液压机等;② 工作机处于整个机械传动路线终端,是完成工作任务的部分;③ 传动装置介于动力部分与工作部分之间,主要作用是把动力部分的运动和动力传递给工作部分的中间环节,但也有一些机器的动力

部分和工作部分直接相连。

较复杂的机器还包括控制部分,如控制离合器、制动器、变速器等,它能够使机器的原动部分、传动装置和工作部分按一定的顺序和规律运动,完成给定的工作循环。

1.2.2　机械工程

机械工程是以有关的自然科学和技术科学为理论基础,结合在生产实践中积累的技术经验,研究和解决在开发、设计、制造、安装、运用和修理各种机械中的全部理论和实际问题的一门应用学科。

机械的种类繁多,根据用途不同,可分为:① 动力机械,如电动机、内燃机、发电机、液压机等,主要用来实现机械能与其他形式能量间的转换;② 加工机械,如轧钢机、包装机及各类机床等,主要用来改变物料的结构形状、性质及状态;③ 运输机械,如汽车、飞机、轮船、输送机等,主要用来改变人或物料的空间位置;④ 信息机械,如复印机、传真机、摄像机等,主要用来获取或处理各种信息;等等。

相同的工作原理、相同的功能或服务于同一产业的机械有相同的问题和特点,因此机械工程就有几种不同的分支学科体系。例如,全部机械在其研究、开发、设计、制造、运用等过程中都要经过几个工作性质不同的阶段,按这些不同阶段,机械工程可分为机械科研、机械设计、机械制造、机械运用和维修等。这些按不同方面分成的多种分支学科系统互相交叉,互相重叠,从而使机械工程可能分化成上百个分支学科。

1.2.3　机械工程的发展过程

人类成为"现代人"的标志是能够制造工具。石器时代的各种石斧、石锤和简单粗糙的木质工具是机械的先驱。从制造简单工具演进到制造由多个零件、部件组成的现代机械,经历了漫长的过程。几千年前,人类已创造了例如用于谷物脱壳和粉碎的臼和磨,用来提水的桔槔和辘轳,装有轮子的车,航行于江河的船及其桨、槽、舵等。所用的动力,从人自身的体力,发展到利用畜力、水力和风力等。所用材料,从天然的石、木、皮革,发展到人造材料。最早的人造材料是陶瓷。制造陶瓷器皿的陶车,已是具有动力、传动和工作三部分的完整机械。人类从石器时代进入青铜时代,再进而到铁器时代,用以吹旺炉火的鼓风器的发展在其中起到了重要作用。有足够强大的鼓风器,才能使冶金炉获得足够炉温,才能从矿石中冶炼出金属。在中国,公元前 1000—前 900 年就已有了冶铸用的鼓风器,并逐渐从人力鼓风发展到畜力和水力鼓风。

15 世纪以前,机械工程的发展非常缓慢。18 世纪后期,蒸汽机的应用从采矿业推广到纺织、食品、冶金等行业。制造机械的主要材料逐渐从木材改用更为坚韧但难以用手工加工的金属。机械制造工业开始形成,并在几十年中成为一个重要的产业。机械工程通过不断扩大的实践,从分散性的、主要依赖匠师们个人才智和手艺的一种技艺,逐渐发展成为一门有理论指导的、系统的、独立的工程技术。机械工程是促成 18—19 世纪的工业革命以及资本主义机械大生产的主要技术因素。

1. 动力机械的发展

17 世纪后期，随着各种机械的改进和发展，随着煤和金属矿石的需要量的逐年增加，人们感到依靠人力和畜力很难将生产提高到一个新的阶段。在英国，纺织、磨粉等产业越来越多地将工厂设在河边，利用水力来驱动工作机械。但当时已有一定规模的煤矿、锡矿、铜矿矿井中的地下水，仍只能用大量畜力来提升排除。在这样的生产需要下，18 世纪初出现了 T.纽科门的大气式蒸汽机，用以驱动矿井排水泵。但是这种蒸汽机的燃料消耗率很高，基本上只能用于煤矿。1765 年 J.瓦特发明了有凝汽器的蒸汽机，降低了燃料消耗率。1781 年瓦特又创造出提供回转力的蒸汽机（见图 1-2），扩大了蒸汽机的应用范围。瓦特蒸汽机的发明和发展，使矿业的工业生产、铁路和航运都得以机械动力化。蒸汽机几乎是 19 世纪唯一的动力源。中国的徐寿、华蘅芳、徐建寅等人，于 1863 年，在安庆制造出了中国第一台蒸汽机（见图 1-3），创造了中国近代工业史的奇迹。19 世纪末，电力供应系统和电动机已在工业生产中取代了蒸汽机，成为驱动各种工作机械的基本动力。

图 1-2 瓦特旋转式蒸汽机

19 世纪后期发明的内燃机经过逐年改进，成为轻而小、效率高、易于操纵、可随时启动的原动机。它先被用以驱动没有电力供应的陆上工作机械，之后又用于汽车、轮船和挖掘机械等，到 20 世纪中期开始用于铁路机车。蒸汽机在汽轮机和内燃机的排挤下，已不再是重要的动力机械。内燃机和以后发明的燃气轮机、喷气发动机（见图 1-4）的发展，还是飞机、航天器等成功发展的基础技术因素之一。

2. 机械加工技术的发展

工业革命以前，机械大都是木结构的，由木匠手工制成。金属（主要是铜、铁）仅用来

图 1-3　中国第一台蒸汽机

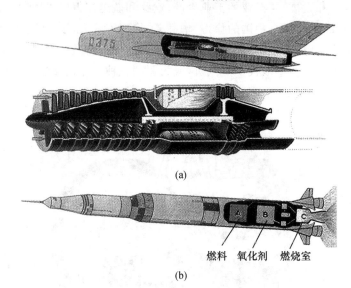

(a)

燃料　氧化剂　燃烧室

(b)

图 1-4　喷气发动机

（a）空气喷气发动机；（b）火箭喷气发动机

制造仪器、锁、钟表、泵和木结构机械上的小零件。金属加工主要依靠工匠的精工细作，以达到需要的精度。随着蒸汽机动力装置的推广，以及随之出现的矿山、冶金、轮船、机车等大型机械的发展，需要成形加工的金属零件越来越多、越来越大，要求的精度也越来越高，应用的金属材料从铜、铁发展到以钢为主。机械加工包括铸造、锻压、钣金、焊接、热处理等技术及其装备，以及切削加工技术和机床、刀具、量具等。

　　社会经济的发展，使得人们对机械产品的需求猛增。生产批量的增大和精密加工技术的进展，促进了大批量生产方式的形成。简单的互换性零件和专业分工协作生产，在古代就已出现。在机械工程中，互换性零件最早出现在 H. 莫兹利于 1797 年利用其创制的螺纹车床所生产的螺栓和螺帽。同时期,美国工程师 E.惠特尼用互换性生产方法生产火枪,显示了互换性的可行性和优越性。这种生产方法在美国逐渐推广,形成了所谓的"美国生产方法"。20 世纪初期,H.福特在汽车制造上创造了装配流水线。大量生产技术的应用加上F. W.泰勒在 19 世纪末创立的科学管理方法,使汽车和其他大批量生产的机械产品的生产效率很快达到了过去无法想象的高度。

20 世纪中后期机械加工的主要特点是:① 不断提高机床的加工速度和精度,减少对手工技艺的依赖;② 发展精密切削加工工艺;③ 提高成形加工、切削加工和装配的机械化和自动化程度,使自动化从机械控制的自动化发展到电气控制的自动化和计算机程序控制的完全自动化,直至无人车间和无人工厂;④ 利用数字控制机床、加工中心、成组技术等,发展柔性加工系统,使中小批量、多品种生产的生产效率提高到近于大批量生产的水平;⑤ 研究和改进难加工的新型金属和非金属的成形和切削加工技术。

3.机械工程基础理论的发展

18 世纪以前,机械匠师全凭经验、直觉和手艺进行机械制作,与科学几乎不发生联系。到 18—19 世纪,在新兴的资本主义经济的促进下,掌握科学知识的人士开始注意生产,而直接进行生产的匠师则开始学习科学文化知识。他们之间的交流和互相启发取得了很大的成果。动力机械最先与当时的先进科学相结合,在蒸汽机实践的基础上,物理学家 S.卡诺、W. J. M.兰金和 L.开尔文建立起一门新的学科——热力学。内燃机最重要的理论基础是法国的罗沙在 1862 年创立的,1876 年 N. A.奥托应用罗沙的理论,改进了内燃机原来的粗陋笨重、噪声大、热效率低的缺陷,从而奠定了内燃机在原动机中的地位。

早在公元前,中国已在指南车上运用了复杂的齿轮系统。古希腊也有圆柱齿轮、圆锥齿轮和蜗杆传动的记载。但是,关于齿轮传动瞬时速比与齿轮的齿形曲线的关系,直到 17 世纪之后才有理论阐述。机构学作为一个专门学科迟至 19 世纪初才第一次被列入高等工程学院(巴黎的工艺学院)的课程。

机械工程的工作对象是动态的机械,它的工作情况会发生更大的变化,这种变化有时是随机的、不可预见的;实际应用的材料也不完全均匀,可能存有各种缺陷;加工精度有一定的偏差;等等。与以静态结构为工作对象的土木工程相比,机械工程中各种问题更难以用理论精确解决。因此,早期的机械工程只运用简单的理论概念,结合实践经验进行工作。设计计算多依靠经验公式,为保证安全,都偏于保守。结果,制成的机械笨重而庞大,成本高、生产率低、能量消耗很大。

从 18 世纪起,设计计算从两个方面不断提高精确度。

(1)在材料强度方面:从早期按静强度除以安全系数的粗糙计算,提高到考虑材料疲劳的寿命计算(19 世纪后半期);从一律按材料的无限疲劳寿命进行设计,改为按照实践要求的寿命进行有限寿命设计(20 世纪前半期);从认为材料原则上不能有裂纹,发展到以断裂力学理论为依据,考虑裂纹材料的强度和寿命。

（2）机械结构的力学分析方面：从应用经验公式和简化的力学分析来确定各种受力和力矩，发展到应用复杂的力学分析和数学计算方法；进入 20 世纪，又出现各种实验应力分析方法，人们已能用实验方法测出模型和实物上各部位的应力，在发现应力过高或过低时，便可以做出必要的调整；20 世纪后半叶，人们开始应用有限元法和电子计算机，对复杂的机械及其零件和构件进行力、力矩、应力、应变等的分析和计算；对于机械及其元件，已经可以运用统计技术，按照要求的可靠度科学地进行机械设计，或者按机械的实际情况科学地判断其可靠度和使用寿命。

1.2.4　机械工程的展望

1. 机械工程与人类的生存环境

工程技术的发展在提高人类的物质文明和生活水平的同时，也对自然环境起了破坏作用。20 世纪中期以来暴露出来的严重问题有两个方面：资源（其中最严重的是能源）的大量消耗和环境的严重污染。在能源方面，核裂变动力装置的使用，发展太阳能、地热能、潮汐能、海水温差能等，可以减少对非再生的化石能源的依赖。从长远的观点看，核聚变能是很有希望的和几乎无穷尽的未来能源。使用这种新能源可减少对大气的污染。陆地和海底的金属矿藏的蕴藏量极为丰富，只要改进采矿和选矿的工艺，提高采矿和选矿机械的性能，并充分回收金属废料，在有足够的能量供应的条件下，可以极大地减缓金属矿藏蕴藏量的下降速率。

机械工程一向以增加生产量、提高劳动生产率、提高生产的经济性，即以提高人类的近期利益为目标来研究和发展新的机械产品。新产品的研制将以降低资源消耗，发展洁净的再生能源，治理、减轻以至消除环境污染作为超经济的目标任务。

2. 机械工程与人工智能

机械工程是传统的工程技术，可以完成人用双手、双目、双足和双耳直接完成或不能直接完成的工作，而且完成得更快、更好。现代机械工程已创造出越来越精巧和越来越复杂的机械装置，使过去的许多幻想成为现实。

人工智能与机械工程之间的关系近似于脑与手之间的关系。其区别仅在于人工智能的硬件还需要利用机械制造出来。过去，各种机械离不开人的操作和控制，其反应速度和操作精度受到进化很慢的人脑和神经系统的限制。人工智能的发展在很大程度上消除了这个限制。

3. 机械工程的专业化和综合化

19 世纪时，机械工程的知识总量还很有限，在欧洲的大学院校中它一般还与土木工程综合为一个学科，被称为民用工程，直到 19 世纪下半叶才逐渐成为一个独立的学科。进入 20 世纪，随着机械工程技术的发展及知识总量的增长，机械工程学科开始分解，陆续出现了更专业化的分支学科。这种分解的趋势在 20 世纪中期，即在第二次世界大战结束的前后期间达到最高峰。由于机械工程的知识总量已扩大到非一个人所能全部掌握,一定的专业化是必不可少的。但是过度的专业化造成知识过分分割、视野狭窄、适应能力很差,封闭性专业的专家们考虑问题过专,在协同工作时配合协调困难,也不利于继续自学提高。因此自 20 世纪中后期开始,又出现了综合的趋势。人们注重在基础理论上拓宽专业领域,合并分化过细的专业。综合—专业分化—再综合的反复循环,并不是现有专业的简单合并,而是在更高层次上的综合,其目的是为了更好地发挥专业知识的作用。列为 20 世纪机械工程方向前十位的杰出成就分别为汽车、阿波罗登月、发电、农业机械化、飞机、集成电路、空调和冷藏、CAD/CAM/CAE 技术、生物工程、编码与标准化,这些无一不是机械工程专业化和综合化的体现。

1.3　机械工程学科简介

　　机械工程学科下设四个二级学科:机械设计及理论、机械制造及其自动化、机械电子工程和车辆工程。机械类专业在 1998 年颁布的《普通高等学校本科专业目录》中有机械设计制造及其自动化、材料成形及控制工程、工业设计、过程装备与控制工程四个专业。下面就这四个专业的设置和要求做介绍,重点是机械设计制造及其自动化专业。由于部分高校有自主设置专业的权利,所以在有些高校招生目录上依然可以看到诸如车辆工程、机械电子工程或机械工程及其自动化等专业。

1.3.1　机械设计制造及其自动化专业

1. 专业方向和特点

　　机械设计制造及其自动化专业包括了很广泛的内容,按照 1998 年颁布的《普通高等学校本科专业目录》,机械设计制造及其自动化专业涵盖过去的机械制造工艺与设备、机械设计及制造、汽车与拖拉机、机车车辆工程、流体传动及控制、真空技术及设备、机械电子工程、设备工程与管理、林业与木工机械等专业。

　　机械设计制造及其自动化的发展方向是进一步的机、光、电结合以及机械和控制等几方面的一体化,发明、研制、设计和制造具有"智能化"的功能性强的机器,这在各领域中都是迫切需要的。比较有代表性的有微机电系统、信息技术、绿色再制造。当代各个技术领域的发展都非常迅速,因此专业建设应能及时地适应并体现这方面发展的需求。

　　该专业的业务培养目标是:培养富有责任心、具有主动性和创造力、知识面宽、适应和沟通能力强,以及在机械工程及其自动化领域和相关、交叉领域内,从事科学研究、工程设计、制造开发、运行管理及经营等方面工作的复合型高级工程技术人才。

　　按照国务院学位委员会和国家教委 1998 年联合颁布的《普通高等学校本科专业目录》中规定的对机械设计制造及其自动化专业的业务培养要求,该方向毕业生应具有以下几方面的知识与能力：

（1）较系统地掌握专业领域宽广的基础理论知识并具有专业领域内某个研究方向所必需的专业知识，了解学科前沿及发展趋势，具有较扎实的自然科学基础，较好的人文、艺术和社会科学基础；

（2）具有专业必需的制图、设计、计算、检测与控制、自动化、文献检索等基本技能及较强的计算机和外语应用能力；

（3）具有机电产品和系统的研制、开发、制造、设备控制、生产组织管理及经营的基本能力；

（4）具有较强的自学能力、创新能力和较高的综合素质，具有一定的科研工作能力。

虽然现代机械为多学科知识综合应用的产物，但专业的培养目标还是以机械类中设计制造及其自动化方面的基础知识为其主要内容。毕业生应具有在工业生产第一线如设计部门、生产部门（车间、生产装配现场等）独撑一面的实际工作能力，不但要掌握专业知识，如机械设计与制造以及自动化方面的知识，而且还要求具备诸如科技开发、应用研究、运行管理和经营销售等方面的知识。如果知识面过窄，只掌握业内技术知识，则在面临科技新产品开发、应用研究等方面问题时，便会不知所措，错过产品开发的好时机，给企业造成损失。市场经济需要懂得运行管理和经营销售方面技能的产品设计者，市场需求决定了产品未来的命运，从而也决定了企业的命运。

2．专业地位和应用

在一些以理工科为主的大学中，机械类专业的课程基本上都有设置，机械类的最终产品，现在大都是机电一体化、机光电一体化的产品，找不到一种脱离机械而能独立存在的工业和产品。比如医学，似乎和机械没有多大的关系，但医疗中的一些诊断设备，如CT机、核磁共振仪等都是现代高级机电产品，现代医学对机械的要求越来越高，并越来越依靠机械。在我国传统的中医药行业中，有一种中药成品化的倾向，即将中药做成如同西药制剂（如针剂）一样，便于医疗操作，便于对药物的吸收，以提高药效，为此，也必须加强在中医药制作中的机械化和自动化。再比如电子工业中，有的线路板上有成百上千个焊点，现代的生产工艺，只要把线路板在熔化了的焊锡槽里一浸，就可以完成，从根本上摒弃了原始手工焊接的生产方式，使质量更有保证、工时大为缩短，从而降低成本。在这样的生产过程中，线路板输送、浸锡等各步骤离开机械化设备是不可设想的。如果还是手工焊接，不仅费时费力，而且质量还不能得到保证、成本不能降低，同时产量也会受到限制，家用电器也就无法普及了。

汽车、拖拉机等车辆工程方面均以机械类课程为主课。而其他如仪器仪表类、化工类、电子类、光学类等专业则属于近机类或非机类专业，在这些专业中，一些机械类专业的技术基础课程也作为重要的专业基础课加以设置。

机械工业是一切工业的基础，这本身就确定了它重要的地位。机械类专业的某些课程是理工科高等院校各类专业的共同基础课,如机械制图、工程力学、机械设计基础等,只有在掌握这些课程知识的基础上,才能继续后续课程的学习。随着现代科技的发展,有些产品被淘汰,被其他更新、更先进的科技产品所取代,比如晶体管淘汰了电子管。但至今,机械设计制造及其自动化专业还不能被其他专业所代替,它一直是综合科技中最基础因而也是很重要的专业,具有重要的地位。

机械设计制造及其自动化专业的设置,避免了原先纯机械的局限性,拓宽了毕业生的就业领域,改变了以前机械专业的毕业生主要在机械设计、机械制造领域就业的局面,使更多的学生毕业后能够进入到计算机、电子、通信、金融甚至房地产等领域,从事技术、管理工作。像中国机械进出口总公司、中国电信集团公司、中国北方工业公司、北京机电研究院等单位都有大量的该专业毕业生。近几年来,供需见面、双向选择,使得学生毕业后的就业门路更加宽阔,外企、合资、国营、民营甚至私营企业里,都有该专业毕业生工作的身影。毕业后自己创业的,也大有人在。

3. 前沿领域和新技术

已过去的 20 世纪是人类文明、科技发展最光辉的百年。在这个人类历史长河中短短的一瞬间,人们首先用汽车解脱了双脚的步行之苦。尽管 18 世纪就发明了火车,但受到铁轨的限制,而未能广泛使用。虽然在 1885 年就发明了汽车,但直到 1908 年福特汽车开始大量生产后,才使得汽车成为普通的产品。自 1927 年林德伯格成功地飞越大西洋之后,便开始了动力飞行。34 年后,第一个宇航员加加林又进入了太空,实现了太空飞行的梦想,到 20 世纪末,人类已能冲出太阳系,开始在太空建造居住地——宇宙空间站。人类将往返于地球与空间站之间对苍茫太空进行探索和开发。在这百年之内设计制造出了各种加工机床、机器人、电子芯片、计算机、电视机和各种方便快捷的通信设备,这一切使人类的生活方式和生产方式发生了极大的变化。

在 21 世纪,人类的生活将会更加辉煌、更加绚丽。汽车将既能在地上跑又能在空中飞还能在水里游,飞机将以几倍的音速飞行,而宇宙飞行也将向普通人开放。人类可以在陆地上、海洋里甚至太空中居住,地面运输主力将是极高速的磁悬浮列车。微型机器人可以通过注射器进入人的血管中为人治病,使人的寿命大大提高。可视电话使人们可以看到万里之外的亲朋好友,并且能如同面对面一样相视交谈。人们的住宅将成为高度自动化的、可遥控的、宽敞的艺术建筑。新技术的应用将使太阳光和海水成为主要的取之不尽、用之不完的能源。人们将设计制造出现在无法想象的未来产品,使人类的生活质量空前提高。

21 世纪,作为基础和领头的机械工业将创造出怎样的未来呢?

在我国,虽然机械工业仍然比较落后,但也在不断地发展,特别是近 20 年间,机械工业已有了很大的飞跃,有逐渐成为世界制造工厂的倾向。

在机械学术研究方面,我国在很多领域中已赶上国际水平,并跻身于世界领先行列。

比如，机床颤振非线性理论、电接触可靠性理论、超塑挤压定形规律、圆弧齿轮强度分析理论、农机仿生减阻脱附机理、弹性流体润滑理论、空间并联机构理论和计量型原子力显微镜等方面的研究已达到国际先进水平。

在新发明、新创造方面，有渐开线环形齿球形齿轮机构、高温下材料力学性能测量装置、超精密加工表面微观形貌在位检测仪、等角速万向联轴器、稀土化合物摩擦学特性和测试装置等。

在有些领域中，理论已转化为生产力，产生了很大的经济效益，如系列飞机安全可靠性研究、大型汽轮机组轴承系统的摩擦学设计、机器人离线编程系统 HOLPS 及其应用等。

科技发展至今，时代对机器的要求、对机械的要求，早已不像从前那么简单了。不同学科的交叉融合将不可避免地产生新的学科聚集。经济的发展、社会的进步与人类新的需求又对当前的学科产生了新的要求和期望，这种学科的聚集与对学科的期望，形成了科学的前沿。这种前沿也可以理解为已经解决了的课题和尚未解决的课题之间的界域。当然这个前沿是随时间和发展程度而向前推移的，这种动态前沿的前进将给人类带来更多的辉煌和希望。因为昨天的未解课题，明天会解决，而已解决的问题与更待解决的问题之间又将形成新的前沿。

多种学科的综合应用或称它们的集成，特别是包括了信息科学、材料科学、控制科学、生命科学、纳米科学、管理科学等科学与制造科学的交叉融合，组成了 21 世纪机械科学的主流和前沿，将更快地改变世界。具体而言，21 世纪机械工程科学的重要前沿涵盖了各种制造方法学、制造系统与制造信息学、纳米机械与纳米制造学、仿生机械与仿生制造学、制造管理科学等。

目前，我国的经济与制造技术在许多方面与国际水平相比还有着较大差距。如大型复杂机械系统的性能优化设计、机电产品创新设计、智能结构和系统、智能机器人及其动力学、特殊工况下的摩擦学、制造过程三维数值模拟和物理模拟、超精密和微细加工关键工艺基础、大型和超大型精密仪器装备的设计和制造基础、虚拟制造和虚拟仪器、纳米测量及仪器、并联轴机床、微型机电系统等领域，虽然在这些方面做了很多研究，但许多与之相关的科学技术问题尚未解决。典型的诸如并联轴机床的精度、刚度等问题仍为国际性的难题。有关制造模式的研究目前尚处于摸索阶段，虚拟制造技术还仅限于仿真模拟。

设计制造的知识、信息和数据的获取、传递和处理所涉及的应用研究、生物制造、微型机械等领域与国际水平的差距还较大，任重而道远，这里还有许多有待开发的领域，迫切需要有识之士投身于机械学科的发展洪流之中，在这些具有前瞻性、交叉性、先导性、基础性和应用性的前沿课题研究中，他们将会大有所为。

4. 主要专业知识学习和实践

机械设计制造及其自动化包括了机械设计、机械制造和自动化三个方面内容。

大学中的课程大致可分为理论基础课、专业基础课和专业课三大类。机械类的理论基础课大致包括大学英语、高等数学、线性代数、概率论与数理统计、大学物理、大学化学、计算机基础、中国革命史、马克思主义哲学原理、毛泽东思想概论、邓小平思想概论、体育、法学基础等,这些课程为以后所学的各门课程打下理论基础。机械类的专业基础课大致包括机械制图、互换件与技术测量、理论力学、材料力学、机械原理、机械设计、机械制造基础、金属材料与热处理、电工和电子技术、模拟电子技术、微机原理及应用、控制工程基础、现代设计方法等,这些课程是从理论基础课向专业课过渡的中间课程,只有学完相应的专业基础课,才能进行专业课的学习。机械类的专业课大致包括金属切削原理与刀具、金属切削机床、机械制造工艺学、液压与气压传动、数控技术、计算机辅助机械设计、机械制造装备设计、机电一体化系统设计、CAD/CAM 原理等。对于汽车与拖拉机、车辆工程、流体传动等专业方向,其专业基础课还有流体力学、工程热力学、传热学、燃料与燃烧、自动控制理论基础、现代测试技术基础、机电控制工程等,专业课还有内燃机学、车辆概论(包括车辆结构与车辆设计、汽车学)等。

在四年的本科学习期间,除以上介绍的理论基础课、专业基础课和专业课外,学生可根据自己的喜好选择学校设置的各类选修课,以扩展自己的知识面,开阔视野。通常开设的选修课有第二外语、现代机械工程、机械优化设计、内燃机设计、汽车车身结构与设计、有限元基础、机械振动学、企业管理概念、创新设计、技术经济学、工业产品造型、车辆传动、汽车造型、工业机器人,以及各类设计软件如 CAD、模具设计等。以上课程,各学校、各专业视不同的具体情况和不同的要求可有不同的设置,有些学校还有其他最新课程设置,如虚拟制造等。

除以上课程设置外,机械类专业还有专业实践环节,包括实习(践)和课程设计,主要有人文社会实践、制图测绘、金工实习、电子实习、认知实习、生产实习、毕业实习、机械原理和机械设计课程设计、机械制造工艺学课程设计、CAD 综合应用课程、文献检索、毕业设计等。对于如汽车与拖拉机、车辆工程专业,还有驾驶实习、车辆拆装、维修实习等。

1.3.2 材料成形及控制工程专业

材料成形及控制工程专业属于机械类中的第二个专业,1998 年前的"金属材料及热处理""热加工工艺及设备""铸造""塑性成形工艺及设备"和"焊接工艺及设备"现在都包含在此专业中。

1. 专业方向和特点

材料成形及控制工程专业的培养目标是:培养具备机械热加工基础知识与应用能力、能在工业生产第一线从事热加工领域内的设计制造、试验研究、运行管理和经营销售等方面工作的高级工程技术人才。

该专业着重培养学生获得以下几方面的知识和能力：

（1）具有较扎实的自然科学基础，较好的人文、艺术和社会科学基础及正确运用本国语言、文字的表达能力；

（2）较系统地掌握专业领域宽广的技术理论基础知识；

（3）具有专业必需的制图、计算、实验、测试、文献检索和基本工艺操作等基本技能及较强的计算机和外语能力；

（4）具有专业领域内某个专业方向所必需的专业知识，并了解科学前沿及发展趋势；

（5）具有初步的科学研究、科技开发及组织管理能力；

（6）具有较强的自学能力和创新意识。

该专业的培养方向除了以铸造工艺技术及生产的机械化和自动化、塑性加工工艺技术及生产的机械化和自动化、焊接加工工艺技术及生产的机械化和自动化为主要目标外，还应大力研究对材料的热处理和化学处理等方面的理论和技术。

该专业研究通过对材料加热做各种不同的工艺处理，以获得所需要的不同使用性能、形状和精度。工艺过程中的温度环境与切削加工的常温环境有很大区别，材料可随温度的升高而产生结构上的变化，在某一特定温度下，施以热加工工艺，可以获得冷加工（如切削加工）工艺中不能获得的某些特殊性能，比如可以将毛坯变软，经冷加工后再变硬，可改变材料的强度、刚度等方面的性能。

2. 专业地位和应用

材料成形技术是机械制造业的重要组成部分，它不仅是机械零件毛坯成形的基本途径，也可作为某些零件的最终成形的制造工序。材料成形工艺不仅可使原材料加工成符合一定形状要求的零件，而且在材料成形过程中，材料的内部组织、结构都将发生变化，从而影响到材料的使用性能。因此，材料成形工艺担负着"成形"与"改性"的双重任务。材料的性能是保证机械零件使用安全、可靠、持久的关键，而热加工对成形件的性能影响非常大，因而对成形件的质量控制具有重要意义。没有成形设备的机械化、自动化、智能化做保障，保证成形件的质量是难以达到的，因此成形机械与设备的设计制造技术也就成了成形工艺稳定性的基本保证。材料成形与控制工程在保证机械产品及产品质量上占有非常重要的地位。

该专业在机械工业生产的以下几个方面发挥重要作用：

（1）根据国内外市场需求，设计相应的成形机械与设备或机电一体化产品，进而研制更新型的成形机械与设备；

（2）结合成形机械与设备的改造与设计，促进热加工新工艺的研究和开发；

（3）研制开发应用于成形机械与设备系统中的自动化技术；

（4）对热成形机械与设备的性能进行测试和分析，对热成形机械与设备加工质量及性能进行检测与试验；

（5）对材料成形机械与设备制造业进行技术经济分析和生产管理的研究；

（6）开发推广计算机在材料成形及控制工程领域中的应用。

材料成形及控制工程专业的学生，毕业后既可以在高校、研究院（所）等科研单位从事材料科学尤其是新型材料的研究与探索，也可以在公司、企业从事设备的开发和研制，还可以在机械设备进出口公司从事业务工作，以及在企事业单位从事专业管理工作。专业及知识面的拓宽，将促进更多的毕业生更快地融入社会的各个行业之中，发挥自己的聪明和才干。

3. 主要专业知识学习和实践

该专业的理论基础课主要包括大学英语、高等数学、线性代数、概率论与数理统计、大学物理、大学化学等，此外还包括一些必修课，如中国革命史、马克思主义哲学原理、毛泽东思想概论、邓小平思想概论、体育、法学基础等。必修的专业基础课主要包括机械制图、互换性与技术测量、理论力学、材料力学、机械设计基础、材料热力学、电工和电子技术、微机原理及应用、物理化学、材料科学基础、材料相变原理等。专业课主要包括热处理工艺学、陶瓷材料学、材料加热设备、材料热成形工艺、材料表面技术、材料热成形设备等。专业选修课主要有材料 X 射线测试与分析、材料电子显微分析、功能材料、材料物理性能、计算机在材料科学中的应用、复合材料、超微材料、精细陶瓷、锻压工艺及设备、材料CAD、粉末冶金等。专业实践环节主要有人文社会实践、金工实习、电子实习、生产实习、实践训练、机械设计课程设计、材料工程工艺设计课程设计、材料综合实践、文献检索、毕业设计等。

1.3.3　工业设计专业

工业设计专业属机械类中的第三个专业（可授工学或文学学士学位）。工业设计专业与前述的机械设计制造及其自动化专业的区别是，前者更倾向于工业产品的外形设计、广告设计、展示设计、企业形象设计和公共环境系统设计等，而后者则是以产品的使用性能、强度、刚度、结构、原理等方面为侧重点。当然，以工业产品的外形设计等方面为主要学习内容的工业设计专业，对学生的美术修养与绘画能力要求更高。

1. 专业方向和特点

工业设计专业以产品造型设计为主，同时涉及视觉传达和公共环境设计等，强调的是设计开发能力、设计实践能力、CAD 应用和设计管理能力的培养。

工业设计成为独立专业的历史虽然并不算长，但它在工业领域中的作用越来越大。由最初着重于工业产品造型设计，发展成为包括广告设计、展示设计、企业形象设计和公共环境设计等多方面形象设计的不可缺少的专业。理工与美术的结合适应了社会发展，更适应了产品的社会竞争。随着科学技术的迅猛发展，特别是高科技专业的迅猛发展（如计算机业和通信业等）、经济贸易国际化的形成带来的激烈竞争、工业发展和资源滥采带来的世界范围内的环境污染,为工业设计专业提出了多方面的更高的要求。在今后的发展中,除保持原来的内容以外,工业设计将在多层次、各种技术的集成和绿色环保等多方面的综合要求下,担负起更艰巨的重任。

该专业毕业生应获得以下几方面的知识和能力:

(1) 具有较扎实的自然科学基础,较好的人文、艺术和社会科学基础及正确运用本国语言、文字的表达能力;

(2) 较系统地掌握专业领域宽广的技术理论基础知识,主要包括工业设计工程基础、设计表现基础、设计基础、设计理论、人机工程、设计材料及加工、计算机辅助设计、市场经济及企业管理等基础知识;

(3) 具有新产品研究与开发的初步能力,有较强的表现技能、动手能力、美的鉴赏能力,以及较强的计算机和外语能力;

(4) 具有专业领域内某个专业方向所必需的专业知识,了解其科学前沿及发展趋势;

(5) 具有初步的科学研究、科技开发及组织管理能力;

(6) 具有较强的自学能力和创新意识。

2. 专业地位和应用

工业设计专业的主要内容是工业产品设计,包括设计理念、设计方法、造型材料和工艺、机械与结构、计算机辅助设计,同时也兼有现代广告设计、展示设计、企业形象设计和环境系统设计等内容。

该专业学生主要学习工业设计的基本理论与知识,具有应用造型设计原理和规则处理各种产品的造型与色彩、形式与外观、结构与功能、结构与材料、外形与工艺、产品与人文、产品与环境、产品与市场关系的基本能力,并将这些关系统一表现在产品的造型中。

工业设计专业的毕业生就业门路宽、适应能力强,在电视台、广告公司、演出公司、展览中心等单位,他们工作起来得心应手、尽显才华,在联想、长虹、康佳、诺基亚这样专业技术性很强的公司,他们也都有一席之地,并胜任工作。

3. 主要专业知识学习和实践

该专业的理论基础课主要包括大学英语、高等数学、线性代数、概率论及数理统计、大学物理、大学化学、设计概述、设计简史等,此外还包括一些必修课,如中国革命史、马克思主义哲学原理、毛泽东思想概论、邓小平思想概论、体育、法学基础等。专业基础课主要包括工业设计概论、机械与结构设计、人机工程在设计上的应用、计算机基础、工程制图基础、电路和电子技术、绘画透视、基础素描、色彩写生、立体构成、速写、设计素描、三维形态设计与模型制作、色彩构成、市场调查等,其他还有设计方法论、计算机辅助图形设计、文字与标志设计、设计程序、产品设计及模型表现等。专业课主要包括电子产品设计、虚拟产品设计、产品包装设计等。专业选修课主要包括产品摄影、色彩设计、室内设计、专业外语、设计分析、市场调查、效果图、设计管理、艺术欣赏、设计心理、灯具设计、应用印刷、广告设计、展示设计等。专业实践环节有人文社会实践、金工实习、生产实习、色彩写生、毕业设计等。

1.3.4　过程装备与控制工程专业

过程装备与控制工程专业属机械类的第四个专业,其主要由化工设备与机械专业经过拓宽专业领域范围和扩展专业内容演化发展而来。该专业既是适应国民经济发展、顺应高等教育改革变化而构建的面向 21 世纪需要的新专业,又是为我国经济建设的发展,尤其是为我国化学工业的发展立下汗马功劳的原化工设备与机械专业演变发展的结果。

1. 专业方向和特点

过程装备与控制工程专业既有化工机械专业较为长久的历史,又有经过拓展充实的新的专业面貌。根据新的专业目录和本科专业介绍,该专业将面向化工、石油、能源、轻工、环保、医药、食品、机械及劳动安全等部门,培养具备化学工程、机械工程、控制工程和管理工程等方面的知识,能够从事工程设计、技术开发、生产技术、经营管理以及工程科学研究等方面工作的高级工程技术人才。相比过去的化工设备与机械专业方向,新名称下的专业拓宽了面向的行业范围,由化工设备与机械领域拓展为九个行业,由过去的设计、制造、研究、运行、管理老五大任务,变为现在的工程设计、技术开发、生产技术、经营管理、工程科学研究新五大任务。

过程装备与控制工程专业中的“过程”(工业)是指处理流动型材料(如气体、液体、粉粒体等),以改变物料状态或物理与化学性质为主要目的的工业。过程装备与控制工程专业中的“装备”一词,其内涵大于装置和设备两词。根据有关资料对其内涵的解释,共同完成一个任务的一组设备为装置,生产用装置与其他辅助装置的总和称为装备。该专业不仅要掌握单独设备的设计应用,还要研究与解决设备与设备之间在生产中的联系,以及生产设备与非生产装置之间的联系。过程装备与控制工程专业中的“控制工程”,要求的程度主要有三:其一是掌握控制工程学科的基本理论、基本知识;其二是掌握控制技术;其三是了解理论前沿。从这三项要求可知,该专业对控制工程的要求为对常见的过程设备(如流体输送设备、传热设备、传质设备及反应设备等)可进行操作控制,能够选择控制元件,进行控制系统的设计。

过程装备与控制工程专业具有区别于其他产业机械的显著特点。首先,过程装备(例如化工装备)的设计、研究、开发、制造和运行,都与装备内部的物理或化学过程密不可分,与其外部所提供的环境条件密不可分。其次,由于装备运行工艺过程复杂多样,有大到千万吨级的巨型炼油装置系统、百万吨级的大型烯烃成套系统,小到数吨级高纯度精细化工产品装置系统及涉及人造血浆制备系统等,这就要求从事过程装备的设计、研究、开发的技术人员必须同时具备“过程”与“装备”两个方面的知识基础。

随着现代科学技术的进步与发展，在大型化、精细化、自动化的过程装备中，必须对流程参数（如温度、压力、流量等）与过程进行精确的自动控制，这样才能达到装备高效、安全、可靠地运行。过程装备与控制工程专业将"过程"、"装备"与"控制"三个相关学科（例如化工、机械、控制等）紧密地结合在一起，充分体现出21世纪技术发展的方向，也展现出过程装备与控制工程专业"过程（化工）、机械、控制"三位一体的专业特点。

2. 专业地位和应用

化工机械专业改造为过程装备与控制工程专业之后，专业面拓宽，覆盖了原有化工设备与机械专业，以及真空技术与设备、制冷与低温技术、液体机械与流体工程、天然气储运工程、制糖工程、油脂工程、纸浆造纸工程、制药工程等专业的部分范围。这些专业可以算作"过程"工业的一部分，化学工业在这些工业中占有较大的比重。不论哪个工业部门，生产装备都是其行业的支柱，由此可见，该专业仍然会在其对应的行业范围内占有重要地位。

过程装备及控制工程专业的设置是经过多方调研和反复论证之后才确定的。在修订新的专业目录工作之初，原想将化工机械专业划归到机械设计制造及其自动化专业。一些院士、专家和各高校教授与负责人从专业特点和重要性出发，提议教育部将其改为现在的专业名称。教育部接受了各方的建议，在机械类专业中保留了此专业。这个小小的故事也说明了该专业在国民经济中的地位，说明了化工机械专业经过改造后与国家工业体制、国民经济发展的需要和我国高等教育体制改革是相适应的。

该专业的应用范围是广泛的。首先，化工设备与机械专业的毕业生已经走出单纯的化工机械或化工行业，每年仅有10%的毕业生留在化工机械制造行业工作，85%以上的毕业生进入化工、轻工以及其他各行业工作。教学内容变更后，其知识能力结构从"化工＋机械"扩展为过程工业、机械、控制和管理四个方面，更加符合整个过程工业的需要。

3. 主要专业知识学习和实践

过程装备与控制工程专业的特点是"过程"、"机械"、"控制"三结合。理论基础课和前几个专业大致相同，主要的专业基础课和专业课有物理化学、化工计算、化工原理、工程热力学、流体力学、粉体力学、计算机控制技术、计算机应用技术、化工装置设计、控制与管理技术等。各学校在拟定教学计划时，略有差异。各门课程在四年的学习中形成几条知识线：由政治理论系列课程组成思想教育一条线；由大学英语、科技外语、专业外语、文献检索等课程组成外语学习和应用一条线；由机械制图、计算机制图、工程力学、机械原理、机械设计、工程材料和机械制造基础等课程组成机械设计一条线；由化学、物理化学、化工原理等课程组成化工基础一条线；由大学物理、电工学基础、电子学基础以及过程控制基础等课程组成电控基础一条线。按照教学改革中的要求，专业课一般开设化工机械、过程控制基础、化工单元操作与设备等，此外还有有限元、断裂力学等选修课。

该专业的主要专业基础课和专业课罗列如下。

（1）化工技术基础课群，包括物理化学、工程热力学、化工原理，主要学习化学工程原理、化学热力学的溶液、相平衡理论以及节能技术的原理,其中化工原理是最为重要的化工基础课程,它主要讲授传质单元操作、流体流动时的理论计算和各种传热过程的基本理论。

(2) 电学及控制基础课群,包括电路与电子技术、控制系统设计、仪表与测试技术等,主要学习电工与电子学方面的基础知识,学习怎样测量过程装备中的温度、压力、液位等技术参数以及常用的控制系统的结构、原理特点和适用场合,学习典型单元设备(流体输送设备、传热传质设备以及化学反应器等)的控制方案等。

专业课包括过程装备设计和过程机械等课程,各学校采用名称差别较大,也有一些学校在课程名称上仍用化工容器设计、化工设备设计、化工机器等名称。在学习化工用设备及机器的基础上,扩大到其他过程行业。专业课主要学习如何设计这些专业的生产设备和机器,学习如何将这些装置组成一个成套设备。

专业课除了必修课外,开设的选修课较多,例如压力容器安全技术、化工流体密封、化工机械制造、成套设备及其可靠性、投资决策和成本管理、制冷技术等,各院校根据自己的科研方向和成果以及学科特点开设选修课或讲座,主要为开阔学生眼界,使他们了解最新技术的发展状况。

实践环节也是过程装备与控制工程专业学生获得工业生产基础知识、锻炼动手能力、掌握基本科研方法的重要环节,其中包括单独设立的实验课,如物理实验、电工电子实验等,也有了解各种机械加工手段的金工实习。实践环节中还有认知实习、生产实习以及与毕业设计相结合的实习。

参 考 文 献

[1] 王建明.科学与技术[M].沈阳:东北大学出版社,2000.

[2] 胡显章,曾国屏.科学技术概论[M].北京:高等教育出版社,1996.

[3] 吴明表.工程技术方法[M].北京:机械工业出版社,1989.

[4] 宋健.现代科学技术基础知识[M].北京:科学出版社,1994.

[5] 周光召.现代科学技术基础[M].北京:群众出版社,2001.

[6] 王中发,殷耀华.机械[M].北京:新时代出版社,2002.

[7] 机械工程导论教学组.机械工程导论(内部资料).杭州:浙江工业大学,2006.

[8] Jonathan Wickert. Introduction to Mechanical Engineering(机械工程导论)[M].影印版.西安:西安交通大学出版社,2003.

[9] 陈永久.机械基础[M].长沙:国防科技大学出版社,2006.

[10] 黄宝强.走进科学和技术[M].上海:复旦大学出版社,2004.

第 2 章　机械工程中的力学

力学是一门非常古老的学科。在古代,甚至古人类时代,尽管没有现代意义上的系统的力学理论,但人们一直在不自觉地应用着许多力学知识,来为人类的生存服务。例如:在距今约 7 000 年的中国河姆渡文化中,古人用木材构建的干栏式建筑,合理地利用了木材的力学性能,具有高超的建筑技巧;古埃及的法老时代,作为法老陵墓的金字塔更是凝聚了众多建筑师毕生的才智,也包含了丰富的力学原理;欧洲文艺复兴之前,由于当时技术发展的限制,力学的应用主要体现在建筑上,如古罗马的大斗兽场(见图 2-1)、恺撒引水工程(见图 2-2)等,还有遍布欧洲各地的罗马式、哥特式教堂等。而在中国古代,也产生了一些蕴涵着丰富的力学原理的奇妙之作。例如,利用差速齿轮原理的指南车(见图 2-3),三国时期诸葛亮的木牛流马等。但总的来说,无论中世纪的欧洲,还是古代的中国,都不具备产生系统的力学理论的科学基础。

图 2-1　古罗马斗兽场

图 2-2　恺撒引水工程

机械是一大类机器设备的总称,一般也可以理解为某一类的机器,如纺织机械、农业机械分别表示关于纺织和农业的机器设备。在机械中还有两个概念,分别是机构和结构。所谓机构,就是一组或多组部件组合在一起能够进行一定的相对运动的装置,而结构则指一组或多组部件组合在一起承担某种载荷的装置。很明显,机构侧重于运动和动力的传递,结构侧重于载荷的承担。但在实际工程中,某一组构件被看成机构,而另一组构件又被看成结构,这取决于构件在机械中所承担的具体任务以及分析者的研究目的。根据机械工作目的的不同,

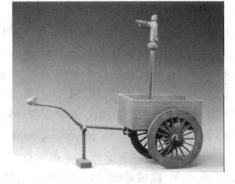

图 2-3　指南车模型

传统上把机械分为三类：原动机械、变换机械和工作机械。原动机械就是能够把自然界的能量或其他的非机械能转变为机械能的设备，如内燃机、电动机等；变换机械则是把机械能转变为非机械能的设备，如发电机、空气压缩机等；工作机械则在外界给予的能量下完成生产过程以改变工件(或工质)的物理性质、状态、形状和位置的设备，如各种车床、起重机、汽车、液压机等。这三类机械还可以相互结合，进行联合工作，如火力发电设备三大主机——锅炉、汽轮机和发电机的顺序连接工作就是一个典型的例子。

15 世纪欧洲文艺复兴，也同时开创了科学研究的新时代。逐渐开展的力学研究给机械化的生产准备了必要的条件，同时，机器的应用也促使了力学研究的更加深入的开展。力学与机械结下了不解之缘。例如英语单词 mechanics 同时表示了"机械学"和"力学"的两个含义。其实，欧洲各国的语言中，"力学"(mechanics)和"机械装置"(mechanism)都是同源的。由此可以推断机械与力学具有密切的关系。

机械工程中力学的研究对象是各种机械设备(工程)中的部件(部件组合)，称为力学模型。我们研究这些模型在力的作用下所表现出的行为与结果，主要表现在以下两个方面。

(1) 工程对象受到力的作用后所表现出来的整体的运动与平衡效应，以及维持该种运动与平衡所需要的力之间的联系与规律。这样的效应称为力对物体的外效应，外效应使得受力物体发生整体的运动(平衡)。

(2) 力引起工程对象的变形以及由变形所引起的物体内部应力、应变等力学参量的变化。这种效应称为力对物体的内效应，内效应使得物体有发生破坏或失效的可能。

在大学本科阶段，机械中的力学课程主要包括理论力学、材料力学，另外，也有一些辅助的选修课程，如流体力学、振动力学和计算力学(有限元)等。这些课程中，理论力学主要研究力对物体的外效应，这里的物体通常不考虑变形(称为刚体)；材料力学主要研究力对物体的内效应，这里的物体都需要考虑变形(称为弹性体)；流体力学主要研究液体、气体等形态的物体与作用力的关系；振动力学则专门研究机械结构在某平衡位置附近做往复的周期运动(称为振动)的规律；计算力学(有限元)则以数值分析方法为基础，采用软件分析和计算复杂的机械结构的应力、应变、变形等参量，并以图形、表格、数据等方式输出。这些课程将使学生掌握机械行业中基本的力学分析方法和技术手段，能够解决机械工程中的力学问题。

2.1　机械工程与理论力学

2.1.1　理论力学的基本概念

理论力学是机械工程中最基本的力学课程，主要研究刚体在力作用下的运动规律。

理论力学从一般的结构固体特征中抽象出了"刚性"这一本质特点，认为结构在力的作用下不发生变形（真实情况是能够发生变形，但变形极其微小，可以忽略），从而专注于研究物体在力作用下的外效应。理论力学主要包含静力学、运动学、动力学三大部分。

静力学主要研究刚体平衡时刚体所受到的力（主动力与约束力）之间所需满足的关系（称为平衡方程）。静力学是整个理论力学的基础，在工程实践中也得到广泛的应用。如机床主轴等结构的内力需要静力学平衡方程确定。静力学还常被用来对约束进行分析与计算。工程结构不可能自由地"漂浮"在空中，它们需要以某种方式与地面连接在一起，同时，工程结构内部各零部件（功能模块）之间也是通过一些特殊方式连接在一起，构成了一个有机的整体。这些有着各种目的的连接就是约束。约束是物体间的一种作用，这种作用通过"约束力"来实现。约束分析的目的就是通过对约束物体的静力学分析而得到约束力，这也是静力学分析的一个重要任务。

运动学主要从数学角度研究刚体运动时所需要满足的几何学上的规律。运动学研究的对象是质点和刚体，研究的内容是运动的几何规律。研究运动学，一方面是为动力学的研究学习打下基础，另一方面，也可以直接在工程中应用运动学原理解决很多的实际问题。利用运动学原理可以解决机械结构的很多运动问题，如机械钟表利用齿轮实现时针、分针、秒针按照时间关系正常转动，发动机利用曲柄-滑块系统完成了从汽缸活塞的直线运动到连杆的平面运动再到曲柄的定轴转动的运动传递，实现了从直线运动到转动的转换，当然，也可以反过来实现从转动到直线运动的传递。机构的运动学分析还是机械原理课程的重要基础，在机械原理课程中我们将学习用数学分析的方法建立机构部件的运动学方程并进行求解的过程，而这些分析方法的基础就是运动学所建立的合成运动、刚体平面运动的概念和方法。

动力学是在静力学方法和研究刚体运动规律的基础上，研究刚体的运动与其所受到的力之间的关系。静力学研究了刚体的平衡规律，但实际工程中大多数的结构并不处于平衡状态；运动学研究了物体的运动规律，但这种研究是基于数学的，并没有涉及物体运动的物理本质，也不能解决机构运动时的力学问题。动力学通过动量定理（质心运动定理）、动量矩定理和动能定理这三大定理建立了刚体动力学基本方程，这些方程可以用来解决刚体做平面运动时的动力学问题，例如轮轴在斜面上的运动、齿轮系统在驱动力矩作用下的运动等。

2.1.2　运动学与机械传动

机械系统在工作时，从原动机到交换机，或者从交换机到工作机，存在着大量的运动传递问题，简称为传动问题。例如：在汽车内部（见图2-4），汽油在汽缸内燃烧，并推动活塞做功，实现从化学能到机械能的转换；活塞在汽缸内的运动是直线运动，经过曲柄连杆机构的传动，运动变成了曲柄的转动，并由此带动了发动机轴的转动；从发动机输出的转动,经过联轴器,到达汽车的驱动轴;驱动轴连接着变速器(这里的变速器就是几个齿轮的组合),从而可以实现不同的传动比输出,实现汽车在不同的速度下行驶的要求;从变速器输出的运动,在驱动桥内经过差速器和主减速器,实现了运动的更进一步的减弱,而且实现了运动方向的改变;与差速器连接在一起的半轴,其转动轴的方向与驱动轴转动的方向垂直,带动了车轮的转动,使得车辆前进。在汽车的运动分析中可以看到,从活塞在汽缸内的运动到车轮的滚动前进,存在着一些典型的传动机构,如曲柄连杆机构、齿轮变速机构、差速机构等,在发动机上还有用带轮带动的风扇降温系统等。

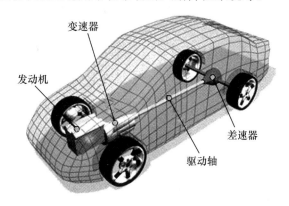

图 2-4 汽车传动机构

机构的运动分析以及运动的传递属于理论力学中运动学的范畴。运动学研究质点和刚体的运动,而且,这里的研究仅限于质点或刚体在运动时所需要满足的数学(几何)上的运动规律,而不涉及产生这种运动的具体的物理原因。例如,在运动学中,分析一小球绕某点做圆周运动,并对小球所做圆周运动的速度和加速度进行计算分析,而对小球为什么做这样的圆周运动,到底是小球在电磁场中受到电磁力的作用,还是由于有一根绳子拉着小球运动,诸如此类的运动原因在运动学里并不去讨论与追究。在运动学分析中,需要分析的就是小球在做圆周运动,以及一些几何运动量之间的关系,仅此而已。

运动学分析的主要对象是质点和刚体。这里的质点其实是所谓的数学点,也就是在任意时刻只考虑其所占据的几何位置,而不考虑其几何尺寸。真实的物体都具有一定的几何大小,但如果物体的尺寸相比较运动所涉及的范围而言很小,而且,所分析的运动又不涉及物体自身的转动,则该物体可以抽象为一个点(质点)。如天体运动中地球绕太阳的转动、天空和海洋中飞机和轮船的航行,都可以看作点的运动。如果物体不能被视为点,则其运动就需要按照刚体运动的方法进行分析了,例如曲柄连杆机构的运动(见图2-5)、齿轮啮合的传动(见图2-6)、悬挂机构的运动等。

点在空间的运动,首先需要确定的是其空间位置的描述方法。一般,可以用矢量 r 来确定点的运动位置,而这些所谓的点的运动位置,由于点的运动也都可以表示为时间的函

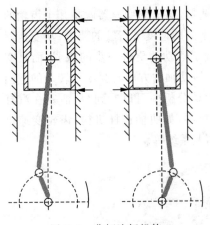

图 2-5　曲柄连杆机构

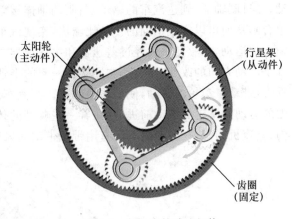

图 2-6　行星齿轮减速机构

数,这些函数称为运动方程。用矢量法表示的运动方程,即

$$r = r(t)$$

对运动方程分别求一阶和二阶导数,得到的是点的速度 v 和加速度 a ,即

$$\begin{cases} v = \dfrac{\mathrm{d}r}{\mathrm{d}t} \\ a = \dfrac{\mathrm{d}v}{\mathrm{d}t} = \dfrac{\mathrm{d}^2 r}{\mathrm{d}t^2} \end{cases}$$

　　用矢量进行点的运动描述和分析,称为矢量法。矢量法用矢量表示点的运动,超脱于坐标系之上,但针对具体的点的运动描述,仍然需要投影在具体的某一个坐标系下,按照该坐标系的运算规则进行分析计算。常见的坐标系有直角坐标系、极坐标系、球坐标系、自然坐标系等。直角坐标系是最简单也是人们最常用的坐标系;极坐标系和球坐标系都是曲线坐标系,分别在柱面系统和球面系统中得到有效的应用;自然坐标系的原点跟随质点的运动而运动,其指标方向分别指向轨迹曲线的切线和法线方向,是一个运动坐标系。利用自然坐标系分析点的运动,能够揭示运动的一些本质的规律。例如,点的速度是沿着轨迹的切线方向;点的加速度可分成两部分:沿轨迹的切线方向的部分(称为切向加速度)是由于运动的速度的大小变化所引起的,在数值上等于速度大小对时间的导数;而沿着轨迹的法线方向的部分(称为法向加速度)是由于速度的方向变化所引起的,在数值上等于速度的平方与轨迹的曲率半径的商。因此,只要点的运动轨迹是曲线,就存在法向加速度。如果点在直线上运动,其法向加速度当然为零。

　　对大多数机械工程中的部件和机构,其运动时是作为刚体进行分析和处理的。刚体运动与点的运动不同。由于刚体可以看作无数多个点所组成的集合体,但很多情况下这些点的运动状态并不相同,因此,需要对刚体整体的运动和刚体上点的运动进行分析和讨论。

刚体运动时,刚体上至少有两条直线在运动中保持平行,这样的运动为平行移动,简称为平移。当刚体处于平移状态时,刚体上所有点的速度、加速度等均相同,因此,这时整个刚体的运动就如同一个点的运动。

刚体运动时,刚体上某一条直线保持静止,称为定轴转动,简称为转动。当刚体转动时,刚体以一定的角速度转动,其角速度的变化为角加速度。刚体的角速度和角加速度为刚体的整体变量,也就是说,无论刚体运动情况如何,整个刚体具有共同的角速度和角加速度。而刚体上任意的点均做圆周运动。其速度、加速度有如下的计算公式

$$\begin{cases} v = \omega R \\ a_\tau = \alpha R \\ a_n = \omega^2 R \end{cases}$$

刚体在某一固定平面内做任意运动时,称为平面运动。平面运动刚体的运动通常采取分解的方法,即把平面运动分解为随着某一点(基点)的平行移动和相对于该基点的转动。因此,其速度和加速度也是分别把平行移动的速度、加速度叠加上相对的转动的速度、加速度而得到的。这样分析平面运动刚体的方法称为基点法。

刚体的运动分析在机械传动中得到大量的应用。如一般由原动机械输出的运动速度并不一定能够满足工作机械的需要,时常要对转速进行适当的调整。在车辆里,变速器就起到了改变轴的转动速度的作用。最简单的齿轮调速机构是滑移齿轮变速系统,即在主动轴上有一个输入齿轮,而在从动轴上对应有几个不同大小的输出齿轮。当需要变速时,对不同的齿轮进行选择性啮合,就可以得到不同的传动速比。

在齿轮啮合时,两个齿咬合在一起,从运动学上看,这两个齿的啮合点在此瞬间具有相同的速度。由于齿轮做定轴转动,因此,两个齿轮上的点的速度分别等于其各自的角速度与半径的乘积,而啮合点的速度又是相等的,因此,可以得到两个齿轮的角速度与其半径成反比的结论。又注意到,对齿轮来说,正常啮合的齿轮的半径与齿数显然是成正比的,因此,有传动比

$$i_{12} = \frac{\omega_1}{\omega_2} = \frac{R_2}{R_1} = \frac{z_2}{z_1}$$

利用齿轮组的啮合实现传动,可以根据齿轮的齿数实现精确的传动比,这一特性很早就被人们掌握,并使用在钟表机械中(见图2-7)。因为钟表指示时间,一天为24小时,每小时为60分钟,每分钟为60秒,必须严格保持这样的比例,才能使钟表走时正确,故而常常采用齿轮啮合传动的方式。在机械钟表中,转动发条,使得发条卷曲变形从而储存了一定的弹性势能。在钟表工作时,所储存的势

图2-7 钟表齿轮传动结构

能慢慢地释放出来，驱动主动轮转动。与主动轮啮合的从动轮，保持传动比为恰当的比例，使得时针、分针和秒针的走时关系得以保持。

用齿轮进行传动，固然有传动比精确、传递的力（力矩）较大的优点，但当原动机和工作机的距离较远时，齿轮就不太适宜了。在这种情况下，一般采用带传动的方式，也就是带轮和带组合在一起，由于带在传动过程中被认为不会被拉长，因此，带上的点的速度是相同的，又由于带在传动过程中不允许有相对滑动（俗称打滑），所以两个带轮边缘点的速度相同，也能够得到同齿轮一样的传动比。带轮传动在机械设备中有着较为广泛的应用，如常见的缝纫机带轮等。带轮传动能够实现较长距离的传动，但由于其传递的力矩是通过带与轮的摩擦实现的，因此，其传动效果取决于摩擦力。一般采用三角带的截面形式，以取得尽可能大的摩擦力。现在更多的是采用同步带，以保证传动效率。

除了齿轮、带轮等轮系传动外，曲柄连杆机构（见图 2-5）也是常见的传动系统，活塞在汽缸里往复运动，而与活塞相连接的连杆带动了曲柄的转动，并使得主轴也随之旋转。通过曲柄连杆机构，活塞的直线平移变成了曲柄的转动，实现运动的传递。反过来，如果曲柄做定轴转动，通过连杆的带动，也能够使活塞做直线运动。因此，曲柄连杆机构不仅能够实现运动的传递，而且能够使运动的性质发生变化，即可以从平移到转动，也可以从转动到平移。

车辆传动机构的另一部分是差速齿轮及其所组成的差速器。在现代车辆中，差速器把驱动轴传递过来的转动，分配到两个半轴上去，并通过半轴带动车轮的滚动从而推动车辆前进。通过差速器，机构实现了运动的再分配，也就是差速器两个输出端的力矩（扭矩）相等，但其转速并不相等，这也就是所谓的"差速不差矩"。为什么车辆需要差速器呢？分析车辆的运动，当车在平直路面上运动时，左右车轮的转速相同，使车辆保持直线运动；当车辆转弯时，由于轮距的存在，左右轮的转弯半径是不相等的，这时，如果不使用差速器，左右车轮连接在同一根轴上，两轮的转速继续保持相同，而转弯过程的路程是不同的（因为左右两轮转过的轨迹半径不同），这样，势必造成一个轮子打滑，而另一个轮子处于停滞状态，行车状态不稳定，对安全构成威胁。在传动系统中设置了差速器后，驱动桥内的轮轴不是整个一根，而是与差速器相连接的两根半轴。这样，由于差速器两端输出的转速不相同，因此，在车辆转弯时，左右两边的轮子都可以根据自身转动的条件，达到纯滚动，使得车辆能够安全顺利地转弯。不过，这样的差速器，遇上道路条件不好，比如一边是湿滑泥泞的路面，产生的路面摩擦力也很小，不能提供车辆前进的动力，这一边的车轮也将打滑。于是，人们希望另一边的车轮能够提供足够的动力。但由于差速器的力矩分配是相等的，因此当湿滑路面受到限制而不能提供足够的力矩时，另一边的车轮尽管处于干燥正常的路面，也将"被迫"只提供很小的力矩以与湿滑路面的车轮的力矩相等。这样，车辆就不能前进，除非改善路面的条件。新型差速器通过差速器内的力矩再分配，就能够解决这样的问题。例如，带摩擦片的限滑差速器和牙嵌式差速器等。由于这类差速器，通过各种特殊结构,如摩擦片或者牙嵌等,使得差速器不仅能够对速度进行分配,而且也对力矩进行分配。当车辆的一边车轮由于路面原因而打滑后,差速器能够自动地把发动机输出的功率以扭矩的形式全部或绝大部分地分配给没有打滑的车轮,从而使其产生足够大的驱动力,带动车辆前进,摆脱泥泞。

差动齿轮组在中国古代曾有过非常完美的应用。传说在黄帝时代就制造了指南车(见图 2-3),在战争中用来指明方向。其实,指南车的基本原理就是一组差速齿轮。指南车上立有一个假人,用手指指向正南方,假人的立柱与齿轮轴连接。当车辆转弯时,车轴也随之发生方向的改变,主齿轮发生转动,带动差速齿轮运动。设置好差速齿轮的尺寸,使得与假人固连的齿轮与主齿轮的转动方向相反、大小相等,则该齿轮完全抵消了车辆转弯的影响,假人手指的方向就不会发生任何的变化,永远指向正南方。

2.1.3　动力学与运载火箭

在说到火箭之前,先让我们看看浩瀚的大海。在海洋中有一些古老的生物,如鱿鱼、墨鱼等,这些圆圆的软体动物,漂浮在海水中。它们没有鳍和桨状的尾部,因此,不能像大多数海洋生物那样通过划水来获得前进的动力。那么,它们是如何行动的呢?通过观察,人们发现,当它们需要运动时,就从头部喷出水来,整个身体飞快地向着相反的方向前进。这个生物现象的力学原理就是动量定理。将动量定理应用在火药包裹而成的物体,例如爆竹,当点燃引线后,火药燃烧,产生大量的气体;这些高温气体从爆竹下部的喷口高速喷出,根据动量定理,爆竹获得了一个向上的推力,使得爆竹向上腾空飞起;只要火药保持燃烧,气体持续喷出,爆竹也就一直向上飞行。其实,这也就是火箭的原理。大约在宋朝,中国已经有了爆竹,因此,有人说中国宋朝的爆竹是火箭的源头,也是有一定道理的。当然,爆竹只是描绘了火箭飞行的基本原理而已,由于中国在明朝以后已经落后于世界科技的发展,现代意义的火箭并没有诞生在中国。真正投入战争的最早的实用火箭是二战期间纳粹德国的 V-1、V-2 火箭(见图 2-8)。德国利用这些火箭从法国越过英吉利海峡轰炸英国的伦敦等地。

在火箭航天领域最早作出贡献的是俄国科学家齐奥尔科夫斯基(1857—1935),他应用动量守恒原理,对火箭以及火箭喷出的高速气体进行分析,在忽略空气阻力和地球重力的前提下得到了单级火箭能达到的最大飞行速度为

$$v = v_r \ln \frac{M_0}{M_k}$$

式中:v 是火箭所能够达到的最大速度(这时火箭燃料完全燃烧完毕),v_r 是气体从喷口喷出时相对于火箭的相对速度,M_0 是火箭发动机点火时的总质量,而 M_k 是火箭发动机燃烧结束时的质量,也就是火箭总质量减去火箭消耗掉的燃料质量后的剩余质量。

从公式可以看到,火箭获得的最终速度与喷口的气体相对速度成正比,还与火箭的总

图 2-8　二战德国 V-2 火箭及发射装置

质量与扣除燃料后的剩余质量的比值的对数成正比。也就是，喷口的气体速度越大，质量比越大（燃料占总质量的比值越大），火箭所能够获得的速度也就越大。但是，即使按照现代科技发展的水平，火箭气体高速喷出的出口速度也就在 $2\sim3$ km/s 之间，火箭的总质量与剩余质量的比值，也是相对有限的，因为需要考虑火箭的工作载荷，以及在强大的脉动压力下火箭的舱壁也需要保持一定的厚度以得到相应的强度。假如按照鸡蛋的比例，即蛋壳部分的质量作为火箭的剩余质量，蛋清和蛋黄等均相当于火箭的燃料部分（真实的火箭远远达不到这样的比例），那么，M_0/M_k 大致等于 10，从而可以计算得到火箭的最终速度为 $5\sim7$ km/s，达不到第一宇宙速度的要求，也就是说，这样的火箭不能把卫星送入轨道。

　　齐奥尔科夫斯基 1911 年就预言，用单级火箭难以达到第一宇宙速度 $V_1=7.9$ km/s，并提出在火箭飞行中，必须不断地将壳体在空中丢弃掉，即采用多级火箭的方法，达到发射人造卫星、探索太空的目的。例如，假设每级火箭的参数如表 2-1 所示，可以计算出每级火箭从发动机开始点火到燃料全部消耗完毕期间所获得的最终飞行速度分别为

$$\begin{cases} v_1 = v_r \ln \dfrac{777}{177} = 1.48 v_r \\[2mm] v_2 = v_r \ln \dfrac{177}{17} = 1.51 v_r \\[2mm] v_3 = v_r \ln \dfrac{7}{1} = 1.95 v_r \end{cases}$$

因此，当 $v_r = 2\sim3$ km/s 时，可以得到三级火箭的最终速度为

$$v = v_1 + v_2 + v_3 = 4.95 v_r = (9.9\sim14.85) \text{ km/s}$$

即，三级火箭的气体喷口的速度最终可以达到 $9.9\sim14.85$ km/s，大于发射卫星需要的速度，即第一宇宙速度。

表 2-1 假设的火箭基本参数   单位:t

级数	外壳质量	燃料质量	本节质量	总质量	剩余质量
第三级	1	6	7	7	1
第二级	10	60	70	77	17
第一级	100	600	700	777	177

从表 2-1 中可看出,如果第三级火箭的质量(包括箭上的搭载物)仅为 1 t,而推动这些载荷所耗费的燃料却要 666 t。可见,火箭飞行的代价是很高的。

运载火箭是将航天器如人造地球卫星、宇宙飞船和空间探测器等,送到太空预定轨道的运输工具。尽管目前已有多种方式可回收航天器,但受技术限制,目前运载火箭基本上都是一次性使用的,而且火箭一旦启动离开发射架就无法停止。因此对火箭可靠性的要求极高。

到目前为止,国际上能独立研制和发射运载火箭的国家和组织只有中国、美国、俄罗斯、法国、欧洲空间局、日本和印度等。其中比较著名的运载火箭有:美国的"德尔塔号"(见图 2-9)、"土星号"、"大力神"和"宇宙号";俄罗斯的"质子号"、"东方号"、"联盟号"、"能源号"和"宇宙号";欧洲空间局的"阿里安号";日本的"N 号"以及中国的"长征"系列运载火箭(见图 2-10)等。

尽管这些火箭千差万别,用途各自不一,但它们的基本结构却是差不多的。以美国"德尔塔号"为例,如图 2-9 所示,运载火箭一般由 2～4 级组成。每一级都包括箭体结构、推进系统和飞行控制系统。最后一级装有仪器舱,内有控制系统、遥测系统。级与级之间靠级间段连接并装有分离装置。各种有效载荷(如卫星、导弹战斗部等)都装在仪器舱的上面,也是火箭的最上端,外面套有保护有效载荷的整流罩。整流罩的作用主要是在大气层飞行段保护有效载荷不被稠密的大气摩擦所损坏,当火箭飞出大气层后,整流罩就会被弹簧或炸药分成两半从箭体上脱落。整流罩的直径一般等于火箭直径,在有效载荷尺寸

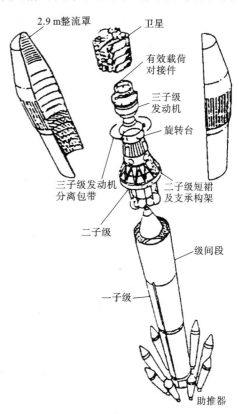

图 2-9 美国"德尔塔号"运载火箭

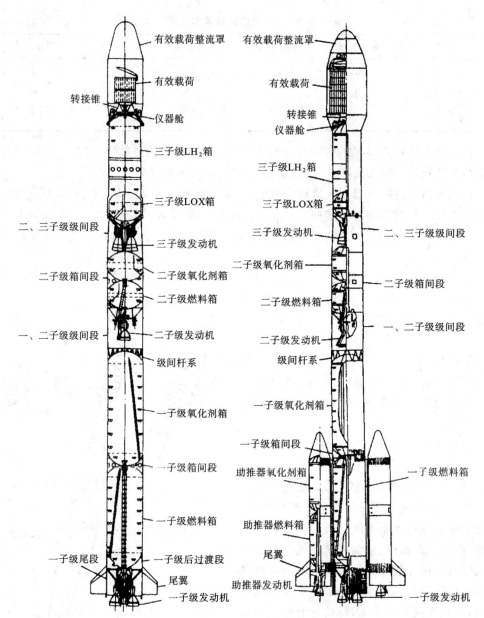

图 2-10　中国"长征三号 A"运载火箭

较大时也可以大于火箭直径,形成灯泡状的头部外形。

　　对一些有效载荷较大而需要特别强大推力的火箭,可以在第一级火箭的外围捆绑助推火箭,又称零级火箭,它主要在火箭启动时刻提供强大的额外推力。助推火箭一般采用结构比较简单的固体推进剂火箭。捆绑助推火箭的运载火箭一般首先用完助推火箭中的燃料,并尽早在大气层中将其抛弃。助推火箭的数量一般为 2~8 只,具体视运载能力的需要而定。

运载火箭从航天器发射场发射到最终将有限载荷送到预定的太空轨道上要经过图 2-11 所示的几个飞行阶段。

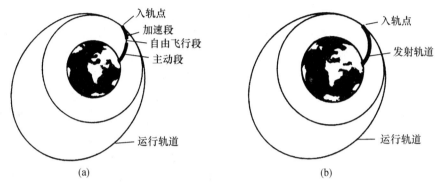

图 2-11 运载火箭与航天器飞行轨道

(a) 滑行入轨;(b) 直接入轨

(1) 大气层内飞行段 火箭从发射台垂直起飞,在离开地面以后十几秒内一直保持垂直飞行。这一阶段飞行要进行自动方位瞄准,然后转入零攻角飞行段,以减小空气阻力,提高火箭效率,并在大气层内跨过音速。

(2) 等角速度飞行段 第二级火箭点火飞行时运载火箭已飞出稠密的大气层外,整流罩在第二级火箭飞行段后期被抛掉。第二级火箭飞行一般以等角速度按最小能量飞行程序做低头飞行。达到停泊轨道高度和轨道速度时,火箭进入停泊轨道滑行。对低轨道航天器,火箭已完成运送任务,并与有效载荷分离。

(3) 过渡轨道 对于高轨道或执行星际任务的运载火箭,末级火箭在进入停泊轨道滑行到预定高度(一般为离开地球的最远点)后再次工作,使航天器达到过渡轨道或其速度达到逃逸速度,然后航天器才与火箭分离。

根据轨道情况,航天器入轨有两种基本形式:一种是低轨道航天器可直接入轨,火箭在不停机的情况下直接将航天器送到预定的轨道上并使航天器达到入轨的速度和角度,然后火箭与航天器脱离,航天器进入轨道飞行;另一种是通过过渡轨道让火箭与航天器一起在太空沿着过渡轨道滑行一段距离,在滑行时火箭处于停机状态,当达到一定高度时火箭再次点火启动,加速航天器进入更高的轨道,当航天器在运行轨道上达到入轨要求的速度与角度时,火箭才与航天器分离。有时为了做远距离飞行,火箭会交替使用加速与滑行模式。即使航天器飞行的高度和速度大小相同,仅其方向不同,其轨道也将各不相同。另外,如果航天器飞行的方向不对,也可能会坠毁,因此,飞行器的姿态控制是航天科技中的一项重要技术。在太空中,因为飞行器主要受引力作用,往往采用刚体动量守恒原理来设计姿态控制。

2.2 机械工程与材料力学

2.2.1 材料力学的基本概念

机械工程中的力学问题除了物体在力的作用下的"外效应"外，还存在大量的涉及物体在力的作用下的"内效应"问题，这些都属于材料力学的范畴。材料力学研究的内效应主要指固体材料在力的作用下所引起的变形，以及由变形所造成的破坏与失效。材料的破坏与失效将使得结构不能正常工作，因此，在工程中对所设计的结构部件除了要考虑其运动学与动力学的要求外，还必须保证不造成破坏与失效，使其正常工作。要使得结构件正常工作，通常需要满足强度、刚度、稳定性三项要求。

强度：结构在工作中不发生断裂和不可恢复的变形等破坏失效的能力。固体构件在工作时需要承受一定的载荷作用，在外载荷作用下，构件将发生一定的变形。但这种变形是有限制的，不能随着载荷的增加而持续地增加上去。当载荷达到某值时，一些材料的构件（如铸铁制作的）将发生断裂，称为构件发生破坏；另一些材料的构件（如低碳钢），当载荷过大时其变形不能随着载荷的撤离而恢复，成为永久性的变形（称为塑性变形），这时构件也不能正常工作，称为构件失效。这两种情况下构件都不能正常工作，分别称为断裂破坏和塑性失效。结构应具有强度以抵御断裂破坏和塑性失效的发生。

刚度：结构在工作中不发生超过允许值的变形。构件在受到载荷作用后将发生一定的变形，但在实际工程中，构件的变形都要受到一定的限制，过大的变形也将使得构件不能正常工作。如钻床的立柱发生变形，将影响到钻头在工件上定位的精度，当立柱的变形达到一定的程度时，钻头定位的误差也随之扩大，误差超过了设计给定的标准，加工出来的零件就会报废；当行车在大梁上行走时，由于行车及起吊物重力的作用使得大梁发生弯曲，当大梁比较"结实"，也就是刚度较大的时候，变形很小，对行车的行走以及起吊基本不会发生影响；如果大梁的刚度被设计得较弱，变形就会较大，导致行车行走时的爬坡效应比较明显，产生一定的不利影响。再比如主轴上的齿轮系统，如果主轴的刚度不够，主轴变形导致安装在轴上的齿轮发生移位和倾斜，从而破坏齿轮间的啮合，造成齿轮的磨损和振动噪声。因此，构件应具有较好的刚度以抵御过大的变形。

稳定性：受压构件具有的保持原有平衡形式的能力。受压构件在压力的作用下，平衡会从一个位置转移到另一个位置，从而形成结构的稳定性问题。如直杆在重压下从直杆被压弯而变成弯杆，并进一步造成破坏的过程就是典型的稳定性问题。具有较好的稳定性的直杆能够抵抗重物的压力，保持挺直而不发生弯曲，人们常把这一性质用来赞美坚贞不屈的美德，用"大雪压青松，青松挺且直"的诗句来形容。工程中常见的施工脚手架，就是受压的杆件结构，稳定性不足就是这些结构的主要问题，每年全国各地都会发生不少的脚手架倒塌事故,造成人员和财产的重大损失。这些事故的原因,都与稳定性有关,与此类似的还有矿井巷道的支承架、自卸卡车的顶杆、房屋的柱子等,这些结构都承担压力的作用,稳定性仅在结构承受压力时需要考虑,当结构受到拉力时是没有稳定性问题的。不仅是受到压力的杆件结构存在稳定性问题,对其他形式的结构只要在其中的某些方向上受到压力作用,也存在稳定性问题。如拱形梁,在受到表面压力后也会失稳变形;潜水艇在深海潜行时,其圆柱外壳受到较大的海水压力,也可能发生失稳,从而使得圆柱形壳体变为椭圆形;饮料易拉罐是一个圆柱薄壳,在罐体两端分别用手相对拧动,分析可知在与罐体轴线成 45°角的方向上罐受到压力,而拧动的结果就在这一方向上使罐体出现了弯曲的凹槽,表明在该方向上局部材料处于失稳状态。像这样面内压应力失稳的情况比较复杂,在工程力学课程中一般不做讨论。工程力学的稳定性仅以直杆为分析对象。当受压杆件失稳时,其所承受的压力(临界压力,与杆的材料、长度、粗细、约束等情况有关)远比正常的拉伸(压缩)时相应的失效载荷要小,同样大小的载荷,对拉杆和比较粗短状的受压杆件可能不会造成失效破坏,但细长状的杆件受到压力时将发生稳定性失效,从而造成事故,导致生命财产的损失。因此,受到压力作用下的杆件,必须具有一定的稳定性。

构件在受到外载荷作用下,如果载荷足够大,构件将会被破坏,表面看来好像载荷是造成构件破坏的原因。但实际上,如果增加构件的几何尺寸,同样的载荷并不能造成构件的破坏。构件能否被破坏,不仅取决于所承受的载荷,而且也取决于构件的几何尺寸,或者说,与力的集度有关。

定义构件内部某点处截面内力的集度为应力。任何材料都有由它自身性质所决定的能够承受的最大应力的值,称为极限应力。每一种材料都有其特定的极限应力,如果材料在工作中达到了该极限应力值,材料就要发生破坏:一些材料(如铸铁)会断裂,另一些材料(如低碳钢)会发生某种变形,且该变形是不能恢复的,称为塑性变形。无论材料发生断裂或塑性变形,一般都认为材料已经失去承受载荷的能力。因此,材料的极限应力在实际工程中是不允许达到的。如果仅仅做到构件的实际应力小于极限应力,这样的条件太笼统,比如,应力只比极限应力小一点点,并不能就此保证构件的安全,因为机械结构在工作中,常常会发生很多无法预知的问题,造成应力超过极限应力。这种关于结构材料破坏的问题称为强度问题。强度不仅同材料的物理性能有关,而且同结构的几何形状、构件配置、外力作用形式等有关。高压容器的爆裂,机械结构断裂、破坏、坍塌等事故,很多是由于强度不够引起的,所以强度问题是工程设计中最重要的问题之一。所有机械结构都应有适度的强度储备,以保证其安全运行和达到预期的使用寿命。安全储备通过设置安全因数的方法来实现。所谓"安全因数"是一个大于 1 的数,材料的极限应力(屈服强度)除以该安全因数后,得到的一个比原极限应力小的应力,称为许用应力。许用应力是实际工程设计中构件所允许达到的最大应力。显然,许用应力与材料的极限应力有关,但是,许用应力更与安全因数的取值有关,对于同样的极限应力,安全因数取值大小对许用应力安生较大的影响。安全因数如取得过大或许用应力取得过小，将会使设计的机械结构粗大笨重，这无疑造成了生产成本的提高和工作效率的降低；安全因数如取得过小或许用应力取得过大，又将使得设计的机械结构发生不应有的破坏。因此合理选取安全因数和许用应力，也是强度分析工作的重要任务。

一般而言，对于塑性材料，由于其具有较好的韧性，在破坏之前有比较漫长的塑性流动阶段，同时，在屈服后的强化阶段，实际上也使得结构的强度有所提高，因此，对用屈服强度作为极限应力的塑性材料，从某种角度讲，似乎有些"偏于安全"。故塑性材料的安全因数，可以取得比较小一些，例如在 1.5～2 之间，以能够节约材料。相反，对于脆性材料，由于其破坏通常是突然的、不可预料的，同时，其破坏形式是断裂，一旦发生，由于没有预警，将产生严重的后果，为了确保构件的安全工作，需要采用比较大一些的安全因数，通常在 2.5～3 之间。从定性的角度看，安全因数的确定，可以从结构的价值高低、破坏所造成的后果的严重与否、材料的属性、工程载荷的工况等方面来考虑。如果结构的价格较低，即使破坏也不会造成严重或特别严重的后果，材料的属性较好，载荷的工况比较明确的情况下，可以采用比较小一些的安全因数；如果构件价格昂贵，构件一旦破坏将造成财产和生命的重大损失，材料的属性很差，载荷估计的准确性较差，这时需要采用比较大一些的安全因数。例如：核电站的反应堆外壳，若破坏将造成特别严重的后果，在设计中，取了很大的安全因数（8 以上），以保万无一失；机床的传动主轴，根据机床的精密程度，其价格也有着比较大的差异，因此，安全因数也取不同的数值以适应该种价格的变化；工程机械的传动轴，长期在野外比较恶劣的自然环境下工作，机件的老化及损坏情况比较常见，也应该用比较大一些的安全因数；某些复杂的化工机械，由于结构比较复杂，在分析计算中，常常对结构和载荷都做了较大的近似及简化，使得计算估计的载荷及应力与实际的载荷与应力之间有着比较大的差距，因此，也有必要采用较大一些的安全因数。

在 20 世纪 50 年代以前，人们认为固体材料在工作时的应力小于该种材料的许用应力值，结构就是安全的，并在正常使用的情况下一直"安全"下去。但后来，工程和实际发生的一系列事故，表明实际并不如此。例如：在二战后期，美国制造了大量的军用和民用船只承担作战和运输任务。但到 20 世纪 50—60 年代，这些船只还远没有到报废年限时就出现了很多的机械故障，甚至有些船舶被拦腰折断；50 年代末期，美国的"北极星"洲际导弹在发射时，导弹外壳破裂、燃料泄漏而导致发射失败。在这些事故中，材料的工作应力均小于当时的许用应力（当时认为的安全应力），而构件却发生了严重的"断裂"事故，而且，这些材料都是韧度较高的"塑性"材料，即使材料的应力达到或者超过其屈服强度，也不应该发生这样的类似"脆性"断裂事故，而是应进入屈服阶段。问题出在哪里呢？原来，人们一直以来都是用"完好"模型进行材料的力学分析，但实际结构中，由于各种原因（如结晶、加工、腐蚀等），实际构件并不是"完好"的，在其中存在着大量的极其微小的裂纹。研究含裂纹物体的强度和裂纹扩展规律的分支学科，称为断裂力学。它对机械结构或构件的强度分析十分重要。比如,焊接结构和重型构件不可避免地存在一定的冶金缺陷,如夹渣、疏松层、气孔、砂眼或裂纹,并且由于裂纹的扩展,使得机械结构在低于材料屈服点的应力状态下发生脆性断裂,造成严重事故。为此,在机械工程设计中,必须从断裂力学准则出发,考虑这些缺陷或裂纹的存在和扩展对安全运行和使用寿命的影响,并提出评定这些影响的安全判据和应对措施。此外,循环载荷之下,结构中的某些危险点会发生永久性的损伤递增过程,足够大的应力经循环后,损伤积累可形成裂纹,并使裂纹进一步扩展至完全断裂,这种机械结构和零部件的常见破坏形式称为疲劳破坏。机械构件,特别是曲轴、叶片、齿轮、弹簧等,常规疲劳强度计算和实验已成为设计过程的必要环节。

构件安全工作的另一个要求是关于构件的变形的,也称为刚度。刚度是指受外力作用的材料、构件或结构抵抗变形的能力。各向同性材料的刚度取决于它的弹性模量和切变模量。结构的刚度除取决于组成材料的刚度之外,还同其几何形状、边界条件等因素以及外力的作用形式有关。在一些高精度装配机械及旋转机械(如大型汽轮机等)中,为保证安全平稳运行,必须严格限制结构或构件的变形量,如切削机床主轴刚度性能的好坏会直接影响加工精度的高低。这时对机械进行刚度分析的重要意义绝不亚于强度分析。刚度问题经常分为静力、动力、蠕变(固体材料在保持应力不变的情况下,变形随时间缓慢增长的现象)等几个方面。

某些机械结构除进行强度和刚度分析之外,还应该校核其结构稳定性。稳定性通常指因外力作用增加而偏离初始平衡状态的系统在撤去所增加的外力后能否回复到原平衡状态的性能。一些细长杆或薄壁构件,在受压应力的情况下(尽管应力幅值远远小于屈服强度),有时会突然改变原来的平衡状态,在其刚度最薄弱的方向上发生显著变形,甚至完全丧失承载能力。例如汽缸、油缸的活塞杆,起重机伸臂的一些弦杆,压力机的丝杠等,由于承受过大的轴向压力,会突然发生弯曲。又如薄壁结构的腹板、筋板,箱形结构的壁板的中面受压部分,以及深梁的平板局部如果主要受压或受剪力作用,也会突然发生显著翘曲,而不能正常工作。受扭或受弯的薄壁圆管等壳状结构、真空设备的壳体等,在外压、轴向力或剪力的作用下,也会突然发生局部的凹凸变形(见图 2-12)。当载荷增加到一定限度后,结构或构件不能保持稳定平衡状态的现象,称为失稳。

在设计和分析机械结构时,通常是以载荷大小作为评价稳定性的一种判据。由稳定平衡到非稳定平衡过渡的分界点为临界平衡状态,这时对应的载荷称为临界载荷,它是稳定性分析中的核心参数。机械结构的强度、刚度分析一般是在保证原来平衡状态不变的前提之下进行的,所以对某些可能会发生失稳的结构或部件应进行稳定性分析。

综上所述,无论是设计制造大型、高参数的新机械产品,还是大批量生产的常用机械,要做到安全、可靠、经济和耐用,都有必要对其整体或关键部件进行有效的力学分析,其中包括强度、刚度、稳定性和动力学特性方面的分析。

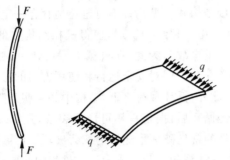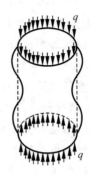

图 2-12　结构失稳

2.2.2　材料力学基本实验

机械结构大多用金属材料制成，也有一些大型结构的框架由混凝土浇筑而成。机械设计中的强度分析必须参考材料的失效抗力指标，如屈服强度、疲劳极限、断裂韧度等，还要注意到像铸铁、高碳钢、混凝土以及石料等脆性材料的抗压强度显著高于抗拉强度的基本特性。

力学实验是强度分析中的重要手段。强度分析与材料的性质密切相关，因此，需要对各种材料的力学性质进行统一而标准的测试，以得到具有公信力的测试结果。进行这样的材料力学性能测试的实验，现在已经有了国家标准，成为一种标准化的力学实验。另外，当设计的新产品需要确定设计方案时，可利用模型试验，选取较优的设计方案，并可对原设计方案提出改进，为降低应力集中因数等提供必要的措施。在产品的样机制造出来后，也需要进行力学实验，以实验测量的结果来验证设计时的一些理论计算结果，并对设计阶段的一些假设和简化做重新的审核与分析。

力学实验主要有材料的力学性能测试和结构的应力应变测试两大类。固体材料的力学性能测试把需要测试的材料加工成标准试件，载荷通过材料试验机加载。目前常用的材料试验机有液压式和电子式两种。液压式试验机（见图 2-13）由两个门形框架组成总体结构。下框架承担主要的加载等试验任务，上框架支承着活塞油缸。当油泵把主油箱里的液压油输入到上框架的油缸里时，油缸的活塞受到油压的顶推作用而上升，并带动与之相连的横梁上升，从而对上、下横梁之间的试件进行加载。在试验过程中，加载的速度由油泵阀门来调节，载荷的测量利用流体的帕斯卡原理，在油缸中导出油路，测量其油压并计算得到。变形的测量需要在试件上加装引伸仪等传感器进行测量。液压式试验机构造简单，价格便宜，但精确度不高、控制不方便。另外，液压能够实现较大的压力，最大压力可以达到几百吨。

另外一类的试验机是电子式试验机，其主体结构如图 2-14 所示。电子式试验机没有油缸，其传动及加载是通过电动机带动，通过同步带传动，实现横梁的上下运动，从而达到加载的目的。由于通过同步带和丝杠传动，其传动的精确度较高，控制也比较方便。电子式试验机的力和位移的测量都通过试验机的传感器进行,但电子式试验机的吨位,尚不能达到液压式试验机的规格。

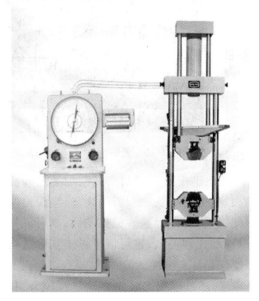

图 2-13　液压式材料试验机　　　　　　图 2-14　电子式材料试验机

力学实验除了测量材料的力学性能外,还在各种实际工程中进行各种复杂工况下应力和应变的测量。这些测量是通过电阻应变仪完成的。其原理是利用了金属材料在受到拉伸变形后其电阻值会发生改变,通过电桥平衡测量这些金属丝的电阻的变化,通过换算得到其应变。把金属丝绕成的电阻应变片粘贴在结构需要测量的位置,使得结构与应变片紧密地结合在一起。连接电桥,使得应变片处于电桥平衡状态。当加载后,由于载荷的作用,结构发生变形,连带着应变片也发生变形,因此,应变片的电阻值发生了一定的改变。当然,这样的电阻改变是很小的,利用电桥的放大作用,可以测量到其电阻的变化。根据理论分析,应变片电阻的变化与其应变成正比,因此,可以得到结构在测量点表面的应变。根据材料应力与应变的物理关系,在平面应力状态下,可以有

$$\begin{cases} \varepsilon_x = \dfrac{1}{E}(\sigma_x - \mu\sigma_y) \\ \varepsilon_y = \dfrac{1}{E}(\sigma_y - \mu\sigma_x) \end{cases}$$

也就是,通过该方程的求解,最终能够确定结构被测点的表面应力。利用实验进行应力测定,能够直观而准确地反映出结构的应力状态,对于了解与掌握结构的应力分布有很大的帮助。但是否能够真正确定结构的危险应力状态,取决于测点位置的估计。对于复杂结构,要事先能够精确地估计到结构的危险应力点的位置是不现实的。一般采用数值

计算的方法,得到结构的应力分布,而应变片测量的结果,与相对应的点的计算结果互相映照,以判断计算的精确度。

　　由于电阻应变试验需要在结构物表面粘贴电阻应变片,而在有些结构,由于各种条件的限制,无法在需要测量的位置粘贴应变片,例如压力容器的内腔、细小的缝隙内等,这时,可以采用光弹性试验的方法进行模型应力的测量(见图 2-15)。光弹性试验的原理是基于环氧树脂类材料在偏振光照射下的双折射条纹。用环氧树脂材料,按照

图 2-15　光弹性模型应力条纹

比例制造结构物的模型,并确定边界约束条件,载荷也按照模型与实际结构的比例而施加。在暗室中,用偏振光照射环氧树脂的结构模型,由于材料的双折射现象,呈现出偏振条纹。这些条纹与模型的应变是成正比的,因此,分析与计数这些偏振条纹,就可以得到模型的应变。而根据模型与实际结构的相似原理和比例关系,也可以推断出实际结构的应变,从而得到其应力。这样的试验称为光弹性试验。光弹性试验,能够得到结构内部的三维应力,而且,对于一些不方便贴应变片的部位,都可以用光弹性试验进行应力测量。但光弹性试验的应变是从偏振条纹得到的,因此,其精确度不是很高,而且,对于复杂结构处于复杂载荷、约束条件下,模型的制造和加载条件的实现是个大问题。这些均对光弹性试验的普遍使用形成了一定的约束。

2.2.3　内燃机结构的强度

　　内燃机是动力机中应用最广泛的一种热力发动机,根据所用的燃料不同分为汽油机、柴油机等。随着内燃机汽缸工作容积的不同,内燃机功率可小到 0.5 kW,大到数万千瓦,如现代主战坦克内燃机功率在 380～600 kW 之间,更大的可高达 1 104 kW;汽车内燃机一般在 15～370 kW 之间;拖拉机内燃机在 2.2～88 kW 之间;工程机械内燃机在 14.7～58.9 kW 之间。其转速为 3 000～26 000 r/min,活塞平均速度在 9.75～12.8 m/s 之间。活塞平均压力一般在 0.5～0.9 MPa 之间。平均压力的大小在一定程度上反映了内燃机的先进程度。内燃机是汽车、拖拉机、船舶、火车、坦克等的心脏,它的质量与效率是这些运载工具品质优劣的关键。

　　内燃机是以曲柄连杆机构为主要结构形式、以往复运动为特点的热动力机。其工作特点是间歇性的周期循环,每回转一周(二冲程)或两周(四冲程:吸气、压缩、燃烧膨胀和排气)完成一次工作循环。内燃机每一次工作循环有一次燃料燃烧膨胀过程,这使得内燃机中的零部件承受周期性的变化力作用;同时周期性地更换汽缸中气体的过程,使得内燃机的进、排气气流具有很大的波动性;而内燃机不平衡性结构的转动会产生惯性力。这一

切都是内燃机在运转时的振动及噪声的来源。

现以单缸内燃机为例说明其强度与振动问题。如图 2-16 所示,单缸内燃机在壳体内的零部件主要有:支承在多个滑动轴承上的曲轴,是主要旋转和承载部件;装在曲轴曲柄上的连杆,其作用是将活塞从爆发气体传递来的力再传递给曲轴;装在连杆上的活塞,是气体燃烧爆炸的承载体;活塞与汽缸间的空腔是燃烧室,燃烧室中装有控制气体进出的进、排气阀。

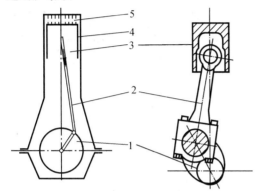

图 2-16 单缸内燃机基本结构

1—曲柄;2—连杆;3—活塞;4—汽缸;5—燃烧室

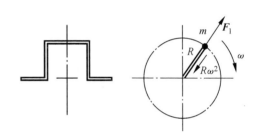

图 2-17 曲柄不平衡离心惯性力

单缸内燃机在运行中的基本作用力有:燃烧中燃气的压力,活塞连杆往复运动的惯性力,曲轴进行回转运动产生的离心惯性力(见图 2-17),由于整个机构运动的惯性力不通过重心而造成的倾覆力矩,等等。此外,由于燃烧室中爆发气体具有很高的温度,其热量由尚未燃烧的油以及汽缸外的冷却水带走,内燃机各部分之间有很大的温度差,从而产生热应力。

内燃机零件由于强度问题产生的破损与失效的现象有:大变形(影响摩擦副配合,造成漏气、漏油、漏水等),疲劳断裂,金属黏着(拉缸、拉轴承等),加速磨损,等等。所以内燃机强度问题是影响内燃机运行可靠性与使用寿命的重要问题之一。图 2-18、图 2-19 给出了曲柄破坏的两种典型情况。

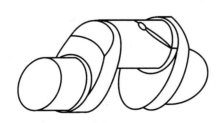

图 2-18 交变扭转力矩引起的曲柄断裂

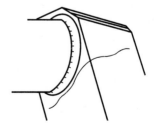

图 2-19 交变弯曲应力引起的曲柄断裂

　　内燃机的工作结构与工作原理决定了其工作的不平稳特性，如果设计不合理将引起整机的振动（包括上下、前后、左右的跳动和绕三个正交轴的摆动）、曲轴系的扭转振动，主轴的轴向和横向振动。这些振动所引起的后果是非常严重的，包括：零部件之间发生剧烈撞击而破坏，轴系破坏，引发载体（如车辆、船舶等）的振动，产生很大的噪声。

　　为了减小振动，需要采取一系列措施，如改善内燃机与曲轴运转的平衡性、加装减振器、采用隔振装置等。所有这些措施都要经过力学分析才能确保其合理性，从而得以实现良好的减振效果。图 2-20 给出了减振安装示意图以及对应的两自由度系统的力学模型。进行力学的分析的目的是要求合理选择减振器的弹簧刚度系数 k_i 与阻尼系数 c_i 来达到减小振动位移 $x_i(i=1,2)$ 的效果。

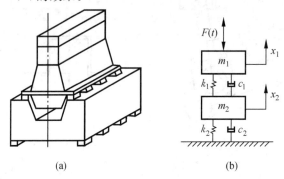

(a)　　　　　　　　　　　(b)

图 2-20　内燃机减振安装结构图

2.2.4　推油杆的破坏与断裂力学

　　石油是现代工业的血液，在国民经济中占据着极其重要的地位。石油的生产是通过抽油机把黑色的原油从地下抽取出来（见图 2-21）。抽油机在往复摆动的过程中，通过抽油杆将几百米至几千米深处的石油源源不断地抽出地面。常用的抽油杆形状如图 2-22 所示，每根抽油杆长 7～8 m，杆端加工有螺纹、扳手平面及牛腿状过渡带。一口抽油井往往需要几百根抽油杆，由带螺纹的套筒一节节地连接起来，伸入井下。当抽油机工作时，抽油杆主要承受自重以及抽油阻力所产生的交变载荷。抽油杆链中，任何一根抽油杆断裂都将使抽油机无法工作。如果断裂的杆件位于较深的井下，打捞断杆绝非易事，严重时可能导致整口油井报废。

　　观察打捞上来的断裂抽油杆，会发现一个奇怪的现象：断裂部位经常发生在横截面相对粗大的头部，而较细的圆杆部分却很少发生断裂。即使考虑到应力集中现象，杆头部分的应力还是小于直杆部分，那么为什么杆头在低应力情况下会发生突然破坏呢？加工抽油杆杆头要经历以下的工艺过程：将一根直棒头部加热，镦粗，锻造出牛腿状过渡带和扳手平面以及供加工螺纹的头部。在加工过程中难免在杆件表面留下锻造折叠、划痕、细微

图 2-21　工作中的抽油机

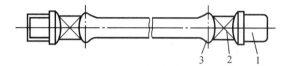

图 2-22　抽油杆

1—连接螺母；2—扳手平面；3—牛腿状过渡结构

裂纹等缺陷。在交变应力作用下，这些缺陷会发展成宏观裂纹并且不断扩展，当裂纹扩展到某一个临界尺寸时，就会造成突然断裂。构件有裂纹时，断裂应力往往远低于材料的屈服强度。一般用断裂力学解决含裂纹结构的强度问题。从 20 世纪 50 年代中期以来，断裂力学的发展十分迅速，尤其是线弹性断裂力学已相当成熟，可以成功地解决以下问题。

（1）多小的裂纹或缺陷是允许存在的，即多小的裂纹或缺陷不会在预定的构件服役期间发展成断裂时的大裂纹？

（2）多大的裂纹形成后就可能发生断裂，即用什么判据来判断断裂发生的时机？

（3）从小裂纹扩展为断裂时的大裂纹需要多少时间，即带裂纹的构件寿命如何估算？

为解决上面所提的问题，要从两方面入手：一方面是用实验确定材料抵抗裂纹扩展的能力，称为材料的断裂韧度；另一方面对于含裂纹的受力构件，必须要找到一个能够表征裂纹断点区应力场强度的特征量，它就是应力强度因子 K。一般说来，K 与受载方式、载荷大小和裂纹的长度、数目、位置以及含裂纹体的形状有关，有时还与材料的弹性性能有关。当求解复杂形态裂纹的应力强度因子时，一般需要借助数值分析方法，特别是有限单元法。

断裂力学成功地解释了以往许多工程结构在低应力水平下突然断裂的事故，预防了类似事故的重复发生；同时也挽救了一批虽有微小缺陷但在给定工作条件下不致发生断裂的重要构件，为国家节省了大量财富。

2.2.5　大型液压机中的预应力结构设计

液压机是根据力学中的帕斯卡原理制成的。帕斯卡原理指出：不可压缩静止流体中任意一点受外力产生的压强增值可瞬间传至静止流体各点。所以利用液压机可以把较小的输入力转换成较大的输出力。液压机，尤其是超高压液压机是完成冷锻、板料成形、超硬材料合成和粉末压制等不可缺少的大型机械。

工作中的液压机，它的立柱和工作缸往往处于较大拉应力振幅的脉动循环载荷之下，很容易导致疲劳破坏，于是在液压机的设计过程中，往往对主要构件采取预应力设计。

预应力设计的原理并不复杂：在承载前，对结构施加某种载荷（预紧载荷），使其特定部位产生的预应力与工作载荷引起的应力异号，从而抵消大部分或全部工作载荷引起的应力，以达到大大提高结构承载能力的目的。预应力结构包括两个部分：预应力施加件（预紧件）和承受预应力的基本构件（被预紧件）。前者一般用抗拉强度极高的材料制成，后者则要求具有较高的抗压强度。

在液压机的机架结构设计中，立柱往往是薄弱环节，它不但要承受轴向拉力，还要承受偏心载荷引起的弯矩。特别是在立柱与横梁的连接部位，由于截面形状的突然变化或由于连接方式的原因造成应力集中，容易导致疲劳破坏。

近年来，在锻造液压机中开始采用预应力拉紧杆组合机架，其结构简图如图 2-23 所示。立柱由两部分组成：外面的空心柱套位于上、下横梁之间，在预紧时主要承受压力；中间的拉紧杆穿过上、下横梁和柱套，用预紧力把它们紧紧连成一个整体。拉紧杆的数量及布置方式应根据机架整体受力分析来确定。这种结构的特点在于：把在偏心载荷下承受拉弯联合作用而处于复杂受力状况的立柱分解为拉紧杆与柱套，拉紧杆只承受拉力，可用高强度材料制成，而空心柱套主要承受弯矩及轴向压力，始终处于压应力状

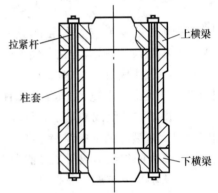

图 2-23　预应力拉紧杆组合机架

态。对拉紧杆而言，虽然在预紧状态及合成状态均承受较高的拉应力，但在循环载荷作用之下，应力波动幅度很小，杆的截面形状也没有急剧变化，因此抗疲劳性能很好；对柱套而言，抗弯强度很大，又始终处于压应力状态，因此，也具有良好的抗疲劳性能。每根立柱所需的总预紧力可以由力学计算获得。

如果把立柱比喻为液压机的"脊梁"，液压缸就是它的"心脏"。针对液压缸经常出现疲劳破坏这一特点，对它实行预应力设计十分必要。对于较长的液压缸，在其远离缸底和法兰的中间部分，是一个等厚度承受均匀内压的厚壁圆筒。通过弹性力学的精确计算，可以知道筒中径向应力均为压应力，而轴向应力均为拉应力，且内壁处的最大、外壁处的最小。压力越高、液压缸的内径越大，筒中的应力就越大。

随着锻压工艺的发展，对液压机的液压缸和挤压筒的工作内压和内径提出了越来越高的要求，预应力筒体是唯一可取的结构。对工作筒体进行预紧，较为简单的方法是采用过盈配合的预应力组合筒，提高筒体承受内压的能力和部分消除切向拉应力。压装预应

力筒体时,由于制造工艺上的困难,对直径和长度较大的筒体,目前越来越倾向于采用预应力钢丝缠绕结构(见图 2-24)。这种结构可以方便而有效地将芯筒预紧,保证芯筒在额定工作内压下不出现拉应力,从而使芯筒具有更高的抗疲劳强度。即使芯筒破裂,内压泄漏,也不会引起爆炸。国外有些原来放置在防爆墙中工作的超高压容器,由于采用了钢丝缠绕结构而取消了防爆墙。缠绕筒体的显著优点大大提高了结构的安全性。

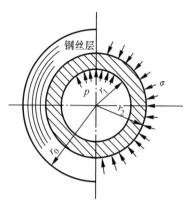

图 2-24　液压缸单层缠绕筒图

　　工程力学主要解决工程中的结构部件的力学计算问题,为工程设计提供计算方法与理论依据。工程力学的计算与分析贯穿于结构部件的整个设计过程。例如,在某项目中,需要设计一套曲柄连杆系统以作为传动系统。首先,分析系统所需要达到的传动要求和条件,如位移、速度和加速度的大小和变化,这些属于运动学分析;其次,需要对曲柄连杆系统的连接方式等进行分析,也就是对约束的分析,属于静力学范畴;考虑到运动的加速度效应,进行分析计算,得到系统的内力和约束力随时间的变化过程,这是动力学分析;接下来找出杆件所受到的最大的力,并讨论杆件在受到力作用后,其强度和刚度得到满足的条件下,杆件所需要的几何尺寸;如果考虑到曲柄连杆系统中载荷的循环,杆件要承受压力的作用,则还需要对杆进行稳定性计算,从而对杆的几何尺寸进行修改;再接下去,考虑到系统的载荷循环是连续重复的过程,而且是长期持续的,因此,还可能发生疲劳,因此,对设计的曲柄连杆系统还要进行疲劳分析,或者按照疲劳要求进行设计,再一次对杆的几何尺寸进行修改。

2.3　机械工程与流体力学

　　流体对处于其中的任何物体都有一种向上举升的力,该力称为浮力。浮力大小等于物体在流体中所占据的同体积的流体的重力,或者说,等于其所排开的流体的重力。这就是著名的浮力定理,相传是古希腊哲人阿基米德在澡堂里的灵机一动所发现的,其本意是为解决纯金的皇冠是否被工匠掺假的问题。其实,浮力形成的原因是浸入流体中的物体受到的流体的压力作用,由于各表面受到的压力不同而形成压力差的表现。

　　在静止的流体中,流体给予浸入其中的物体的压力,称为静水(如果这流体是水的话,其实,对于其他流体也是一样的)压力。该压力大小与流体的密度以及浸入流体中的深度成正比,方向沿着物体表面的法线方向。

　　当流体处于运动时,浸入流体中的物体表面所受到的压力,与流体运动的速度有

关,即

$$p + \frac{1}{2}\rho v^2 + \rho g h = 常数$$

式中:p 为流体压力,ρ 为流体密度,v 为流体运动速度,h 为物体浸入流体的深度。该式是瑞士科学家伯努利于 1738 年提出的,称为伯努利定理。

根据伯努利定理:如果流体的运动速度为零,则流体压力与流线高度成正比,这也就是静水压力的计算公式。如果在某一段流程里,流线的高度不变,则流体的压力将随流动速度的增加而减少。伯努利定理在航空、航海等领域有着重要的地位和应用,即使在日常生活中,也经常会遇到。例如,在高速列车的铁轨旁边行走的人,很容易被"吸"进去而造成意外事故。原因就是在人与列车之间的空气流动速度大而压力小,在人的外侧的空气速度小而压力大,这样的压力差就把人"推"向列车。与此类似的,还有大海里两艘舰船平行高速航行,由于两船受到的压力差而使得舰艇有相互靠拢的"危险"趋势。

测量流体速度的皮托管也是根据伯努利定理制造的。皮托管的构造原理如图 2-25 所示。在一些比较老的飞机上经常可以看到伸出于机头的长长的细管就是皮托管,在航空中,称为空速管,也就是用它来测量空气流动(相对于飞机)的速度,其实,也就是测量飞机飞行的速度。皮托管由内外两层套管组成,其头部开有小孔与内管连通,而在头部附近的侧面也开有小孔与外层的管子连通,两根管子的另一端则与一 U 形管相连接,U 形管内装有水银或酒精类液体。当皮托管头部的流体流动时,在头部正面与侧面的小孔之间,有流线连接。由伯努利定理

$$p_A + \frac{1}{2}\rho v_A^2 = p_B + \frac{1}{2}\rho v_B^2$$

对于 U 形管连通器,有

$$p_B - p_A = \rho_U g h$$

式中:ρ_U 为连通器内液体的密度,h 为连通器内的液面高度差。由于皮托管的小孔很小,

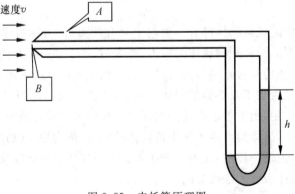

图 2-25　皮托管原理图

因此,一般可以认为开口处速度 v_B 为零,因此,可以得到 A 点速度,也就是所需要测量的流场中流体的速度为

$$v_A = v = \sqrt{\frac{2\rho_U g h}{\rho}}$$

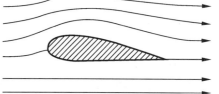

当飞机滑跑时,机翼在空气中运动,按照运动的相对性,也等于空气以一定的速度绕流过机翼截面,如图 2-26 所示。由于机翼截面的构造,机翼上表面是一个凸面,而下表面是一个近似平

图 2-26 机翼剖面及速度流场图

面。因此,当空气绕流过机翼截面时,上表面的流线长,其流动速度就快;而流经下表面的流线短,其速度就慢一些。由于上、下表面的速度差,根据伯努利定理,存在一个压力差,即上表面速度大而压力小,下表面速度小而压力大。下表面的压力与上表面的压力差所产生的一个向上的力,称为升力。升力是维持飞机能够在空中飞行而不至于掉下来的必要条件。

升力的大小与机翼的形状、气流的速度、气流与机翼的夹角(称为攻角)有关。当机翼处于水平位置时,攻角为零,升力也较小;随着机头的抬起,攻角增大,机翼上表面气流速度加快,升力也逐渐变大。但这种增大并不能一直维持下去,当攻角达到某一角度时,气体的流动情况会发生某种变化,使得升力大幅度地下降。这种情况称为失速。对于飞机的飞行,失速是极其危险的。因为失速时,飞机机翼所获得的升力不足以维持飞机在空中的平衡,必然使飞机往下掉,只有一些性能良好的战斗机,并且在富有胆略的优秀飞行员驾驶下,才有可能通过一系列动作摆脱失速,恢复飞机的正常飞行。

在流体力学研究中,升力也常常用一个无量纲的升力系数表示

$$C_p = \frac{p}{\frac{1}{2}\rho v_\infty^2}$$

式中:p 为升力,v_∞ 为离机翼为无穷远处的空气速度,或者机翼相对于静止空气的速度。升力系数 C_p 与攻角 α 的关系如图 2-27 所示。

当飞机起飞滑跑时,由于速度并不是很快,为了获得尽可能大的升力,以使飞机尽快脱离地面而起飞,需要拉起机头,用较大的攻角获得更大的升力;当飞机在高空平飞时,如果加大油门,飞机的速度增加,绕流的压力差也增大,结果飞机获得了更大的升力而上升。为了维持确定的飞行高度,就需要下压机头,减小攻角和升力;当飞机要下降着陆时,飞机开始减速,但由于速度减小,升力也开始减小,但又

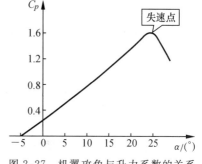

图 2-27 机翼攻角与升力系数的关系

要维持飞机在空中的飞行，因此，需要上拉机头，以较大的攻角获得较大的升力。但从图 2-27 可以发现，飞行的攻角不能太大，否则有失速的危险。而飞机的升力又是必须保持的，这时，很多的大型飞机通过改变机翼的形状以获得较大的升力，采取的办法是在机翼后部把襟翼向下翻（见图 2-28），加大机翼上、下表面的速度差，以获得更大的升力，从而保证飞机的安全着陆。

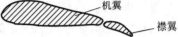

图 2-28　飞机的机翼与襟翼

　　在流体中运动的物体，除了由于形状不对称造成的压力差而受到流体的升力外，还受到流体在运动方向上的力，该力的方向与运动方向相反，因此是流体的阻力。流体的阻力与固体的摩擦阻力不一样。例如，一艘小船停泊在静止的水面上，用手在水里轻轻地拨动，小船就在水里漂动起来。说明流体对静止的小船的阻力非常小，不存在一个阻止运动的最大"静摩擦力"。但当小船开始前进后，就受到流体的明显的阻力，因此，需要用力划动船桨，小船才能够前进，而且，随着前进速度的增加，阻力也同步增大。

　　流体的阻力与流体运动状态有关。流体运动状态一般分为层流和湍流两种。其中，层流时，流管内的每个流体质点都沿着一条明确的流线运动，而且这样的流动是规则有序的。例如：在管道内，沿着管道缓慢流动的流体。当流体运动速度较大时，流体质点的运动轨迹具有高度的随机性，流动的速度在时间和空间上都是一个急剧波动的随机变量，流线也成为一条不规则的曲线，而且，该种不规则的流线也随时间而不断地变化，这样在时间和空间上具有高度随机性的流动称为湍流。例如：当自来水龙头完全打开时，水流在压力的作用下喷涌而出，这时的流动就是湍流；当山间的小溪，由于暴雨而引发洪水，水沿着溪沟卷动着漩涡一路奔腾而下，这时的流动，也是湍流。一般采用雷诺数来区分层流与湍流。雷诺数是法国科学家雷诺于 1883 年提出的一个无量纲参数，并做了大量的实验对此参数进行了验证。对圆管流动，雷诺数定义为

$$Re = \frac{\rho v R}{\mu}$$

式中：ρ 为流体密度，μ 为流体的黏性系数，v 为速度，R 是管子半径。根据雷诺数，一般情况下，当雷诺数＜2 000 时，流体是层流；当雷诺数＞40 000 时，流体为湍流；而当雷诺数介于 2 000～40 000 之间的流动，则属于层流与湍流之间的过渡状态，其流动状态取决于管子内壁粗糙度以及流速等条件。

2.4　机械工程与振动力学

2.4.1　机械振动（振动力学）的概念

　　振动是在日常生活和工程实际中普遍存在的一种现象，也是整个力学中最重要的研

究领域之一。所谓机械振动,是指物体(或物体系)在平衡位置(或平均位置)附近往复地运动。在机械振动过程中,表示物体运动特征的某些物理量(如位移、速度、加速度等)将时而增大、时而减小地反复变化。在工程实际中,机械振动是非常普遍的,钟表的摆动、车厢的晃动、桥梁与房屋的振动、飞行器与船舶的振动、机床与刀具的振动、各种动力机械的振动等,都是机械振动。

20 世纪 50 年代以来,机械振动的研究从规则的振动发展到要用概率和统计的方法才能描述其规律的不规则振动——随机振动。由于自动控制理论和电子计算机的发展,过去认为甚感困难的多自由度系统的计算,已成为容易解决的问题。振动理论和实验技术的发展,使振动分析成为机械设计中的一种重要工具。

振动系统模型按系统的不同性质可分为离散系统与连续系统、常参数系统与变参数系统、线性系统与非线性系统、确定系统与随机系统等。

离散系统是由集中参数元件组成的,基本的集中参数元件有三种:质量、弹簧与阻尼。质量(包括转动惯量)模型只具有惯性。弹簧模型只具有弹性,其本身质量大多可以略去不计。阻尼模型既不具有弹性,也不具有惯性,它是耗能元件,在相对运动中产生阻力。离散系统的运动在数学上用常微分方程来描述。

连续系统是由弹性体元件组成的。典型的弹性体元件有杆、梁、轴、板、壳等。弹性体的惯性、弹性与阻尼是连续分布的,故称为分布参数系统。

机械振动有不同的分类方法。按产生振动的原因可分为自由振动、受迫振动和自激振动;按振动的规律可分为简谐振动、非谐周期振动和随机振动;按振动系统结构参数的特性可分为线性振动和非线性振动;按振动位移的特征可分为扭转振动和直线振动。

自由振动:去掉激励或约束之后,机械系统所出现的振动。振动只靠其弹性恢复力来维持,当有阻尼时振动便逐渐衰减。自由振动的频率只取决于系统本身的物理性质,称为系统的固有频率。受迫振动:机械系统受外界持续激励所产生的振动。简谐激励是最简单的持续激励。受迫振动包含瞬态振动和稳态振动。在振动开始一段时间内所出现的随时间变化的振动,称为瞬态振动。经过短暂时间后,瞬态振动即消失。系统从外界不断地获得能量来补偿阻尼所耗散的能量,因而能够做持续的等幅振动,这种振动的频率与激励频率相同,称为稳态振动。例如,在两端固定的横梁的中部装一个激振器,激振器开动短暂时间后横梁所做的持续等幅振动就是稳态振动,振动的频率与激振器的频率相同。系统受外力或其他输入作用时,其相应的输出量称为响应。当外部激励的频率接近系统的固有频率时,系统的振幅将急剧增加。激励频率等于系统的共振频率时则产生共振。在设计和使用机械时必须防止共振。例如,为了确保旋转机械安全运转,轴的工作转速应处于其各阶临界转速的一定范围之外。

自激振动:在非线性振动中,系统只受其本身产生的激励所维持的振动。自激振动系统本身除具有振动元件外,还具有非振荡性的能源、调节环节和反馈环节。因此,不存在外界激励时它也能产生一种稳定的周期振动，维持自激振动的交变力是由运动本身产生的且由反馈和调节环节所控制。振动一停止，此交变力也随之消失。自激振动与初始条件无关，其频率等于或接近于系统的固有频率。如飞机飞行过程中机翼的颤振、机床工作台在滑动导轨上低速移动时的爬行、钟表摆的摆动和琴弦的振动都属于自激振动。

2.4.2　机械转子振动与系统平衡

机械在工作中，受到外力的作用，而这些外力通常都是随时间变化的力。这样一个变力作用在物体上，使得物体也随之运动。当所作用的力是一个周期性的循环往复的力时（绝大多数机械设备都受到这样的力的作用），称这样的力是一个周期性的激励。激励作用在物体上，将引起物体也发生周期性的循环往复的运动，这样的运动就是振动。绝大部分的机械（尤其是脉动载荷作用下的机械、往复式机械和旋转机械）在工作中不可避免地要产生振动。振动对机械系统的影响是不可低估的，它会降低机械设备的工作精度，加剧构件磨损，甚至引起结构疲劳破坏。如果激励载荷的频率接近机械结构或构件的某阶固有频率时，还会产生共振现象。在阻尼十分小的情况下，共振振幅在理论上可以达到非常大，往往造成机械或结构的彻底破坏。所以在机械设计中，必须注意使激励频率尽量错开系统的固有频率或适当增加系统的阻尼以防止共振现象的产生。在弹性动力学中，有一个专门的分支称为转子动力学，它主要研究高速旋转机械中的动力学行为，如转子-支承系统的临界转速、不平衡响应及其主动、被动控制等问题。

为了能精确地研究振动现象，需定义一些参量来描述振动的特性，将一个振动量完成一次振动过程所需的时间称为周期（一般记为 T），而将周期的倒数称为频率（记为 f），它表示单位时间内振动的次数，是反映振动快慢的参量，单位符号是 Hz（赫）。在振动中，振动量偏离平衡位置的最大值称为振幅，它是反映振动强度的量。当我们研究的对象，例如古钟（在力学中常称为系统），在受到外界的作用时，如用木槌敲击它（在力学中常称为激励），系统就会发生振动而产生声音输出（在力学中常称为响应）。振动力学主要就是研究系统、输入激励和输出响应之间的关系。

利用机械振动原理可以制成各种振动机械，提高工作效率，如：

（1）振动能使物料在工作体中做剧烈的运动，并能使物料沿工作面散开，因而能有效地完成物料的筛分、选别、脱水、干燥等多种工艺过程；

（2）振动可使物料在封闭的槽中做滑移运动或抛掷运动，因而借助振动可以将松散物料或物件从某一位置运送至另一位置；

（3）振动可加剧物体与被研磨物料之间的冲击和摩擦，从而可以完成物料的研磨、破碎、落砂、清理等工作；

（4）振动能减小物料颗粒之间的内摩擦力，增加物料的"流动性"，因而使物料易于成形与密实；

（5）振动能降低土壤对插入物体（如管、桩等）的阻力，可提高插入的效率。

还可以举出很多振动在工程中得到有利应用的例子，但机械振动也有它有害的一面。振动会影响精密设备的功能，严重时甚至使整个系统功能失效，加剧构件的疲劳与磨损，缩短机器与结构的使用寿命等。例如：机床切削和磨削过程产生的振动，降低了机床的工作精度，使加工表面产生波纹；路面不平引起车辆车身的振动，会影响乘坐舒适性和操纵性；导弹的导航仪表安装在高精度惯性平台上，飞行过程中惯性平台的振动会降低仪表的工作精度，从而影响了导弹的命中精度。可见，振动是影响机械结构系统工作精度和性能的重要原因之一，因此，必须采取各种有效措施，把机械系统的振动量限制在允许的范围内，使系统能够保持正常的运行性能。机器转子的动平衡和机械振动控制都是减小振动的有效措施之一。

转子系统是汽轮机、发电机、电动机、车床、内燃机这类旋转机械的关键结构。转子系统运转的平稳性极大地影响机器的工作质量、工作效率、工作寿命和工作环境。研究和改善转子系统运转的平稳性是振动力学的核心研究课题。决定转子系统运转的平稳性的关键因素是转子的平衡问题。

工程上根据转子运转时的力学特征将转子分为刚性转子与柔性转子。转子在较低转速下运转时，因不平衡离心力导致的动挠曲量很小，对转子本身的强度、轴承支反力和机器性能不产生显著影响，这样的转子可视为刚性转子，即把它作为不会变形的刚体来对待；反之，虽是同一转子，但在较高转速下运转，尤其是接近或超过其固有频率转速（临界转速）时，转子产生的显著变形已不容忽视，这样的转子即称为柔性转子。

如果转子的质量分布均匀，制造和安装无误差，则运转是平衡的，理想情况下，它对轴承的压力，除重力外无其他的力，即只有静压力，这种旋转与不旋转时对轴承都只有静压力的转子，称为平衡转子。转子如果是不平衡的，附加动压力将通过轴承传递到机器上，引起整个机器的振动，产生噪声，加速轴承磨损和机器零部件的疲劳破坏，从而降低机器的寿命，甚至使机器控制失灵、发生严重事故。这些有害的现象在日常生活中也是常见的，如吊扇由于叶片制造和安装不平衡，运转时摇摇晃晃，威胁到人身安全。

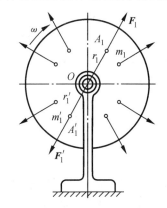

从牛顿运动定律知道，任何物体在匀速旋转时，体内各质点都会产生离心惯性力，简称离心力。设有如图 2-29 所示的圆盘转子，如果转子是以角速度 ω 做匀速转动，则盘内任一质点 A_1，将产生离心力

$$F_1 = mr\omega^2$$

式中：m 为质点的质量，r 为质点到转轴的距离。刚体内任一质点都产生类似的离心力，这无数个离心力组成一个惯性力系作用在轴承上，其对轴承动压力的大小完全取决于

图 2-29　转子转动离心力分布

转子质量的分布情况。若转子的质量关于转轴对称分布，各对应质点的离心力互相平衡，如图 2-29 中的 A_1 点与相对的 A_1' 点；反之，若转子的质量不是完全对称分布，惯性离心力系就不能得到平衡，惯性力系作用的结果将对轴承产生动压力，且随着转速 ω 的增大而急剧加大。

　　匀速转动的转子上各质点所产生的惯性力组成一个惯性力系，要确定该转子是否为平衡转子，必须根据转子惯性力系合成的结果而定。这个合成结果可以利用理论力学中的力系向任一点简化的原理来分析。一般而言，转子的惯性力系向任一点简化的结果可以得到一个力（力系的合力，称为主矢，作用在进行简化的参考点上）和一个力偶（称为主矩，使转子绕参考点转动）。转子在旋转时，主矢和主矩的方向都在变化，成为引起轴承振动的激励源。所以理论上认为，刚性转子平衡的必要与充分条件是惯性力系向任一点简化的主矢和主矩都为零。

　　使不平衡转子变为平衡转子的过程称为平衡校正，简称平衡。平衡的操作原理就是根据转子惯性力系简化的结果确定在某一个或两个校正平面上的适当位置加重或去重，这在理论上容易理解，但实际操作是一项技术性很强的工作，要借助高精度平衡机，同时涉及较为繁复的力学理论计算和复杂的平衡工艺与方法。

　　当柔性轴在转动时，在某一速度下，转轴会呈现弯曲现象，这个弯曲轴线以一定的频率绕支承中心线以圆形、椭圆形或其他复杂的形状为轨迹做回旋，这种现象称为转轴的回旋，亦称转轴的进动。

　　如图 2-30 所示的单圆盘转轴，轴自重不计。圆盘装在轴的中部，故当轴弯曲后做回转时，圆盘只做平面运动，没有偏转。设由于制造或材料上的缺陷，圆盘质心 C 与轴心 A 存在偏心距 e，当轴转动时，由于离心力的作用，使轴产生弯曲变形，轴将绕轴承连线做圆周运动。设圆盘中心的回旋振幅（即轴中央的动柔度）为 y，离心力为

$$F = m\omega^2(y+e)$$

式中：m 为圆盘质量，ω 为转动角速度。而这时轴因弯曲产生的弹性恢复力为

$$F' = ky$$

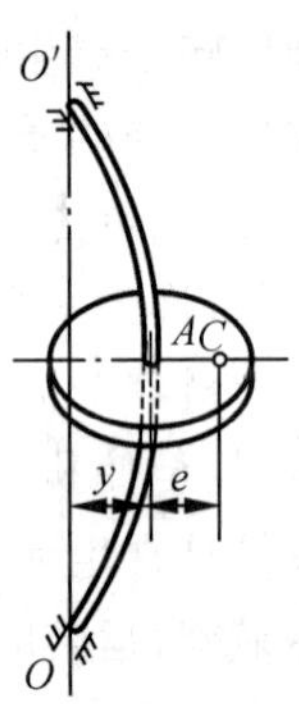

图 2-30　单圆盘柔性转动

k 为轴的弹性弯曲刚度。依平衡条件，解得轴的动柔度

$$y = \frac{m\omega^2 e}{k - m\omega^2} = \frac{\omega^2}{\omega_0^2 - \omega^2} e$$

式中：$\omega_0 = \sqrt{k/m}$ 为系统横向振动的固有频率。显然，当 $\omega \to \omega_0$ 时，挠度 y 将无限增大，故 ω_0 为系统的临界转速。

　　以上说明了柔性转子运转时在性态上与刚性转子的本质差异。一般来说，工作转速

低于其一阶临界转速一半的转子,可简化为刚性转子;而工作转速超过其一阶临界转速的
3/4 时,则按柔性转子处理。

柔性转子的平衡与刚性转子的平衡的最大不同之处在于前者与转速有密切的关系,
在某一转速下求得平衡的转子在另一转速下又会呈现不平衡。另外,转子变形还与油膜
阻尼、材料内滞阻尼、支承弹性以及机械连接等有关。柔性转子的平衡是较为困难的技术
工作。对柔性转子进行平衡,需要解决好两个力学问题:

(1) 根据测量不平衡转子的动柔度或支承动反力,求出不平衡量沿转子分布的规律;

(2) 根据不平衡量沿转子的分布规律,确定校正质量的分配位置和相应数值,以达到
消除或减少支承动反力或转子动柔度的目的,从而保证在一定转速范围内运转的平稳性。

2.4.3　机械振动的控制

机械系统发生振动的同时,不同频率、不同强度的信号规则地混合在一起就形成了噪
声。噪声不仅对机械操作者的身体健康会造成严重伤害,对环境也是一种污染,还可能引
起机械本身的疲劳损坏。所以在机械设计和运行控制中往往把减振与降噪共同予以考
虑。机械振动控制是指在机械结构设计或安装中采取适当措施,以控制它的有害振动。
显然要控制机械振动先要了解振动的性态和规律(包括振动类型、振动系统建模、振动频
率、振动体各点的响应大小和相互的关系、振动起因等),这些离不开力学分析与实验。所
以,工程力学中振动、冲击与噪声这一分支学科是它的主要理论基础之一。

机械振动控制的理论与应用研究是力学工作者把工程力学理论、计算方法和实验技
术应用于工程实践的一个重要且十分活跃的学术方向。经过工程界几十年的研究,已发
展了多种振动控制方法。按其控制方式不同可分为被动控制、主动控制和主被动混合控
制三种。

1. 被动控制

该方法是指不需要外部能量供给,而是利用由系统响应所形成的势能,借助于配置在
结构系统中、按特定要求设计的耗能(阻尼)元件或隔振元件,来消耗、隔离或转移振动系
统的振动能量,从而达到降低机械系统振动水平的控制方法,也称无源控制。被动控制是
事先一次性设计的振动控制,一般可分为两类。

(1) 安装隔振器或阻尼减振器。用橡胶、黏弹性材料等制成隔振器或阻尼器安装在
结构系统中,用以隔离和消耗振动系统能量。如重要仪器的隔振安装、高精度车床的隔
振、安装在建筑物中的阻尼器、空间柔性结构中的黏弹性阻尼器、旋转机器曲轴上的动力
扭转减振器等。合理设计和布置隔振器、减振器是以对整个系统的力学振动性能进行正
确分析为基础的。

(2) 加装阻尼层。在结构上附加黏弹性材料等阻尼层,利用大阻尼材料的耗散能量
特性,来抑制整体结构的振动。

前一种方法主要应用于对结构局部区域进行减振，后一种方法常被用于控制整个结构的动力学行为。振动被动控制方法的优点是不需要外界能量输入、设备简单、价格低廉、易实现和可靠性高等，在许多场合下，减振效果比较满意，因此得到优先发展和广泛应用；其缺点是控制精度低，当工作中出现不确定因素干扰时，控制系统无法改变，不能做出自适应反应以保证系统安全运行。

2. 主动控制

主动控制亦称有源控制，是指通过适当的系统状态或输出反馈产生一定的控制作用，以实现结构的振动控制。图 2-31 所示为主动闭环控制系统框图，该系统由被控系统、测量系统、控制器和作动器四大部分组成，其中控制器的设计是关键，需要用到振动系统建模和响应分析的理论和方法。

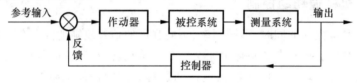

图 2-31　机械振动主动闭环控制系统框图

近年来一种利用机敏（smart）材料进行主动控制的技术已成为当前研究的热点（包括对智能材料的力学行为和本构关系进行研究）。机敏材料是一种新型特殊材料，它具有这样一种有趣的双向转换性质：当机敏材料元件受到机械量（如力、位移、加速度等）作用时，在元件的两极会产生电压；反之，在元件的两极加上电压时，元件会产生相应的机械量输出。利用机敏材料（如压电材料、电流变材料、形状记忆合金、光纤等）的上述特性，可以制成接受机械量而输出电信号的传感器和接受电信号而产生机械量的激励源，与系统结构的某一构件或部件集成一体，利用传感器感知结构系统内部动态参数的变化，通过外部控制器的运算做出反应，并对机敏组件施加电压来控制结构的动态变形。这种结构不同于传统的工程结构，它集成三个关键组成部分（传感、作动和控制）于主体结构中，故称这类结构为智能化结构。

主动控制具有能适应不可预知的外界干扰及结构或系统参数的不确定性、控制频带宽、效果好、适应性强等优点，是当前国内外振动界和控制界的一个研究热点，并在机械工程、车辆工程、土木建筑、航空航天等领域得到初步应用。其缺点是所需的设备昂贵、附加质量大、控制过程耗能较多、可靠性低、实施复杂和可能引起系统的不稳定。

3. 主被动混合控制

主被动混合控制是指将主动控制和被动控制元件与结构系统高度结合，在被动控制技术中加入一定的主动因素，这样既提高了系统的适应性又可降低输入功率，也可增加控制系统的稳定性。该方法发挥了上述两种方法的优点，是一种很有前途的控制方法，在梁、板、壳等构件上已有广泛研究和应用。

如图 2-32 所示的平面 2 自由度机械手,对该机械手实施主被动混合控制技术,主要控制其指端的位移、速度和加速度,以提高机械手的指端运动轨迹的精度。

柔性机械手臂的材料为铝合金,主动控制是利用智能压电薄膜元件作为传感器和作动器,被动控制是利用黏弹性材料锌作为大阻尼材料。混合控制构成的方法是:先将压电薄膜粘贴在机械手的小臂上,作为传感器;然后将黏弹性材料粘贴在压电薄膜表面,作为阻尼层;最后在黏弹材料上再粘贴一层压电薄膜,作为作动器。这样一来构成了三层材料的组合体。当机械手臂运动时,小臂会产生弹性振动,引起臂变形,这时黏弹性阻尼层、压电传感器和作动器就会发挥各自的功能共同来抑制小手臂的振动,起到控制作用。

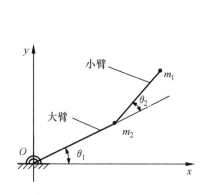

图 2-32　平面柔性机械手力学模型

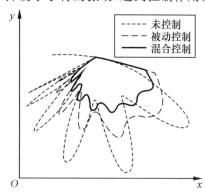

图 2-33　机械手指端轨迹图

理论上可采用力学中有限单元法和经典的拉格朗日方程建立三层组合梁结构的振动控制理论方程,根据方程对两关节柔性机械手臂进行数值仿真计算。图 2-33 所示为小臂指端弹性振动的轨迹图。图 2-34 所示为机械手小臂指端沿垂直于其轴线方向振动的曲线图。由两图可看出机械手臂的小臂指端在分别采用未控制、被动控制(PCLD)和主被

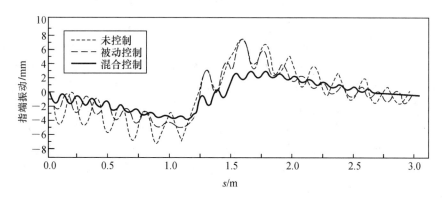

图 2-34　机械手指端垂直于轴线方向的振动

动混合控制（ACLD）三种方法时的效果。显然，主被动混合控制效果较好。在模拟计算中还发现，主被动混合控制方法对机械手由于运动突变引起的弹性振动的控制效果明显优于被动控制方法，这正显示了主被动混合控制方法的智能性和对外界不确定性扰动的自适应能力。

2.4.4　机床主轴的振动与抗振

金属切削机床（简称机床）是用刀具或磨具对金属工件进行切削加工的机器。在一般机械制造工厂中，机床占机器设备总台数的 $50\%\sim70\%$，它的先进程度直接影响到机器制造工业的产品质量和劳动生产率。因此，要求机床工作精度高、生产率和自动化程度高、噪声小、传动效率高、操作维修安全方便。要满足这些基本要求，在一定意义上要求机床有良好的抗振性。

主轴组件是机床的关键所在。主轴组件由主轴、主轴轴承和安装在主轴上的传动件、密封件等组成。它的功能是支承并带动工件或刀具，完成工件的表面成形。图 2-35 为主轴在载荷作用下变形的示意图。其中，主要的载荷有传递运动的扭矩

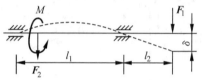

图 2-35　机床主轴刚度与变形示意图

M，完成加工任务的切削力 F_1 等载荷，主轴组件的工作性能直接影响到机床的加工质量和生产效率。

对主轴组件总的要求是，保证在一定的载荷与转速下，带动工件或刀具精确而稳定地绕其轴心线旋转，并长期地保持这种性能。为此，对机床的主轴组件有旋转精度、刚度和抗振性几个方面的基本要求。

从主轴的刚度和抗振性的要求看，主轴组件的刚度是指其在外加载荷作用下抵抗变形的能力，通常以主轴前端产生一个单位（以 μm 计）的弹性变形时，在变形方向所加的作用力的大小来表示。如在一定的切削力 F_1 作用下机床主轴自身的变形 δ 很小，也就是说，主轴刚度很大。

主轴组件的刚度是主轴、轴承和支承座的材料、结构、尺寸、配置的综合反映，它直接影响加工精度，因此合理准确的力学分析对于机床主轴组件的设计是必不可少的。

主轴组件的振动极大地影响被加工表面的质量，限制机床的生产率。此外，还会降低刀具耐用度和机床零部件的寿命，发出噪声，影响工作环境等。随着机床向高精度、高生产率的方向发展，对抗振性要求越来越高。主轴组件的低阶固有频率与振型（表明结构振动响应的空间分布规律）是其抗振性的评价指标。一般说来，低阶固有频率应高些，并远离激振频率，主轴振型的节点（振动不动点）应靠近切削部位。固有频率与振型可以通过力学建模、数值计算或实验得到。

引起主轴组件受迫振动的干扰力，主要包括由于主轴上旋转零件（如主轴、传动件和

所装的工件或刀具等)的偏心质量引起的离心力,传动件运动速度不均匀而产生的惯性力,以及断续切削产生的周期性变化的切削力。这些干扰力引起主轴并带着刀具或工件一起振动,而在加工表面上留下波纹,加大了工件的表面粗糙度。

根据所设计机床加工精度的要求,确定主轴前端的允许振幅,然后计算或测定主轴组件在各种动态干扰力的作用下其前端的振幅,并同允许值比较,评价其是否满足要求。

金属切削加工时,有时虽然没有外界动态干扰力的作用,但由于机床-工件-刀具弹性系统振动对切削过程的反馈作用,刀具与工件之间也会发生周期性的强烈颤振。

颤振将使加工表面质量下降,甚至使切削过程无法继续下去,从而不得不靠减少切削量来避免。图 2-36 显示了在切削某高耐磨铸钢大型轧辊毛坯时,发生颤振产生的切屑,切屑自由表面(即不与刀具前面相接触的那一面)上清楚地呈现周期性皱折。它表明,切屑形成时产生的剪切变形是周期性变化的。在前一次切削中由于振动原因残留在加工表面上的波纹,在下一次切削到同一个地方时会使切削力产生变动而引起振动。对现有机床的力学实验表明,切削自振频率往往接近于主轴组件弯曲振动的低阶固有频率,即主轴组件是颤振的主振部分,它的低阶弯曲振动模态(振型)是决定机床抵抗切削自振能力的主要模态。

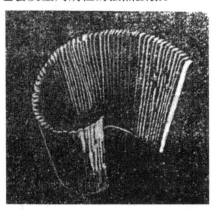

图 2-36 切削高耐磨钢材得到的切屑

构件发生共振时产生的噪声会严重损伤机床操作者的身体健康。共振现象多发生于铣床、滚齿机等断续切削的机床。容易产生共振的常为一些罩、盖等薄壁构件。所以样机造出后,还需进行必要的振动试验,找出共振构件,修正它的刚度或质量来改变固有频率,以达到避免共振、降低噪声的目的。

2.5 机械工程与计算力学

2.5.1 计算力学(有限元)基本概念

随着现代科学技术的发展,人们正在不断建造更为快速的交通工具、更大规模的建筑物、更大跨度的桥梁、更大功率的发电机组和更为精密的机械设备。这一切都要求工程师在设计阶段就能精确地预测出产品和工程的技术性能,需要对结构的静、动力强度以及温度场、流场、电磁场和渗流等技术参数进行分析计算。例如:分析计算高层建筑和大跨度桥梁在地震时所受到的影响,看看是否会发生破坏性事故;分析计算核反应堆的温度场,确定传热和冷却系统是否合理；分析涡轮机叶片内的流体动力学参数，以提高其运转效率。近年来在计算机技术和数值分析方法支持下发展起来的有限元分析（FEA，finite element analysis）方法则为解决这些复杂的工程分析计算问题提供了有效的途径。

有限元法是一种高效能、常用的计算方法，有限元法在早期是以变分原理为基础发展起来的，所以它广泛地应用于以拉普拉斯方程和泊松方程所描述的各类物理场中（这类场与泛函的极值问题有着紧密的联系）。自从 1969 年以来，某些学者在流体力学中应用加权余数法中的迦辽金法（Galerkin）或最小二乘法等同样获得了有限元方程，因而有限元法可应用于以任何微分方程所描述的各类物理场中，而不再要求这类物理场和泛函的极值问题有所联系。

20 世纪 50 年代，飞机设计师们发现无法用传统的力学方法分析飞机的应力、应变等问题。波音公司的一个技术小组，首先将连续体的机翼离散为三角形板块的集合来进行应力分析，经过一番波折后获得前述的两个离散的成功。20 世纪 50 年代，大型电子计算机投入了解算大型代数方程组的工作，这为实现有限元技术准备好了物质条件。1960 年前后，美国的 R. W. Clough 教授及我国的冯康教授分别独立地在论文中提出了"有限单元"这样的名词。此后，这样的叫法被大家接受，有限元技术从此正式诞生。1990 年 10 月美国波音公司开始在计算机上对新型客机 B-777 进行"无纸设计"，仅用了三年半时间，于 1994 年 4 月第一架 B-777 就试飞成功，这是制造技术史上划时代的成就，其中在结构设计和评判中就大量采用有限元分析这一手段。

对于有限元方法，其解题步骤可归纳为如下几步。

（1）建立积分方程　根据变分原理或方程余量与权函数正交化原理，建立与微分方程初边值问题等价的积分表达式，这是有限元法的出发点。

（2）区域单元剖分　根据求解区域的形状及实际问题的物理特点，将区域剖分为若干相互连接、不重叠的单元。区域单元划分是采用有限元方法的前期准备工作，这部分工作量比较大，除了给计算单元和节点进行编号和确定相互之间的关系之外，还要表示节点的位置坐标，同时还需要列出自然边界和本质边界的节点序号和相应的边界值。

（3）确定单元基函数　根据单元中节点数目及对近似解精度的要求，选择满足一定插值条件的插值函数作为单元基函数。有限元方法中的基函数是在单元中选取的，由于各单元具有规则的几何形状，在选取基函数时可遵循一定的法则。

（4）单元分析　将各个单元中的求解函数用单元基函数的线性组合表达式进行逼近；再将近似函数代入积分方程，并对单元区域进行积分，可获得含有待定系数（即单元中各节点的参数值）的代数方程组，称为单元有限元方程。

（5）总体合成　在得出单元有限元方程之后，将区域中所有单元有限元方程按一定法则进行累加，形成总体有限元方程。

（6）边界条件的处理　一般边界条件有三种形式，分为本质边界条件（狄里克雷边界条件)、自然边界条件(黎曼边界条件)、混合边界条件(柯西边界条件)。对于自然边界条件,一般在积分表达式中可自动得到满足。对于本质边界条件和混合边界条件,需按一定法则对总体有限元方程进行修正满足。

(7) 解有限元方程　根据边界条件修正的总体有限元方程组,是含所有待定未知量的封闭方程组,采用适当的数值计算方法求解,可求得各节点的函数值。

有限元的应用范围也是相当广的。它涉及工程结构、传热、流体运动、电磁等连续介质的力学分析,并在气象、地球物理、医学等领域得到应用和发展。电子计算机的出现和发展将有限元法在许多实际问题中的应用变为现实,并具有广阔的前景。

国际上早在 20 世纪 50 年代末、60 年代初就投入大量的人力和物力开发具有强大功能的有限元分析程序。其中最为著名的是由美国国家宇航局(NASA)在 1965 年委托美国计算科学公司和贝尔航空系统公司开发的 NASTRAN 有限元分析系统。该系统发展至今已有几十个版本,是目前世界上规模最大、功能最强的有限元分析系统。从那时到现在,世界各地的研究机构和大学也发展了一批规模较小但使用灵活、价格较低的专用或通用有限元分析软件,主要有德国的 ASKA、英国的 PAFEC、法国的 SYSTUS、美国的 ABQUS、ADINA、ANSYS、BERSAFE、BOSOR、COSMOS、ELAS、MARC 和 STARD-YNE 等公司的产品。当今国际上的 FEA 方法和软件发展呈现出以下趋势特征。

1. 从单纯的结构力学计算发展到求解许多物理场问题

有限元分析方法最早是从结构化矩阵分析发展而来的,逐步推广到板、壳和实体等连续体固体力学分析,实践证明这是一种非常有效的数值分析方法。而且从理论上也已经证明,只要用于离散求解对象的单元足够小,所得的解就可足够逼近于精确值。所以近年来有限元方法已发展到流体力学、温度场、电传导、磁场、渗流和声场等问题的求解计算,最近又发展到求解几个交叉学科的问题。例如,当气流流过一个很高的铁塔时就会使铁塔产生变形,而塔的变形又反过来影响到气流的流动……这就需要用固体力学和流体动力学的有限元分析结果交叉迭代求解,即所谓"流固耦合"的问题。

2. 由求解线性工程问题进展到分析非线性问题

随着科学技术的发展,线性理论已经远远不能满足设计的要求。例如建筑行业中的高层建筑和大跨度悬索桥的出现,就要求考虑结构的大位移和大应变等几何非线性问题;航天和动力工程的高温部件存在热变形和热应力,也要考虑材料的非线性问题;诸如塑料、橡胶和复合材料等各种新材料的出现,仅靠线性计算理论已不足以解决遇到的问题,只有采用非线性有限元算法才能解决。众所周知,非线性的数值计算是很复杂的,它涉及很多专门的数学问题和运算技巧,很难为一般工程技术人员所掌握。为此,近年来国外一些公司花费了大量的人力和投资开发诸如 MARC、ABQUS 和 ADINA 等专长于求解非线性问题的有限元分析软件,并广泛应用于工程实践。这些软件的共同特点是具有高效的非线性求解器以及丰富和实用的非线性材料库。

3. 增强可视化的前置建模和后置数据处理功能

早期有限元分析软件的研究重点在于推导新的高效率求解方法和高精度的单元。随着数值分析方法的逐步完善,尤其是计算机运算速度的飞速发展,整个计算系统用于求解运算的时间越来越少,而数据准备和运算结果的表现问题却日益突出。在现在的工程工作站上,求解一个包含 10 万个方程的有限元模型只需要用几十分钟。但是如果用手工方式来建立这个模型,然后再处理大量的计算结果则需用几周的时间。可以毫不夸张地说,工程师在分析计算一个工程问题时有 80% 以上的精力都花在数据准备和结果分析上。因此目前几乎所有的商业化有限元程序系统都有功能很强的前置建模和后置数据处理模块。在强调"可视化"的今天,很多程序都建立了对用户非常友好的 GUI(graphics user interface),使用户能以可视图形方式直观快速地进行网格自动划分,生成有限元分析所需的数据,并按要求将大量的计算结果整理成变形图、等值分布云图,便于极值搜索和所需数据的列表输出。

4. 与 CAD 软件的无缝集成

当今有限元分析系统的另一个特点是与通用 CAD 软件集成使用,即在用 CAD 软件完成部件和零件的造型设计后,自动生成有限元网格并进行计算,如果分析的结果不符合设计要求则需重新进行造型和计算,直到满意为止,从而极大地提高了设计水平和效率。今天,工程师可以在集成的 CAD 和 FEA 软件环境中快捷地解决一个在以前无法应付的复杂工程分析问题。所以当今所有的商业化有限元系统商都开发了和著名的 CAD 软件(如 Pro/Engineer、Unigraphics、SolidEdge、SolidWorks、IDEAS、Bentley 和 AutoCAD 等)相对接的接口。

5. 在 Wintel 平台上的发展

早期的有限元分析软件基本上都是在大中型计算机(主要是 Mainframe)上开发和运行的,后来又发展到以工程工作站(EWS,engineering workstation)为平台,它们的共同特点都是采用 UNIX 操作系统。PC 机的出现使计算机的应用发生了根本性的变化,工程师渴望在办公桌上完成复杂工程分析的梦想成为现实。但是早期的 PC 机采用 16 位 CPU 和 DOS 操作系统,内存中的公共数据块受到限制,因此当时计算模型的规模不能超过 1 万阶方程。Microsoft Windows 操作系统和 32 位的 Intel Pentium 处理器的推出为将 PC 机用于有限元分析提供了必需的软件和硬件支撑平台。因此当前国际上著名的有限元程序研究和发展机构都纷纷将他们的软件移植到 Wintel 平台上。下表列出了用 ADINA V7.3 版在 PC 机的 Windows NT 环境和 SGI 工作站上同时计算 4 个工程实例所需要的求解时间。从中可以看出最新高档 PC 机的求解能力已和中低档的 EWS 不相上下。为了将在大中型计算机和 EWS 上开发的有限元程序移植到 PC 机上,常常需要采用 Hummingbird 公司的一个仿真软件 Exceed。这样做的结果比较麻烦,而且不能充分利用 PC 机的软硬件资源。所以最近有些公司,例如 IDEAS、ADINA 和 R&D 开始在

Windows 平台上开发有限元程序,称作"Native Windows"版本,同时还有在 PC 机上的 Linux 操作系统环境中开发的有限元程序包。

在大力推广 CAD 技术的今天,从自行车到航天飞机,所有的设计制造都离不开有限元分析计算,有限元法在工程设计和分析中将得到越来越广泛的重视。目前以分析、优化和仿真为特征的 CAE(computer aided engineering,计算机辅助工程)技术在世界范围内蓬勃发展。它通过先进的 CAE 技术快速有效地分析产品的各种特性,揭示结构各类参数变化对产品性能的影响,进行设计方案的修改和调整,使产品达到性能和质量上的最优,原材料消耗最低。因此,基于计算机的分析、优化和仿真的 CAE 技术的研究和应用,是高质量、高水平、低成本产品设计与开发的保证。

目前,有限元在机械工程中的主要应用在以下几个领域。

(1)静力学分析。这是对二维或三维的机械结构在承载后的应力、应变、变形的分析,也是有限元在机械工程中最基本、最常用的分析类型。当作用在结构上的载荷不随时间而变化,或者变化非常缓慢时,应该进行结构的静力学分析。

(2)模态分析。这是动力学分析的一种,用于研究结构的固有频率、振型等振动特性。模态分析对了解结构诸如共振、响应等动力学特性具有重要意义。大多数处于周期载荷作用下的结构都应该进行模态分析,以确认其是否会发生共振作用。

(3)谐响应分析和瞬态动力学分析。这两种分析也属于动力学分析,其目的在于研究结构受到周期激励时的响应情况(谐响应分析),或结构受到任意的非周期载荷作用后的响应(瞬态动力学分析)。

(4)热应力分析。用于研究结构的工作温度与安装温度不相等,或者工作时结构内部存在温度分布时,所引起的结构内部的温度应力。

(5)接触分析。这是一种状态非线性分析,用于分析两个结构物体发生接触时的接触面状态、法向力等。机械结构中结构与结构之间力的传递是通过接触来实现的,因此,接触分析在有限元的机械工程中应用较多。

(6)屈曲分析。这是一种几何非线性分析,用于确定结构开始变得不稳定时的临界载荷和屈曲模态形状。

2.5.2　汽轮机结构的有限元分析

工程中旋转机械是常见的,如汽轮机、离心压缩机、电动机、水泵等。旋转机械中的旋转部件称为转子,转子连同它的轴承和支座等合称转子系统,它是旋转机械的工作主体。下面以大型汽轮机为例,分析高速旋转机械的强度与振动问题。

目前世界上 80% 以上电能由火电和核电汽轮机发电机组提供。汽轮机蒸汽参数也由温度与压力较低,发展到高温高压。提高汽轮机单机功率可以提高效率,减少材料消耗、运输费用、电厂建造及运行人员费用。目前,最大的双轴火电汽轮机功率可达到 1 300

MW(3 600 r/min);最大单轴火电汽轮机功率为 1 200 MW(3 000 r/min);而最大的核电汽轮机功率等级为 1 400 MW。随着单机功率增大,叶片长度、轴系的复杂性和长度都在增加。目前运行中最长末级叶片为 1 360 mm 的钛合金片(3 000 r/min 全速汽轮机)和 1 621 mm 的 13Cr 钢叶片(1 500 r/min 半速汽轮机)。

随着机组大功率化和高参数化,汽轮机零部件的工作环境更加严峻,受力状况更加复杂。由于其零部件的安全性能直接影响到汽轮机的安全运行和整个发电机组的正常运行,因此对汽轮机零部件的结构强度和振动问题加以分析显得十分必要。对于汽轮机的力学分析,主要集中在叶片强度和转子轴承系统临界转速的确定。

作用在工作叶片上的力主要有两种。一种是汽轮机高速旋转时叶片由于自身质量产生的离心力。叶片长度的增加使得叶片的质量和离心力大大增加,例如,某一个 1 m 长的叶片,质量是 18.8 kg,离心力高达 2 502 kN。离心力在叶片中不仅产生拉应力,而且当离心力作用线不通过计算截面形心时,由于偏心拉伸还会产生离心交变弯曲应力。另一种是气流流过叶片时产生的气流作用力。目前可采用三维有限单元法来计算叶片中的应力分布,将叶片局部应力情况、叶片的几何非线性及过大应力造成的材料弹塑性考虑在内。

例如某 200 MW 汽轮机末级 680 mm 叶片,有限元计算网格如图 2-37 所示。计算所得的叶片静态变形如图 2-38 所示。叶片整体的等效应力分布如图 2-39 所示。

  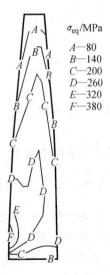

σ_{eq}/MPa

A—80
B—140
C—200
D—260
E—320
F—380

图 2-37　汽轮机叶片　　　　图 2-38　汽轮机叶片　　　　图 2-39　汽轮机叶片
　　　　计算网格图　　　　　　　静态变形图　　　　　　　应力分布图

从图 2-27 至图 2-39 中可以明显看出在叶片的出气边距离叶片底部 50～100 mm 的范围内存在一个应力较大的区域。计算所得的最大应力区与已运行的 680 mm 叶片在十余台机组上发生的多起断裂事故的裂纹起始位置相吻合。

下面讨论转子轴承系统的临界转速问题。转子是汽轮机发电机组的关键部件,它在制造和装配的过程中,不可避免地存在局部的质心偏移。当转动时,这些偏心质量产生的离心力就成为一种周期性的激振力作用在转子上,产生强迫振动。当激振力的频率和转子系统转动时的固有频率接近时,转子就产生共振,这时候的转速称为转子的临界转速。在运行过程中表现为:在临界转速附近运行,转子会发生剧烈振动;而当转速离开临界转速值一定范围后,旋转又趋于平稳。如果转子较长时间在临界转速下运行,轻则使转子振动加剧,重则造成事故。特别是系统平衡较差时振动更大,可能导致叶片碰伤或折断,轴承和汽封损坏,甚至造成断轴等重大事故。汽轮机研究和生产部门十分重视汽轮机临界转速的计算和实验,一般装备了计算临界转速的高精度专用程序,而这些软件的编制充分应用了力学中机械振动的理论、分析方法和数值计算方法。

根据美国西屋公司的标准要求,单转子和轴系的工作转速不应超过各阶阻尼临界转速的 ±10%,轴系的各阶扭振频率场应避开 45～55 Hz 和 93～108 Hz,才能确保轴系的安全。因此,在汽轮机设计和模拟试验中临界转速的计算显得十分重要。要求力学工作者对初步设计的轴、转子、轴承系统的临界转速用有限元法或者传递矩阵法进行详细的力学分析,并根据分析结果改善设计。图 2-40 给出了一个典型的有限元网格图。

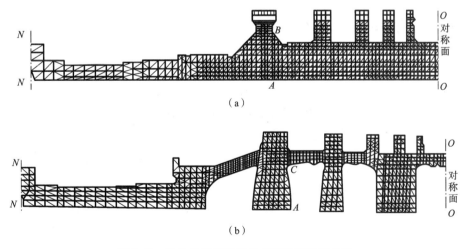

(a)

(b)

图 2-40　汽轮机低压转子的有限元网格划分图
(a) 整锻转子;(b) 焊接转子

本 章 小 结

机械是一个庞大的家族,本章只介绍了其具有典型代表性的汽轮机、内燃机、液压机、切削车床、石油抽油机等机器,以及机械成形工艺和机械减振技术中的力学问题,从机器的运行、加工工艺和机器的安全防护三方面简述了力学与机械工程的相互依存、相互促进的关系。事实上,这种密切关系可以追溯到几个世纪前,由于当时机械装置的大量出现与应用,促进了力学的产生与发展;反过来,力学也促进了机械工业的进步。现代机械工程是传统工业与现代技术的结合,高新技术已渗透到机械工程的各个角落,机械(机器)正向着高性能(高精度、高速度、高安全性、高可靠性)和高经济性(高效、高寿命、少材料、少维修)的方向发展,本章实例充分说明要适应这种趋势,机械工程必须要以力学作为其学科基础之一。

参 考 文 献

[1] 薛明德. 力学与工程技术的进步[M]. 北京:高等教育出版社,2001.

[2] 《振动冲击手册》编辑委员会. 振动与冲击手册(第一卷)[M]. 北京:国防工业出版社,1988.

[3] 《振动冲击手册》编辑委员会. 振动与冲击手册(第三卷)[M]. 北京:国防工业出版社,1992.

[4] 丁光宏,王盛章. 力学与现代生活[M]. 2版. 上海:复旦大学出版社,2008.

[5] 李俊峰. 理论力学[M]. 北京:清华大学出版社,2001.

[6] 刘鸿文. 材料力学[M]. 4版. 北京:高等教育出版社,2004.

第3章 机械设计

3.1 概述

3.1.1 机械设计的概念

人类自降生于地球之日起,就不断地用自己的智慧和才能改造着自然,为自身创造生存所需的物质条件。随着社会的发展,以及人类的追求与改造自然的能力逐步提高,人类对物质的要求越来越高。这样,也就有意识、有目的地通过思维活动、设计及加工制造,使得初级的物质成为一种高级产品。例如,人类的代步工具的发展,从最初的牛、马等动物,到后来的手推车、自行车,再到第二次工业革命后的火车、汽车以及各种各样的电动车,直至现在的使人类得以脱离陆地,飞行于蓝天的飞机和遨游于太空的航天器。显而易见,在这一发展历程中,每一个阶段都离不开人类的思维活动和设计。

设计是为了满足人们对产品功能的需要,它运用基础知识、专业知识、实践经验和系统工程等方法,将预定的目标通过人们的创造性思维,经过一系列规划、计算、分析和决策,产生载有相应的文字、数据、图形等信息的技术文件,以取得最满意的社会与经济效益的全过程工作。设计是把各种先进技术成果转化为生产力的一种手段和方法。而以机械作为对象所开展的设计活动就是机械设计(mechanical design)。

机械设计是指规划和设计实现预期功能的新机械或改进原有机械的功能。一直以来,机械设计就是人类改造自然、创造良好生存环境的一种重要的创造活动,是推动人类社会和文明发展的重要助推器。从黄帝的指南车、《天工开物》中记载的各种灵巧的机械、三国时期诸葛亮所发明木牛流马,到今天的火星探测车和神舟飞船,无不包含机械设计的成果。

3.1.2 机械的内涵

1. 机械的特征

机械是机器(machine)和机构(mechanism)的总称。机器是执行机械运动的装置,用来变换或传递能量、物料、信息。在日常生活和生产实践中,人们广泛地使用着各种机器,如自行车、缝纫机、洗衣机、汽车、机床、电动机、起重机等。

图 3-1 所示为单缸四冲程内燃机结构简图，它由曲轴，飞轮，连杆，活塞，汽缸，螺母和螺栓，气阀，弹簧，顶杆，凸轮，齿轮和机座等组成。其工作原理是：当燃气推动活塞做往复移动时，通过连杆使曲轴做连续转动，从而将燃气的化学能转换为曲轴的机械能。齿轮、凸轮和顶杆按一定的运动规律控制阀门的启闭，以吸入燃气和排出废气。工作过程包括进气、压缩、做功和排气共四个行程。

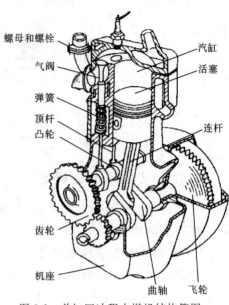

图 3-1　单缸四冲程内燃机结构简图

尽管机器种类繁多，形式多样，用途各异，但都具有如下共同的特征：人为制造的实物的组合；各部分之间具有确定的相对运动；能变换或传递能量、物料和信息，如电动机和内燃机用来变换能量、起重机用来传送物料、计算机用来交换信息等。

凡具有上述三个特征的实物组合称为机器。

所谓机构，它具有机器的前两个特征，即机构是具有相对运动的实物组合，并能实现各种预期的机械运动。从组成上看，机器是由各种机构组合而成的。例如图 3-1 所示的内燃机，就包含着由曲轴、连杆、汽缸、活塞组成的连杆机构，由齿轮组成的齿轮机构，以及由凸轮和顶杆组成的凸轮机构等。其中，连杆机构将活塞的往复移动转换为曲轴的回转运动，齿轮机构和凸轮机构的协调动作则确保内燃机的进、排气阀按工作要求有规律地启闭。由此可知，机构正是机器执行机械运动的装置，或者说，机器中执行机械运动的装置就是机构。因此，从运动的观点来看，机构与机器并无差别，但从研究的角度来看，尽管机器的种类极多，但机构的种类却有限。将机构从机器中单列出来，对机构着重研究它们的结构组成、运动与动力性能及尺寸设计等问题，对机器则着重研究它们变换或传递能量、物料和信息等方面的问题——这便是机构与机器的根本区别。

机器的主体部分是由机构组成的。一部机器可包含一个或若干个机构。例如：鼓风机、电动机只包含一个机构；而内燃机则包含曲柄滑块机构、凸轮机构、齿轮机构等多个机构。

2. 构件和零件

构件是指组成机构的各个相对运动的实物。零件是机构中不可拆分的制造单元。构件可以是单一的零件，如图 3-1 所示的齿轮、凸轮和曲轴等，也可以是几个零件组成的刚性连接体，如图 3-2 所示的内燃机的连杆由连杆体、连杆盖、轴瓦、螺栓、螺母以及开口销等多个零件组成。由此可知,构件是机构中的运动单元,而零件则是机构中的制造单元。

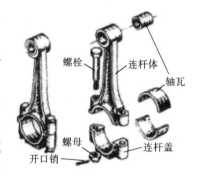

机械中普遍使用的机构称为常用机构,如平面连杆机构、凸轮机构、齿轮机构、间歇运动机构等。

机械中的零件可分为两类:一类称为通用零件,它在各种机械中普遍使用,如齿轮、螺栓、螺母、螺钉、轴、轴承、弹簧等;另一类称为专用零件,它只在特定的机械中使用,如内燃机的曲轴、连杆和活塞,汽轮机的叶片,起重机的吊钩等。

图 3-2 连杆结构图

3.1.3 机械的组成和分类

1. 机械的组成

就功能而言,机械是由原动部分、传动部分、控制部分和执行部分组成的,如图 3-3 所示。

图 3-3 机械的组成

(1) 原动部分,是机械的动力源,机械依赖其驱动其他部分,如电动机、内燃机等。

(2) 传动部分,是将原动部分的运动和动力传递给执行部分的中间装置,常由凸轮机构、齿轮机构、带传动和链传动机构等组成。

(3) 控制部分,是控制机械的原动部分、执行部分和传动部分按一定的顺序和规律运动的装置,它包括各种控制机构、电气装置、计算机和液(气)压系统等。

(4) 执行部分,是直接完成机器预定功能的工作部分,如汽车的车轮、机床的主轴和刀架等。

2. 机械的分类

机械的种类繁多,应用广泛。按照机械主要用途的不同,可分为动力机械、加工机械、运输机械和信息机械等。

(1) 动力机械,是指用来实现机械能与其他形式能量之间转换的机械,如各类电动机、内燃机、发电机、水轮机、压缩机等。

(2) 加工机械,是指用来改变物料的状态、性质、结构和形状的机械,如金属切削机床、粉碎机、压力机、织布机、轧钢机、包装机等。

(3) 运输机械,是指用来改变人或物料空间位置的机械,如汽车、机车、缆车、轮船、飞机、电梯、起重机、输送机等。

（4）信息机械，是指用来获取或处理各种信息，或者通过复杂的信息来控制机械运动的机械，如计算机、复印机、打印机、绘图机、传真机、数码相机、数码摄像机等。

3.1.4　机械设计的基本要求

当我们在讨论工程师、科学家和数学家的区别时，不难发现，"工程"一词与"创新"和"发明"等有密切的关系。创造性设计是机械工程领域的核心，工程师的最终目的是生产出一种能解决社会某一技术问题的新机器。产品的开发无论是开始于一片空白或是有待于改进的产品，设计过程通常成为工程师所有工作的关键。设计直接影响着产品的质量、成本及研发时间。一项优良的设计可为人类社会带来巨大益处并将危害减小到最低程度；反之，一项劣质设计则会给人类带来巨大的甚至是毁灭性的灾难。在机械工程领域中，由于设计不当或错误而造成危害的案例比比皆是，如劣质家用电器、汽车刹车失灵等造成的伤亡事故，以及美国"挑战号"航天飞机因助推器接头设计不当使得 O 形密封圈失效而引起的爆炸事件，等等。据统计，50％的产品质量事故是由不良设计造成的，75％～80％的产品成本取决于设计。

机械设计的目的是为了满足社会生产和生活的需求。在机械设计中，无论是应用新技术、新方法，开发创造新机械，还是在原有机械的基础上重新设计或进行局部改造，以改变或提高原有的性能，其设计都必须认真思考和解决产品的性能、工艺、使用及经济性等诸多问题。机械设计应满足以下的基本要求。

（1）功能性要求　机械能够实现预定的使用功能，并在规定的工作条件下、工作期限内能够正常地运行，为此必须正确地选择机器的工作原理和机构的类型，并合理配置机械传动系统方案。这是机械设计的根本目的，也是选择、确定设计方案的依据。

（2）可靠性要求　可靠性是指机器在规定的工作条件下、工作期限内完成预定功能的能力。机器由许多零部件组成，从机器的设计角度讲，应尽量减少零部件的数目、选用标准件、合理设计机器中零部件的结构，使机器结构简单、加工容易、装拆方便。但应注意，追求 100％的可靠度是不经济的，也是不合理的。

（3）经济性要求　经济性是一项综合性指标，要求设计和制造周期短、成本低，在使用上生产效率高，能源和材料消耗少，维护和管理费用低。在产品设计中，自始至终都应把产品设计、销售及制造三方面作为一个整体考虑。只有设计与市场信息密切配合，在市场、设计、生产中寻求最佳关系，才能以最快的速度回收投资，获得满意的经济效益。

（4）结构设计要求　机械设计的最终结果都是以一定的结构形式表现出来的，且各种计算都要以一定的结构为基础，所以，设计机械时往往要事先选定某种结构形式，再通过各种计算得出结构尺寸，将这些结构尺寸和确定的几何形状绘制成零件工作图,最后按设计工作图制造、装配成部件乃至整台机器,以满足机械的使用要求。

(5) 安全和环保要求 安全包括操作人员的安全和机械本身的安全。机器的操作系统要简便、安全和可靠,要有利于减轻操作人员的劳动强度,要改善操作者及机器的环境,降低机器工作时的振动和噪声,并应设置各种安全保障措施及故障前的报警装置,设置污染物的回收和处置装置,尽可能减轻对环境的污染。

(6) 工艺性及标准化、系列化、通用化要求 机械及其零部件应具有良好的工艺性,即零件制造方便、加工精度及表面粗糙度适当、易于装拆。设计时,零部件和机器参数应尽可能标准化、通用化、系列化,以提高设计质量、降低制造成本,使设计者可将主要精力放在关键零件的设计上。

(7) 其他特殊要求 有些机械由于工作环境和要求的不同,对设计提出某些特殊要求,如高级轿车的变速箱齿轮有低噪声的要求,机床有长期保持精度的要求,食品、纺织机械有必须保持清洁、不得污染产品的要求等。

除此之外,欲使产品具有市场竞争力,机械设计师还应与工艺美术师密切配合,力求产品造型美观。机械设计的上述要求之间,有的一致,如安全性与可靠性;有的矛盾,如可靠性与经济性。技术人员在设计时应通过优化和权衡使机械的综合性能最佳。

3.1.5 机械设计的主要类型

按照创新与创造在设计中所占的比例,可将机械设计划分为以下几种类型。

(1) 开发性设计(或称为原创设计) 如果要开发出目前还没有的、也很难得到可用于设计的信息的机械,亦即设计前并不知道机械的设计原理及方案,那么,在设计中就要根据设计要求、使用要求、约束条件等创造出机械的原理及结构,这样的设计称为开发性设计。开发性设计一般具有独创性,所开发出的机械具有新颖性。这样的机械通过申请可获得发明专利权,受到国家法律(知识产权)的保护。

(2) 适应性设计(或称为再设计) 保持机械的主体原理方案及结构不变,而对其结构和性能进行更新设计,以获得比原机械更优良的性能和结构或一些附加功能的设计称为适应性设计。适应性设计往往只是对机械的局部进行变更设计,变更部分也可能是原创性的。应该说,有许多机械都是通过再设计而开发出来的,是以已有的、类似的设计为基础的。例如,机床由普通电气控制到数字控制,火车由蒸汽机车、内燃机车到电气机车、磁悬浮列车等。

(3) 变参数设计 这种设计保持机械的功能、原理方案不变,只对其结构性能参数及布局进行调整、变更设计,以满足不同的使用要求。例如,同系列而不同规格的自行车,不同结构布局及参数的减速器等的设计均属于变参数设计。

(4) 测绘和仿制 选定某先进机械,通过对其实物进行测绘,获得相关设计技术资料,再通过必要的技术处理(如标准化、工艺适应性调整等)后形成的设计称为测绘。仿制是指按照原机械的技术文件（如设计图样等），通过适当的工艺后，直接按照原图样进行生产。

前面已经学过的机械工程知识，如机械零件和工具、结构和流体力学、材料和应力、热和能量系统以及机械运动等，为有效和系统地掌握机械设计知识奠定了基础。由于机械设计是一个非常宽广的领域，一章甚至是一本教材的内容不能完全涵盖所有创造性的、技术性的设计知识，因此，应该将这些内容视为入门必备知识，在整个职业生涯中，继续积累实践经验，不断掌握设计方法和手段，改进设计技巧。

3.2　机械设计过程

机械设计是一个创造性的工作过程，必须有科学的设计步骤和程序。在最初阶段，公司市场部通常会与工程师和经理们合作确定产品的新需求，通过借鉴从潜在用户和相关产品使用者处获得的反馈信息，共同定义新产品的概念。然后，设计者完善这些概念，制订出细部设计，将功能性产品变为现实。在全部设计概念成形前，工程师没必要去解决特定的细节（如是用 1020 还是 1045 等级的合金钢，球轴承还是滚子轴承合适，油的黏度是多少等）。毕竟，在早期设计阶段，产品的尺寸、质量、功率或者性能等技术指标还会改变。设计工程师也习惯于这种模糊性，他们能够在需求和约束发生变化的情况下开发产品。

一个市场概念要经过基于许多原则和特性的规范过程才能演变成一部制造好的机器。许多工程师认为，创造性、简洁性和重复性是任何成功的产品开发的关键因素。创新来源于一个好的构思，但也意味着来自于一片空白。然而，工程师仍需要采取也许并不确定的第一步将所形成的构思转化为具体现实，并且往往根据不同的来源做出早期的设计决定，如个人经验、数学和科学知识、实验室和现场实验、准确判断引导下的试验和错误等。一般来说，简单的设计概念要优于复杂的。重复性对于改进设计和优化机器使之工作得更好也很重要。第一个构思正如制造出的第一台样机，不可能是能够实现目的的最佳者。不过随着每一次重复性的逐步改进，设计会更好、更有效和更完美。从宏观的角度看，机械设计过程可分为产品规划、方案设计、技术设计和施工设计等四个阶段（见图 3-4）。

1. 产品规划

在这第一个阶段，根据生产或生活的需要提出所要设计的产品，在充分的调查研究和分析的基础上，明确提出新产品的功能、质量、强度、成本、安全和可靠性等要求，同时要建立设计时应满足的约束条件，最后制订出详细的设计任务书（或要求表）作为设计、评价和决策的依据。约束条件可能是技术性的，即尺寸或功耗约束等，也可能与商务或市场的关注点，如产品的外观、成本或便于使用等有关。在面临一种新技术挑战时，工程师将开展

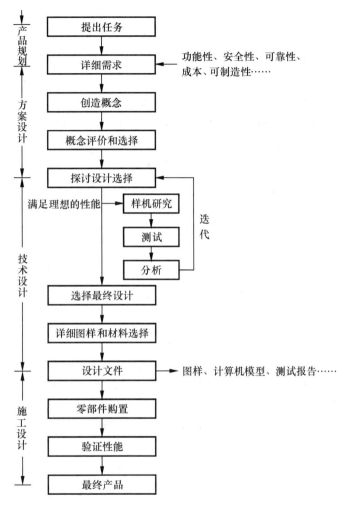

图 3-4　典型的机械设计工作流程图

研究并收集对后续的概念设计和细节评价有用的背景资料。他们查找已经颁布的相关技术专利,与可能应用于产品的零部件和子系统的销售商进行协商,参加博览会和展销会,与潜在用户见面以便更好地了解应用情况。在设计的早期阶段,工程师应明确问题、建立模型、收集有关资料,为良好的设计奠定基础。

2. 方案设计

方案设计也称概念设计,实质上是产品功能原理的设计。这个阶段对设计的成败起关键的作用。根据设计任务书,通过对产品的功能分析和综合,建立功能结构,并通过寻求产品的工作原理将功能结构转化为具体的作用结构,给出系统的原理解,对产品的执行系统、原动系统、传动系统和测控系统等做出方案性设计,将有关机械机构、液压线路或电控线路用简图加以表达。

原理方案设计通常采用系统化设计法，其具体方法是功能分析法，将系统总功能分解为分功能——功能元，通过具体方法求得各分功能的多个可能解，组合功能元的解以得到多种系统的原理方案，在此基础上通过评价求得较为理想的最佳原理方案。

原理方案设计要十分注意新原理、新技术的应用，这样，往往能使产品有突破性的变化。如采用石英振荡技术代替机械摆的石英表，不仅定时准确而且价格低廉，一经推出，即迅速占领钟表市场。在这一阶段可能会存在多种功能系统的组合方案，这时应通过评价筛选出最佳方案。但是一个方案的优劣常常要到一轮设计完成后才能确定，所以即使通过评价原理方案选出的方案，在随后的设计中还必须继续对其"优化性"做跟踪考评。也许在早期阶段，某一特定的方案看起来并不可行，但如果将来产品的要求或者约束条件发生改变（这是常常发生的），这个方案实际上很有可能会重新成为具有较强的竞争力的可行方案。

3. 技术设计

在这个阶段，根据原理方案进行机器及零部件的具体结构化设计，选择材料、拟定零件的形状和尺寸、确定具体参数等，并进行各种必要的性能计算，校核强度、安全性、成本和可靠性，最后画出部件的装配草图，形成完整的计算资料。为了提高产品的竞争力，还需应用先进的设计理论和方法提高产品的价值（改善性能、降低成本），进行产品的系列设计，如考虑人机工程原理提高产品的宜人性、利用工业美学原则对产品进行更好的外观设计等，使产品既实用又适应市场的需要。在这个阶段也可以生产出样机，正如一张图片胜过千言万语，一台物理样机往往有助于弄清复杂的机器零部件以及它们之间的装配关系。通过样机测试并根据测试和分析的结果确定折中方案。零部件生产的一种方法是快速成形技术，其关键功能是能够直接利用计算机生成的图样进行复杂三维零部件的制造，通常在数小时内就能完成（见图3-5）。其中的一种技术是熔融沉积成形技术，它能利用塑料和聚合碳酸酯制造耐用的、功能齐全的样机，图3-6所示为应用熔融沉积成形技术开发的一台物理样机。

4. 施工设计

这个阶段的目的是形成最终的制造信息，进行零件工作图和部件装配图的细节设计，对每一个零件提供详细的形状、尺寸、公差、表面质量、材料和热处理、表面处理等信息，完成全部生产图样并编制设计说明书、工艺卡、使用说明书等技术文件。

计算机的应用大大提高了机械设计速度。目前，可通过计算机辅助设计进行方案设计、技术设计并绘制图形，或者直接输出信号，进行产品的数控切削加工或成形加工。但无论采用什么设计方法和手段，合理掌握设计过程，抓住每个设计阶段的特点和重点，有利于调动设计人员的创新精神，提高产品的设计质量。

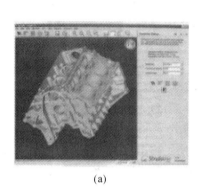 

(a)   (b)

图 3-5 快速成形技术生产的发动机壳体模型

(a) 计算机辅助设计图样的界面；(b) 生产的物理模型

图 3-6 用熔融沉积成形技术开发的物理样机

3.3 现代设计方法简述

3.3.1 设计发展的基本阶段

为了便于了解现代设计与传统设计的区别，首先简单回顾一下人类从事设计活动发展的几个基本阶段。从人类生产的进步过程来看，整个设计进程大致经历了如下四个阶段。

1. 直觉设计阶段

古代的设计是一种直觉设计。当时人们或是从自然现象中直接得到启示，或是全凭人的直观感觉来设计、制作工具。设计方案存在于手工艺人头脑之中，无法记录表达，产品也是比较简单的。直觉设计阶段在人类历史中经历了一个很长的时期，17世纪以前基本都属于这一阶段。

2. 经验设计阶段

随着生产的发展，单个手工艺人的经验或其头脑中的构思已很难满足这些要求。于是，手工艺人联合起来、互相协作，一部分经验丰富的手工艺人将自己的经验或构思用图样表达出来，然后根据图样组织生产。图样的出现，既可使具有丰富经验的手工艺人通过图样将其经验或构思记录下来、传于他人，也便于用图样对产品进行分析、改进和提高，推动设计工作向前发展，还可使更多的人同时参加同一产品的生产活动，满足社会对产品的需求及提高生产率的要求。因此，利用图样进行设计，使人类设计活动由直觉设计阶段进步到经验设计阶段。

3. 半经验半理论设计阶段

20世纪以来，由于科学和技术的发展与进步，设计的基础理论研究和实验研究得到加强，随着理论研究的深入、试验数据及设计经验的积累，已形成了一套半经验半理论的设计方法。这种方法以理论计算和长期设计实践而形成的经验、公式、图表、设计手册等作为设计的依据，通过经验公式、近似系数或类比等方法进行设计，也称为传统设计。所谓"传统"是指这套设计方法已沿用了很长时间，直到现在仍被广泛地采用着。传统设计又称常规设计。

4. 现代设计阶段

近30年来，科学和技术迅速发展，人们对客观世界的认识不断深入，设计工作所需的理论基础和手段有了很大进步，特别是电子计算机技术的发展及应用，使设计工作产生了革命性的变革，为设计工作提供了实现设计自动化和精密计算的条件。例如CAD技术能得出所需要的设计计算结果、生产图样和数字化模型，一体化的CAD/CAM技术更可直接输出加工零件的数控代码程序，直接加工出所需要的零件，从而使人类设计工作步入现代设计阶段。此外，步入现代设计阶段的另一个特点是：对产品的设计已不仅考虑产品本身，并且还要考虑对系统和环境的影响；不仅要考虑技术领域，还要考虑经济、社会效益；不仅考虑当前，还需考虑长远发展。例如，汽车设计不仅要考虑汽车本身的有关技术问题，还需考虑使用者的安全、舒适、操作方便等，以及汽车的燃料供应和污染、车辆存放、道路发展等问题。

3.3.2 传统设计与现代设计

现代设计方法实质上是科学方法论在设计中的应用，目前，它已被广泛地应用到机械设计中，因此，我们有必要了解现代设计方法，同时了解它与传统设计方法的区别。实际上，现代设计方法和传统设计方法很难有一个明确的界限。一般来说，传统设计方法以生产经验为基础,以应用力学和数学的一些公式、图表和手册等为依据,着眼于产品的功能和技术规范,按照各种产品的设计经验总结出有关的设计理论、步骤、方法等来开展设计活动。

1. 传统的设计方法的特点

(1)用人工试凑法求得设计对象的各种结构尺寸和性能参数,其中经验类比法设计占很大比重,思维带有很大的被动性;

(2)以静态为假设条件,进行定性目标和某些定量的设计;

(3)设计者和制造者往往采取串行工作方式,独立工作,分别活动;

(4)以经验、试凑、静态、定性为核心,设计周期长、效率低、质量差、费用高,具有很大的盲目性和随意性,产品缺乏竞争力。

随着人类社会的发展与进步,人类从事设计活动的认知水平不断得到提高,并且计算机的出现又为人类进行高级、复杂的设计活动提供了有利的技术支持。同时,我们所处的时代不断地发生深刻的变革,人类对产品物美价廉、更新快、质量优的需求更为迫切,对设计方法和技术也提出了更严格、更苛刻的要求。所以,应鼓励和激发设计师的创造性和创新性,多学科相互交叉、渗透和融合,引入计算机、网络等高科技设计工具和手段。在这样的情况下,现代设计理论和方法应运而生。现代设计方法以理论为指导,以计算机和网络为手段,以分析、优化、动态、定量和综合为核心,设计过程自动化,设计的效率、水平以及设计过程中的主动性、科学性和准确性大大提高。

2. 现代设计方法的特点

(1)突出设计的创造性和创新性;

(2)设计过程从基于经验转变为基于设计科学,更趋于科学化和程式化;

(3)将设计对象置于“人-机-环境”大系统中,处理问题时具有系统性和综合性;

(4)最大限度运用计算机和网络技术,采用并行设计技术,以获得整体最优的设计结果。

传统设计方法是人们长期设计实践经验的积累,虽具有很大的局限性,但随着时代的发展,它被注入了新的内容和活力,是现代设计不可缺少的基础。现代设计方法是传统设计方法的深入、发展、丰富和完善,并非独立于传统设计方法。

3.3.3　现代设计方法简介

现代设计方法所涉及的研究领域和内容比较广泛,融合了信息技术、计算机技术、知识工程和管理工程等领域的知识,是设计领域中发展起来的一门新兴的多元交叉学科。目前,在工程实践中已得到运用的现代设计方法主要有优化设计、可靠性设计、模糊设计、有限元法、抗疲劳设计、摩擦设计、抗腐蚀设计、稳健设计、模块化设计、三次设计、人机工程、反求设计、边界元法、计算机辅助设计、价值工程、系统工程、技术经济分析等。近年来新兴起的设计方法主要有并行设计、虚拟设计、绿色设计、创新设计、智能设计、概念设计、数字化设计、网络化设计、全生命周期设计、机电一体化设计等。

1. 计算机辅助设计

计算机辅助设计(computer aided design,CAD)是指在设计活动中利用计算机作为工具,帮助工程技术人员进行设计的一切适用技术的总和。

计算机辅助设计是人和计算机相结合、各取所长的新型设计方法。在设计过程中,人可以进行创造性的思维活动,完成设计方案构思、工作原理拟定等,并将设计思想、设计方法经过综合、分析,转换成计算机可以处理的数学模型和解析这些模型的程序。在程序运行过程中,人可以评价设计结果、控制设计过程,计算机则可以发挥其分析计算和存储信息的能力,完成信息管理、绘图、模拟、优化和其他数值分析任务。一个好的计算机辅助设计系统,既能充分发挥人的创造性作用,又能充分利用计算机的高速分析计算能力,找到人和计算机的最佳结合点。

在计算机辅助设计工作中,计算机的任务是进行大量的信息加工、数据管理和资源交换,也就是在设计人员的初步构思、判断、决策的基础上,由计算机对数据库中的大量设计资料进行检索,根据设计要求进行计算、分析及优化,将初步设计结果显示在图形显示器上,以人机交互方式反复加以修改,经设计人员确认之后,在自动绘图机及打印机上输出设计结果。在 CAD 作业过程中,逻辑判断、科学计算和创造性思维是反复交叉进行的。一个完整的 CAD 系统,应在设计过程中的各个阶段都能发挥作用。

计算机辅助设计系统由硬件和软件组成。CAD 系统的硬件配置与通用计算机系统有所不同,其主要差异在于 CAD 系统硬件配置中具有较强的人机交互设备及图形输入、输出装置,为 CAD 系统作业提供良好的硬件环境。

CAD 系统除必要的硬件设备外,还必须配备相应的软件。如无软件的支持,硬件设备便不能发挥作用。软件水平、质量的优势是决定 CAD 系统效率高低、使用是否方便的关键因素。CAD 系统的软件主要包括操作系统、应用程序、数值分析程序库、图形软件和数据库管理系统等。

与传统的机械设计相比,无论在提高效率、改善设计质量方面,还是在降低成本、减轻劳动强度方面,CAD 技术都有着巨大的优越性:

(1) CAD 可以提高设计质量。计算机系统内存储了各种有关专业的综合性技术知识,为产品设计提供了科学的基础。计算机与人交互作用,有利于发挥人机各自的特长,使产品设计更加合理化。CAD 采用的优化设计方法有助于某些工艺参数和产品结构的优化。另外,由于不同部门可利用同一数据库中的信息,保证了数据的一致性。

(2) CAD 可以节省时间,提高效率。设计计算和图样绘制的自动化大大缩短了设计时间。CAD 和 CAM 的一体化可显著缩短从设计到制造的周期,与传统的设计方法相比,其设计效率可提高 3～5 倍。

(3) CAD 可以较大幅度地降低成本。计算机的高速运算和绘图机的自动工作大大节省了劳动力。同时,优化设计带来了原材料的节省。CAD 的经济效益有些可以估算,有些则难以估算。由于采用 CAD/CAM 技术,生产准备时间缩短,产品更新换代加快,大大增强了产品在市场中的竞争能力。

（4）CAD 技术将设计人员从烦琐的计算和绘图工作中解放出来,使其可以从事更多的创造性劳动。在产品设计中,绘图工作量约占全部工作量的 60%,在 CAD 过程中,这一部分的工作由计算机完成,产生的效益十分显著。

CAD 系统集成化是当前 CAD 技术发展的一个重要方面,集成化的形式之一是将 CAD 和 CAM 集成为一个 CAD/CAM 系统。在这种系统中,设计师可利用计算机,经过运动分析、动力分析、应力分析,确定零部件的合理结构形状,自动生成工程图样文件并存放在数据库中,再由 CAD 和 CAM 系统对数据库中的图形数据文件进行工艺设计及数控加工编程,并直接控制数控机床去加工制造。CAD 和 CAM 进一步集成是将 CAD、CAM、CAT 集成为 CAE 计算机辅助工程系统,使设计、制造、测试工作一体化。

2．优化设计

优化设计（optimization design）亦称最优化设计,简要地讲,优化设计就是以数学规划理论为基础、以计算机为工具、优选设计参数的一种现代设计方法。机械优化设计就是在给定的载荷或环境条件下,在机械产品的形态、几何尺寸关系或其他因素的限制（约束）范围内,以机械系统的功能、强度和经济性等为优化对象,选取设计变量,建立目标函数和约束条件,并使目标函数获得最优值的一种现代设计方法。

对机械工程来说,优化使机械设计的改进和优选速度大大提高,例如为提高机构性能的参数优化,为减小质量或降低成本的机械结构优化,各种传动系统的参数优化和发动机机械系统的隔振和减振优化等。优化技术不仅用于产品成形以后的再优化设计过程中,而且已经渗透到产品的开发设计过程中。同时,它与可靠性设计、模糊设计、有限元法等其他设计方法有机结合,取得了新的效果。

优化设计一般包括以下两部分内容。

（1）建立数学模型,即将设计问题的物理模型转换为数学模型。建立数学模型包括选取适当的设计变量,建立优化问题的目标函数和约束条件。目标函数是设计问题所要求的最优指标与设计变量之间的函数关系式,约束条件反映的是设计变量取值范围和相互之间的关系。优化设计的一般数学模型为

$$\begin{cases} \min F(X) \\ \text{s. t.} \quad g_j(X) \leqslant 0, j=1,2,\cdots,m; \quad h_j(X)=0, j=m+1,m+2,\cdots,p \end{cases}$$

在优化设计的数学模型中:若 $F(X)$、$h_j(X)$ 和 $g_j(X)$ 都是设计变量 X 的线性函数,则这种优化问题属于数学规划方法中的线性规划问题;若它们不全是 X 的线性函数,则属于数学规划方法中的非线性规划问题;如若要求设计变量 X 只能取整数,则称为整数规划;若 $p=m=0$,则称为无约束优化问题,否则,称为约束优化问题。机械优化设计问题多属

于约束非线性规划,即约束非线性优化问题。

建立数学模型是最优化过程中非常重要的一步,数学模型直接影响设计效果。对于复杂的问题,建立数学模型往往会遇到很多困难,有时甚至比求解更为复杂。这时要抓住关键因素,适当忽略不重要的成分,使问题合理简化,以易于列出数学模型。此外,对于复杂的最优化问题,可建立不同的数学模型,这样在求最优解时的难易程度也就不一样。有时,在建立一个数学模型后由于不能求得最优解而必须改变数学模型的形式。由此可见,在最优化设计工作中开展对数学模型的理论研究十分重要。

(2) 采用适当的最优化方法,求解数学模型。这可归结为在给定的条件(例如约束条件)下求目标函数的极值或最优值问题。机械优化设计常用的优化设计方法有随机方向法、复合形法、惩罚函数法、遗传算法、模拟退火算法、序列二次规划法等。

3. 可靠性设计

可靠性(reliability)是产品的一种属性,是指产品在规定的条件下、规定的时间内完成规定的功能的能力。可靠性设计(reliability design)是以概率论和数理统计的理论为基础,为了保证所设计的产品可靠而采用的一系列分析与设计技术。它的任务是在预测和预防产品所有可能发生的故障的基础上,使所设计的产品达到规定的可靠性目标值。可靠性设计包括产品的固有可靠性设计、维修性设计、冗余设计、可靠性预测与使用可靠性设计等。表示产品可靠性设计的指标较多,但归纳起来主要有如下几种:可靠度、期望寿命、故障率、维修度、可利用度等。可靠性设计是传统设计方法的一种重要补充和完善。

传统的机械设计与机械可靠性设计有其相同之处,它们都是以零件或机械系统的安全与失效作为其主要研究内容。

传统的机械设计采用确定的许用应力法和安全系数法研究、设计机械零件和简单的机械系统,这是广大工程技术人员很熟悉的设计方法。机械可靠性设计又称机械概率设计,是以非确定性的随机方法来研究、设计机械零件和机械系统的设计。它们共同的核心内容,都是针对所研究对象的失效与防失效问题建立起一整套的设计计算理论和方法。在机械设计中,不论是传统设计或概率设计,判断一个零件是否安全,都要将引起失效的一方(如零件中的载荷、应力或变形等)与抵抗失效能力的一方(如零件的许用载荷、许用应力或许用变形等)加以对比来进行判断。

引起零件失效的一方简称为“应力”,用 s 表示,可用一多元函数来表示,即

$$s = f(s_1, s_2, \cdots, s_n) \tag{3-1}$$

式中:$s_1, s_2, \cdots, s_n$ 表示影响失效的各项因素,如力的大小、力的作用位置、应力集中与否、环境因素等。

抵抗失效能力的一方简称为“强度”,用 r 表示,也可用一多元函数来表示,即

$$r = g(r_1, r_2, \cdots, r_n) \tag{3-2}$$

式中:$r_1,r_2,\cdots,r_n$ 表示影响零件强度的各项因素,如材料性能、表面质量、零件尺寸等。

这里的应力 s 和强度 r 显然都是广义的。当 $r-s>0$,表示零件处于安全状态;当 $r-s<0$,零件处于失效状态;$r-s=0$,零件处于极限状态。因此,传统的机械设计和机械可靠性设计的共同设计原理可表示为

$$f(s_1,s_2,\cdots,s_n)\leqslant g(r_1,r_2,\cdots,r_n) \tag{3-3}$$

上式表示了零件完成预期功能所处的状态,因此也称为状态方程。不论是传统的机械设计或机械可靠性设计,都是以式(3-3)所表示的零件或系统各种功能要求的极限状态和安全状态作为设计依据,以保证零件在预期的寿命内正常运行。

传统的机械设计与机械可靠性设计的不同点有以下三个方面。

1) 设计变量处理方法不同

传统的机械设计把影响零件工作状态的设计变量(如应力、强度、安全系数、载荷、零件尺寸、环境因素等)都处理成确定性的单值变量,而描述状态的数学模型即变量与变量之间的关系,可通过确定性的函数进行单值变换。这种把设计变量处理成单一确定值的方法,称为确定性设计法,图3-7表示了这种确定性设计法的模型。

机械可靠性设计把设计中涉及的变量都处理成多值的随机变量,它们都服从一定的概率分布,这些变量间的关系可通过概率函数进行多值变换,得到应力 s 和强度 r 的概率分布。这种运用随机方法对设计变量进行描述和运算的方法,称为非确定性概率设计方法,图3-8表示了这种非确定性概率设计法模型。

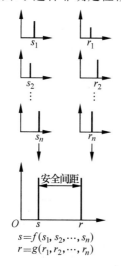

图 3-7 确定性设计法模型

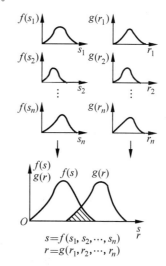

图 3-8 非确定性概率设计法模型

2) 设计变量运算方法不同

例如有一受拉力作用的杆件,在传统的机械设计中,横截面上的正应力为

$$s = \frac{F}{A} \tag{3-4}$$

式（3-4）表示了拉力 F、横截面积 A 和应力 s 之间确定性的函数关系。变量之间通过实数代数运算，可得到确定性的单位变换。

而在机械可靠性设计中，由于设计变量是非确定性的随机变量，因此，它们均服从一定的分布规律，用概率函数及分布参数（如随机变量的均值和标准差）来表征。于是，式（3-4）可写成

$$s(\mu_s, \sigma_s) = \frac{F(\mu_F, \sigma_F)}{A(\mu_A, \sigma_A)} \tag{3-5}$$

式中：μ_s 和 σ_s 表示应力 s 的均值和标准差；μ_F 和 σ_F 表示拉力 F 的均值和标准差；μ_A 和 σ_A 表示横截面积 A 的均值和标准差。式（3-5）表示非确定性随机变量的数学特征之间的函数关系，可运用随机变量的组合运算规则，得到变量与函数间的多值变换。

3）设计准则含义不同

在传统的机械设计中判断一个零件是否安全，是以危险截面的计算应力 σ 是否小于许用应力 $[\sigma]$、计算安全系数 n 是否大于许用安全系数 $[n]$ 来决定，相应的设计准则为

$$\sigma \leqslant [\sigma]$$
$$n \leqslant [n] \tag{3-6}$$

式（3-6）表示零件的强度储备和安全程度是两个确定不变的量，未能定量反映影响零件强度的许多非确定因素，因而不能回答零件在运行中的可靠程度。

在可靠性设计中，由于应力 s 和强度 r 都是随机变量，因此，判断一个零件是否安全可靠，是以强度 r 大于应力 s 所发生的概率来表示。其设计准则为

$$R(t) = p(r > s) \geqslant [R] \tag{3-7}$$

式中：$R(t)$ 表示零件在运行中的安全概率，即可靠度，它是指零件在工作时间 t 内的一种能力，这种能力是以强度 r 超过应力 s 的概率来度量，显然它是零件工作时间 t 的函数；$[R]$ 称为零件的许用可靠度，它表示零件在规定的时间内、规定的条件下实现设计要求的一种能力，即许用安全概率。式（3-7）不仅能定量地反映零件在运行中的安全、可靠程度，而且可以预测零件的使用寿命，是系统综合效能的反应。

由此可见，传统设计停留在确定性的概念上，没有考虑事物的不确定性质，因而不能真正反映客观实际情况。计算中只要安全系数大于某一经验值，就认为是安全的，但安全系数与一系列无法定量表示的因素有关，实际上仍是一个未知系数，因此，这种计算有较大的经验性和盲目性。例如，取强度和应力的平均值算得的安全系数，虽然大于 1，但是实际的强度和应力数值是离散的，在图 3-8 所示的应力 s 和强度 r 分布曲线下面的干涉区内（阴影面积区域），就出现应力大于强度的情况，无法保证安全可靠性。为了追求安全，传统设计中有时则盲目取用优质材料或加大零件尺寸，造成不必要的浪费。而可靠性

设计考虑到工程中发生的现象及其表征参数的不确定性(随机性),这是符合客观实际的。从传统的设计准则式(3-6)变换到可靠性设计准则式(3-7),这是设计理论的发展、设计概念的深化。可靠性设计以随机方法(概率论和数理统计)分析研究系统和零件在运行状态下的随机规律和可靠性,不仅能揭示事物的本来面貌,而且能全面地提供设计信息,这是传统设计无法做到的。实践表明,可靠性设计比传统设计更能有效地处理设计中的一些问题,带来更大的经济效益。

我国可靠性设计的数据还比较缺乏,而它的积累又是一项长期且投入较大的工作。但是可靠性设计是在传统设计基础上补充了可靠性技术的设计,是处在传统设计延长线上的一种新型设计方法。当前,设计人员应该将传统的机械设计和机械可靠性设计有机地结合起来,以丰富和发展设计理论,提高产品的设计水平。

4. 有限元法

有限元法(finite element method,FEM)是以计算机为工具的一种现代数值计算方法。目前,该方法不仅能用于工程中复杂的非线性问题(如结构力学、流体力学、热传导、电磁场等)的求解,而且还可用于工程设计中复杂结构的静态和动态分析,并能精确地计算形状复杂的零件的应力分布和变形,成为复杂零件强度和刚度计算的有力分析工具。

有限元法的基本思想是把要分析的连续体假想地分割成有限个单元所组成的组合体(简称离散化),这些单元仅在顶角处相互连接,这些连接点称为节点。离散化的组合体和真实弹性体的区别在于:组合体中单元与单元之间的连接除了节点之外再无任何关联。但是这种连接要满足变形协调条件,既不能出现裂缝,也不允许发生重叠。显然,单元之间只能通过节点来传递内力。通过节点来传递的内力称为节点力,作用在节点上的载荷称为节点载荷。当连续体受到外力作用发生变形时,组成它的各个单元也将发生变形,因而各个节点要产生不同程度的位移,这种位移称为节点位移。在有限元中,常以节点位移作为基本未知量,并对每个单元根据分块近似的规定,假设一个简单的函数近似地表示单元内位移的分布规律,再利用力学理论中的变分原理或其他方法,建立节点力与节点位移之间的力学特性关系,得到一组以节点位移为未知量的代数方程,从而求解节点的位移分量。然后利用插值函数确定单元集合体上的场函数。显然,如果单元满足问题的收敛性要求,那么,随着缩小单元的尺寸,增加求解区域内单元的数目,解的近似程度将不断改进,近似解最终将收敛于精确解。

用有限元法求解问题的计算步骤比较多,最主要的计算步骤如下所述。

(1) 连续体离散化　首先,应根据连续体的形状选择最能圆满地描述连续体形状的单元,常见的单元有杆单元、梁单元、三角形单元、矩形单元、四边形单元、曲边四边形单元、四面体单元、六面体单元以及曲面六面体单元等;然后,进行单元划分,再将全部单元和节点按一定顺序编号,每个单元所受的载荷均按静力等效原理移植到节点上,并在位移受约束的节点上根据实际情况设置约束条件。

（2）单元分析　　所谓单元分析，就是建立各个单元的节点位移和节点力之间的关系式。

（3）整体分析　　整体分析是对各个单元组成的整体进行分析。其目的是建立一个线性方程组，来揭示节点外载荷与节点位移的关系，从而求解节点位移。

用有限元法不仅可以求结构体的位移和应力，还可以对结构体进行稳定性分析和动力学分析，求出结构的自激振动频率、振型等动力响应，以及动变形和动应力等。此外，在大型结构（如飞机、桥梁等）分析中，普遍采用了结构法、p 型或 h 型有限元模型以及边界元法，从而提高了计算速度，降低了计算工作量。

近些年来，有限元法的应用得到蓬勃发展，国际上研制了功能完善的有限元法分析软件，如 ANSYS、ABAQUS、ASKA、NASTRAN、ADINA 等。这些软件带有功能强大的前处理（如自动生成单元网格、形成输入数据文件等）和后处理（如显示计算结果，绘制变形图、等直线图、振型图并可动态显示结构的动力响应等）程序。由于有限元通用程序使用方便，计算精度高，其计算结果已成为各类机电产品设计和性能分析的可靠依据。

5. 虚拟设计

虚拟现实（virtual reality，VR）是近 20 年来发展起来的一门新技术。它采用计算机技术和多媒体技术，营造一个逼真的、具有视听触等多种感知的人工虚拟环境，使置身于该环境的人可以通过各种多媒体传感交互设备与这一虚构的环境进行实时交互作用，产生身临其境的感觉。这种虚拟环境可以是对真实世界的模拟，也可以是虚构中的世界。虚拟现实技术在机械制造领域有着广泛的应用，如虚拟设计、虚拟制造等。

如果把设计理解为在实物原型出现之前的产品开发过程，虚拟设计的基本构思则是用计算机来虚拟完成整个产品开发过程。设计者在调查研究的基础上，通过计算机建立产品的数字模型，用数字化形式来代替传统的实物原型进行产品的静态和动态性能分析，再对原设计进行集成改进。由于在虚拟开发环境中的产品实际上只是数字模型，设计者可对它随时进行观察、分析、修改及更新，同时对新产品的形象、结构、可制造性、可装配性、易维护性、运行适应性、易销售性诸方面的分析都能相互配合地进行。虚拟设计可以使一个企业的各部门甚至是全球化合作的几个企业中的工作者同时在同一个产品模型中工作和获取信息，也可并行连续工作，以减少互相等待的时间，避免或减少在传统产品设计过程中反复制作并修改原型、反复对原型进行手工分析与试验等工作所投入的时间和费用。虚拟设计使人们能够在设计过程中及时发现和解决问题，按照规划的时间、成本和质量要求将新产品推向市场，并继续对顾客的需求变化做出快速灵活的响应。

新产品的数字原型经反复修改确认后，即可开始虚拟制造。虚拟制造或称数字化制造的基本构思是在计算机上验证产品的制造过程。设计者在计算机上建立制造过程和设备模型，与产品的数字原型结合，对制造过程进行全面的仿真分析，优化产品的制造过程、工艺参数、设备性能、车间布局等。虚拟制造可以预测制造过程中可能出现的问题，提高产品的可制造性和可装配性,优化制造工艺过程及其设备的运行工况及整个制造过程的计划调度,使产品及其制造过程更加合理和经济。虚拟工艺过程和设备是各种单项工艺过程和设备运行的模拟与仿真,如虚拟加工中心可完整地实现设备的运动、工件的处理等过程的可视化。虚拟制造系统是运用商品化软件在模型库中选择各种设备和工具、工作单元、传送装置、立体仓库、自动小车和操作人员等模型,通过三维图形仿真,及时发现生产中可能出现的问题,对制造系统的布局方案、批量控制、运行统计分析等进行评价比较。产品的数字化模型通过虚拟制造之后,还应把产品全寿命周期中的运行环境、运行状态、销售、服务,直到产品报废再生都通过虚拟技术在计算机模拟运行中发现问题并予以解决,再通过敏捷制造和快速成形技术制作实物,使新产品开发快速完成。

6. 反求工程

技术引进是促进民族经济高速增长的战略措施。要取得最佳技术和经济效益,必须对引进技术进行深入研究、消化和创新,开发出先进产品,形成自己的技术体系。

反求工程(reverse engineering)是针对消化吸收先进技术的一系列工作方法和应用技术的组合,包括设计反求、工艺反求、管理反求等各个方面。它以先进产品的实物、软件(如图样、程序、技术文件等)或影像(如图像、照片等)作为研究对象,应用现代设计的理论方法和生产工程学、材料学等有关专业知识,进行系统的分析研究,掌握其关键技术,进而开发出同类产品。

反求工程首先进行反求分析,针对反求对象的不同形式——实物、软件或影像,采用不同的方法。实物(如机器设备)的反求,可用实测手段获得所需参数和性能、材料、尺寸等。软件(如图样)的反求,可直接分析了解产品和各部件的尺寸、结构和材料,但掌握使用性能和工艺,则要通过试制和试验。影像的反求,可用透视法与解析法求出主要尺寸间的大小相对关系,用机器与人或已知参照物对比,求出几个绝对尺寸,推算其他尺寸。材料和工艺等的反求,都需通过试制和试验才能解决。在以上充分分析的基础上,才能进行不同的反求设计。

反求对象分析包括以下方面。

(1)反求对象的设计指导思想、功能原理方案分析。要分析一个产品,首先要从产品的设计指导思想分析入手。产品的设计指导思想决定了产品的设计方案,深入分析并掌握产品的设计指导思想是分析了解整个产品设计的前提。同样,充分了解反求对象的功能,有助于对产品原理方案的分析、理解和掌握,从而有可能在进行反求设计时得到基于原产品而又高于原产品的原理方案,这正是反求工程技术的精髓所在。

(2)反求对象的材料分析。它包括材料成分分析、材料组织结构分析和材料性能检测几部分。常用的材料成分分析方法有钢种的火花鉴别法、钢种听音鉴别法、原子发射光谱分析法、红外光谱分析法和化学分析微探针分析技术等。材料的组织结构分析主要是分析研究材料的组织结构、晶体缺陷及相互间的位相关系,可分为宏观组织分析和微观组织分析。材料性能检测主要是检测其力学性能和磁、电、声、光、热等物理性能。

（3）反求对象的工艺、装配分析。反求设计和反求工艺相互联系，缺一不可。在缺乏制造原型产品的先进设备与先进工艺方法以及未掌握某些技术诀窍的情况下，对反求对象进行工艺、装配分析是非常关键的一环。

（4）反求对象的精度分析。产品的精度直接影响到产品的性能，对反求分析的产品进行精度分析，是反求分析的重要组成部分。反求对象的精度分析包括反求对象形体尺寸的确定、精度的分配等内容。

（5）反求对象的造型分析。产品造型设计是产品设计与艺术设计相结合的综合性技术，其主要的目的是运用工业美学、产品造型原理、人机工程学原理等对产品的外观构型、色彩设计等进行分析，以提高产品的外观质量和舒适度。

（6）反求对象的系列化、模块化分析。分析反求对象时，要做到思路开阔，要考虑所引进的产品是否已经系列化、是否为系列型谱中的一个、在系列型谱中是否具有代表性、产品的模块化程度如何等具体问题，以便在设计制造时提高质量、降低成本、少走弯路，生产出多品种、多规格、通用化较强的产品，提高产品的市场竞争力。

7. 绿色设计

绿色设计（green design）也称为生态设计（ecological design）、面向环境的设计（design for environment）、生命周期设计（life cycle design）或环境意识设计（environment conscious design）等，是指借助产品生命周期中与产品相关的各类信息（如技术信息、环境协调性信息、经济信息等），利用并行设计等各种先进的设计理论，使设计出的产品具有先进的技术性、良好的环境协调性以及合理的经济性的一种系统设计方法。

绿色设计与常规设计的根本区别在于：要求设计人员在设计构思阶段就把降低能耗、易于拆卸、可再生利用和保护生态环境与保证产品性能、质量、寿命、成本的要求列为同等重要的设计目标，并保证在生产过程中能够顺利实施。绿色设计的主要内容包括：材料选择与管理、制造工艺性设计、装配工艺性设计、拆卸工艺性设计、回收工艺及方法设计、产品包装设计、绿色设计成本分析、绿色设计数据库、生命周期评估等。

绿色设计方法在涉及的知识领域、设计方法及设计过程与常规设计相比均要复杂。绿色设计方法是一种集突变论、信息论、离散论、模糊论、系统论、智能论、控制论、优化论、对应论、功能论和艺术论于一身的现代设计方法的集成，是理性的设计方法。典型的绿色设计方法主要有生命周期设计方法、并行工程设计方法、模块化设计方法和长寿命设计方法等。

绿色设计理论集中在解决机（产品）与环境（自然环境）的关系，主要从绿色技术方面来解决产品对环境的影响。绿色设计的关键技术有面向材料的设计技术、面向环境的设计技术和面向资源的设计技术等。

绿色设计建立在生态文化的基础上，是工业设计的高级阶段，它能真正地解决"人—

机(产品)—环境"的协调发展。因此,研究绿色设计并将其应用于实践,对人类的可持续发展有重要的意义。绿色设计的研究领域主要集中在能源和资源的合理利用,废旧产品的拆卸和回收利用,安全健康、环境保护及污染治理等三方面。

8. 价值工程

价值工程(value engineering)是以功能分析为核心,以开发创造性为基础,以科学分析为工具,寻求功能与成本的最佳比例,以获得最优价值的一种设计方法或管理科学。

第二次世界大战以后,美国开展了价值分析(value analysis,VA)和价值工程(value engineering,VE)的研究。美国人麦尔斯通过研究,发现了隐藏在产品背后的本质——功能。顾客需要的不是产品的本身,而是产品的功能。不仅如此,顾客还要比较功能的优劣——性能。在激烈的竞争中,只有功能全、性能好、成本低的产品才具有优势。例如,当购买汽车时,顾客考虑的不仅是售价和可以运物的一般功能,往往更关心它每公里的耗油量、速度、乘坐舒适性、安全性、噪声大小、零部件可靠性和维修性等性能。只有对功能、性能和成本进行综合分析,才能合理判断汽车的实用价值,也就是说,价值是产品功能与成本的综合反映。这种关系可用公式表示为

$$V = \frac{F}{C}$$

式中:V 为价值;F 为功能评价值;C 为总成本。可见,价值工程包括三个基本要素,即价值、功能和成本。

功能可解释为功用、作用、效能、用途、目的等。一件产品的功能就是产品的用途、产品所担负的职能或所起的作用。功能所回答的是"它的作用或用途是什么"的问题。价值工程中,功能含义很广,对产品来说是指有何效用。功能本身必须表达它的有用性,没有用的东西就没有什么价值,更谈不上价值分析了。人们在市场上购买商品的目的是购买它的功能,而非产品本身的结构。例如人们买彩电,是因为彩电有"收看彩色电视节目"的功能,而不是买它的集成元件、显像管等元器件。功能是各种事物所共有的属性。价值工程要求自始至终都围绕用户要求的功能,对事物进行本质的思考。

功能又包含基本功能和辅助功能、使用功能和美观功能、必要功能和不必要功能等。

价值工程中的"成本",是指实现功能所支付的全部费用。从产品来说,是以功能为对象而进行的成本核算。一个产品往往包含许多零部件的功能,而各功能又不尽相同,这就需要把零部件的成本变成功能成本,这与一般财会工作中的成本核算有较大差别。财会计算成本是以零部件数量乘以成本单价得到一个零部件的成本,然后把各种零部件成本相加求得总成本。而价值工程中的功能成本,是把每一个零部件按不同功能的重要程度分组后计算。价值分析中的成本"大小"是根据所研究的功能对象确定的。

价值工程中的"价值"的含义,有别于《政治经济学》中所说的价值(凝结在商品中的一般的、无差别的社会必要劳动),也有别于统计学中的用货币表示的价值。它更接

近人们日常生活常用的"合算不合算"、"值得不值得"的意思，是指事物的有益程度。价值工程中价值的概念是个科学的概念，它正确反映了功能和成本的关系，为分析与评价产品的价值提供了一个科学的标准。树立这样一种价值观念就能在企业的生产经营中正确处理质量和成本的关系，生产适销对路的产品，不断提高产品的价值，使企业和消费者都获得好处。

由此可见，所谓价值就是某一功能与实现这一功能所需成本之间的比例。为了提高产品的实用价值，可以采用或增加产品的功能，或降低产品的成本，或既增加产品的功能又同时降低成本等多种多样的途径。总之，提高产品的价值就是用低成本实现产品的功能，因而产品的设计问题就变为用最低成本向用户提供必要功能的问题。

开展价值分析、价值工程的研究可以取得巨大的经济效益。例如，在 20 世纪 50—60 年代，美国通用电气公司在价值分析研究上花了 80 万美元，却获得了两亿多美元的利润。

价值工程是以功能分析为核心，以开发创造性为基础，以科学分析为工具，寻求功能与成本的最佳比例，以获得最优价值的一种设计方法或管理科学。价值工程等设计方法都是手段，而价值优化是设计中自始至终应贯彻的指导思想和争取的目标。

提高产品的价值可以从以下三个方面着手。

（1）功能分析　从用户需要出发保证产品的必要功能，去除多余功能，调整过剩功能，增加必要功能。

（2）性能分析　研究一定功能下提高产品性能的措施。

（3）成本分析　分析成本的构成，从各方面探求降低成本的途径。

9．工业造型设计

工业产品艺术造型设计（artistic modeling design of industrial product）简称工业造型设计（industrial modeling design），是指用艺术手段按照美学法则对工业产品进行造型工作，使产品在保证使用功能的前提下，具有美的、富于表现力的审美特性。

创造具有实用功能的造型，不仅要求以其形象所具有的功能适应人们工作的需要，而且要求以其形象表现的式样、形态、风格、气氛给人以美的感觉和艺术的享受，起到美化生产和生活环境、满足人们审美要求的作用，因而成为具有精神和物质两种功能的造型。

工业造型设计是以不断变化的人的需求为起点，以积极的势态探求改变人的生存方式的设计，所以，工业造型设计不是单纯的美术设计，更不是纯粹的造型艺术、美的艺术。它是科学、技术、艺术、经济融合的产物，是从实用和美的综合观点出发，在科学技术、社会、经济、文化、艺术、资源、价值观等的约束下，通过市场交流而为人服务的。

1）工业造型设计的特征

（1）实用性特征　体现使用功能的目的性、先进性与可靠性及宜人性。

（2）科学性特征　体现先进加工手段的工艺美，反映大工业自动化生产及科学性的精确美,标志力学、材料学、机构学新成就的结构美,在不牺牲使用者和生产者利益的前提下,努力降低产品成本,创造最高的附加值。

(3)艺术性特征 应用美学法则创造具有形体美、色彩美、材料美和符合时代审美观念的新颖产品,体现人、产品与环境的整体和谐美。

造型设计的三要素中:使用功能是产品造型的出发点和产品赖以生存的主要因素;艺术形象是产品造型的主要成果;物质技术条件是产品功能和外观质量的物质基础。

2)机电产品造型设计的内容

(1)机电产品的人机工程设计(或称宜人性设计) 产品与人的生理、心理因素相适应,以求人-机-环境的协调与最佳搭配,使人们在生活与工作中达到安全、舒适和高效的目的。

(2)产品的形态设计 产品的形态构成符合美学法则,通过正确的选材及采用相应的加工工艺,形成优良的表面质量与质感机理,获得能给人以美的感受的产品款式。

(3)产品的色彩设计 综合本产品的各种因素,制定一个合适的色彩配置方案,这是完美造型效果的另一基本要素。

(4)产品标志、铭牌、字体等设计 以形象鲜明、突出、醒目的标志,给人以美好、强烈、深刻的印象。

10. 模块化设计

模块是一组同时具有相同功能和结合要素而具有不同性能或用途,甚至具有不同结构特征但能互换的单元。产品模块化的思想是将某一产品(实体产品或概念产品)按一定的规则分解为不同的、有利于产品设计制造及装配的许多模块,而后按照模块来组织产品和生产。在对产品进行市场预测、功能分析的基础上,划分并设计出一系列通用的功能模块,根据用户的要求对这些模块进行选择和组合,以构成不同功能或功能相同但性能不同、规格不同的产品,这种设计方法称为模块化设计。

模块化设计(modular design)基于模块的思想,将一般产品设计任务转化为模块化产品方案。它包括两方面的内容:一是根据新的设计要求进行功能分析,合理创建出一组模块,即模块创建;二是根据设计要求将一组已存在的特定模块组合成模块化产品方案,即模块组合。

模块化设计的原则是力求以少数模块组成尽可能多的产品,并在满足要求的基础上使产品精度高、性能稳定、结构简单、成本低廉,且模块结构应尽量简单、规范,模块间的联系尽可能简单。因此,如何科学地、有节制地划分模块,是模块化设计中很具有技术性的一项工作,既要考虑到制造管理方便、具有较大的灵活性、避免组合时产生混乱,又要考虑到该模块系列将来的发展和向专用、变型产品的辐射。模块划分的好坏直接影响到模块系列设计是否成功。总的说来,划分前必须对系统进行仔细的、系统的功能分析和结构分析。

例如，将模块化思想用于机床设计，它与传统设计方法相比具有如下特点：

（1）同一种功能的单元是若干可互换的模块，而不是单一的部件，从而使所组成的机床在结构、性能上更为协调合理；

（2）同一种功能的模块在较大范围内具有通用化特性，可在基型、变型甚至跨系列、跨类型机床中使用；

（3）将功能单元尽量设计成较小型的标准模块，使其与相关的模块间的连接形式及结构要素一致或标准化，便于装配和互换。

从以上特点可以看出，采用模块化设计方法的机床设计有着以下重要的技术经济意义：

（1）缩短产品的设计和制造周期，从而显著缩短供货周期，有利于争取客户；

（2）有利于产品更新换代及新产品的开发，增加企业对市场的快速应变能力；

（3）有利于提高产品质量和可靠性；

（4）具有良好的可维修性。

虚拟设计技术与模块化设计技术的融合，产生了一个全新的设计理论和方法体系——虚拟模块化设计。虚拟设计的引入，使模块化设计的全过程均在计算机上完成，从而彻底改变了传统模块化设计中手工操作、工作量大、效率低的缺陷。同时，基于模块化设计的虚拟设计与虚拟制造系统构造起来更为容易，由于模块化设计具有通用化、系列化、标准化的特性，使虚拟产品模型的构造及其数据管理更为规范和简单，使虚拟设计系统开发的考虑因素大为减少。

11．三次设计法

三次设计法（three stage design method）是日本著名学者田口玄一博士于20世纪70年代创立的一种现代设计方法。该设计法将产品的设计过程分为三个阶段进行，即系统设计、参数设计和容差设计。由于该设计法是分三个阶段进行新产品、新工艺设计，故称三次设计法。

（1）系统设计亦称第一次设计，是根据产品规划所要求的功能，对该产品的整个系统结构和功能进行设计，提出初始设计方案。系统设计主要依靠专业知识和技术来完成。系统设计的目的在于选择一个基本模型系统，确定产品的基本结构，使产品达到所要求的功能。它包括材料、元件、零件的选择以及零部件的组装系统。

（2）参数设计亦称第二次设计，是在专业人员提出的初始设计方案的基础上，对各零部件参数进行优化组合，使系统的参数值实现最佳搭配，使产品的输出特性的稳定性好、抗干扰能力强、成本低廉。

（3）容差设计亦称第三次设计，是在参数设计提出的最佳设计方案的基础上，进一步分析导致产品输出特性变动的原因，找出关键零部件，确定合适的容差，使质量和成本二者达到最佳平衡。

参数设计是三次设计法的重点。参数设计的目的是要确定系统中的有关参数值及其最优组合,以达提高产品质量和降低成本的目的。在参数设计阶段,一般是用公差范围较宽的廉价元件组装出高质量的产品,使产品在质量和成本两方面均得到改善。

大量应用实例表明,采用三次设计法设计出的新产品(或新工艺)性能稳定可靠、成本低廉,在质量和成本两方面取得最佳平衡,在市场中具有较强的竞争力。

3.4 现代设计常用工具软件

3.4.1 CAD/CAM 软件

1. UG 软件

UG 软件是美国 Unigraphics Solutions 公司的一个集 CAD、CAE 和 CAM 于一体的机械工程辅助系统。UG 软件采用基于特征的实体造型,具有尺寸驱动编算功能和统一的数据库。其核心 Parasolid(一个严格的边界表示的实体建模模块)提供强大的实体建模功能和无缝数据转换能力。UG 软件实现了全相关的和数字化的实体模型之间的数据共享,它提供给用户一个灵活的复合建模模块,如实体建模、曲面建模、线框建模、基于特征的参数建模以及功能强大的逼真照相的渲染、动画和快速原型工具。UG 软件使用户能快速和精确地通过公差特征将公差信息与几何对象相关联。UG 软件还提供了二次开发工具,允许用户扩展 UG 软件的功能,强大的编程框架使用户和软件供应商可以开发出与 UG 软件能很快集成并全相关的应用程序。UG 软件具有很强的数控加工能力,可以进行两轴至两轴半、三轴至五轴联动的复杂曲面加工和镗铣。它覆盖了制造的全过程,以及制造的自动化、集成化和用户化,在产品制造周期、产品制造成本和产品制造质量方面,都提供了实用的、柔性的 CAM 产品,融合了世界丰富的产品加工经验。UG 软件适用于航空航天飞行器、汽车、通用机械以及模具等的设计、分析及制造工程。

2. Pro/Engineer 软件

Pro/Engineer 软件是美国 PTC(Parametric Technology Corporation)公司的机械设计自动化软件产品,它是最早较好地实现参数优化设计性能、在 CAD 领域中具有领先技术并取得相当的成功的软件。Pro/Engineer 包含了 70 多个专用功能模块,如特征造型、产品数据管理(product data management,PDM)、有限元分析、装配等,被称为新一代 CAD 系统。

Pro/Engineer 建立在一个统一的能在系统内部引起变化的数据结构的基础上,因此开发过程中某一处所发生的变化能够很快传遍整个设计制造过程,以确保所有的零件和各个环节保持一致性和协调性。

Pro/Engineer 的核心技术是以部件为中心,可以画出非常复杂的几何外形,其设计的零件不仅包含制造工艺和成本等一些非几何的信息，而且还包括零件的位置信息以及它们之间的相互联系。这意味着在对零件进行布置时并不需要一个坐标系，零件自身"知道"它们是如何与模型的其余部分相联系的。这就使得对模型的改动非常迅速，并且始终与最初的设计意图相一致，所以它能使工程师高效率地设计、归档和管理任意大小的产品部件。

Pro/Engineer 不仅使用方便，还提供了全面的以因特网为中心的工具，用户可以进行在线浏览、交互访问和共享 Pro/Engineer 的设计。而且，从因特网上还可以得到 PTC 公司新的 InPart（管理机械和机电产品的 CAD 模型及技术文档数据库），这是业界最大的在线零件目录，其中有来自著名部件供应商的成千上万个以前创立的 Pro/Engineer 标准设计。

3. I-DEAS 软件

I-DEAS 软件是美国机械软件行业先驱 SDRC（Structure Dynamics Research Corporation）公司自 1993 年推出的新一代机械设计自动化软件，也是 SDRC 公司在 CAD/CAM/CAE 领域的旗舰产品，它集产品设计、工程分析、数控加工、塑料模具仿真分析、样机测试及产品数据管理于一体，是集成化的 CAD/CAM/CAE 一体化工具。在我国，正式使用 I-DEAS 软件的用户已经超过 400 家，它已居于三维实体机械设计自动化软件的主导地位。由于 SDRC 公司早期是以工程与结构分析为主逐步发展起来的，所以工程分析是该公司的特长。

I-DEAS 软件与 SDRC 公司的 Metaphase 软件（当今世界最先进的产品数据管理软件）的无缝集成，已为企业提供了掌控产品开发全过程的保证。I-DEAS 软件还允许设计团队在基于公共主模型的同时开展工作，由此生成的数字样机可提供以前只能靠物理样机实验才能得到的答案。

作为 I-DEAS 软件核心的 VGX 技术提供了动态引导器（dynamic navigator）这样独特的关键技术。作为一个交互性能很强的工具，动态引导器可自动识别并预增配件、零件、边、（曲）面、线框、草图、单个几何实体和所有约束，参与用户的下一步操作。它具有直接在实体零件上任意位置勾画草图的能力，并可以直接在三级数字模型上进行增、删、改任一个或一组特征的操作，既直观又随意。

I-DEAS 软件可兼容其他商业或自用软件，实现与电子、机械设计、分析、测试、加工、快速成形以及其他具有并行工程功能的应用软件的数据共享，保护企业以前的投资。

I-DEAS 软件共有以下七大主模块。

（1）工程设计模块　工程设计（engineering design）模块主要用于对产品进行几何设计，包括建模（master modeler）、曲面（master surface）、装配（master assembly）、机构（mechanism）、制图建模（draft setup）几个子模块。

（2）工程制图模块　I-DEAS 软件的绘图（drafting）模块是一个高效的二维机械制图工具，它可绘制任意复杂形状的零件，既能作为高性能系统独立使用，又能与 I-DEAS 软件的实体建模模块结合起来使用。

（3）制造模块　在机械行业中用到的 I-DEAS 软件制造（manufacturing）模块中的功能是数控加工（NC machining）。

I-DEAS 软件的数控模块分三大部分：前置处理模块、后置处理编写器和后置处理模块。

在前置处理模块中，I-DEAS 软件提供了完整的机加工环境，可同时处理三维实体和曲面。数控刀具轨迹可根据仿真情况进行修正。

（4）有限元仿真模块　I-DEAS 软件的有限元仿真（simulation）应用包括三个部分：前处理模块（pre-processing）、求解模块（solution）、后处理模块（post-processing）。

（5）测试数据分析模块　I-DEAS 软件的测试数据分析（test data analysis）模块就像一位保健医生，它在计算机上对产品性能进行测试仿真，找出产品发生故障的原因，然后对症下药、排除故障、改进产品设计。

（6）数据管理模块　I-DEAS 软件的数据管理（data management）模块简称 IDM，它就像 I-DEAS 家庭的一个大管家，将触角伸到 I-DEAS 软件的每一个任务模块，并自动跟踪在 I-DEAS 软件中创建的数据，这些数据包括存储在模型文件或库中零件的数据。IDM 也跟踪数据之间的关系。这个管家通过一定的机制，保证了所有数据的安全及存取方便。

（7）几何数据交换模块　I-DEAS 软件中的几何数据交换（geometry translator）模块有好几个，如 IGES、SRP、DXF 等，其工作原理是先将别的 CAD 数据转换成中性数据（不依赖于该 CAD 系统的），然后将中性数据通过几何数据交换模块转换成 I-DEAS 数据，这样，就可将外来数据全部"同化"。

4. AutoCAD 系统

AutoCAD 系统是美国 Autodesk 公司为微型计算机开发的一个交互式绘图软件，它基本上是个二维工程绘图软件，具有较强的绘图、编辑、尺寸标注以及方便用户二次开发的功能，也具有部分的三维作图造型功能。

AutoCAD 系统能让用户处于一个轻松的设计环境，摆脱对键盘输入的依赖，同时，AutoCAD 系统的多文档设计环境还能使用户在多个 DWG 文件窗口中协同设计。Auto-CAD 系统设计中心能追寻本机或网络上各处已有的设计信息，并将其统一控制在当前的交互环境中，快速尺寸标注显著缩短了尺寸标注过程，自动捕捉和自动跟踪使精确绘图更容易。

AutoCAD 系统改进了图形输出特性，从图面布局及样式到各种图面注释，用户可获得更多的灵活性和控制手段,以确保最佳的图形输出效果。

AutoCAD 系统能直接存取 web 上的图形文件及其相关数据,还可以将设计对象与指定的 web 网址超级链接并实现电子化出图。AutoCAD 系统的数据库链接特性,可将图形文件中的对象直接与外部数据库链接,从而轻易实现由图形驱动的数据处理方案。充分利用 AutoCAD 系统,用户可以随时随地与任何人交流和共享设计。此外,迅速崛起的 Visual Lisp 软件,即 AutoLisp 软件的换代版本已内嵌入 AutoCAD 2004,它与 VBA 和 ObjectARX 等开发工具一起,能使用户如虎添翼、杰作频出。

5. Solid Edge 软件

作为美国 Unigraphics Solutions 公司的中端 CAD 软件包,Solid Edge 软件提供了杰出的机械装配设计和制图性能、高效的实体造型能力和无与伦比的易用性,其实体建模系统具有最佳的易用性,并可按照设计师和工程师的思路工作。Solid Edge 软件的参数以及基于特征的实体建模操作依据定义清晰、直观一致的工作步骤,推动了工作效率的提高。Solid Edge 软件强大的造型工具能帮助用户更快地将高质量的产品推入市场。

Solid Edge 软件适用于 Windows 的机械装配设计系统,它是一种完全创新的应用于机械装配和零件模型制作的计算机辅助设计系统。Solid Edge 软件是第一个将参数化、特征化实体模型制作引入 Windows 环境的机械设计工具,通过模仿实际和自然的机械工程流程的直观界面,Solid Edge 软件避免了传统 CAD 系统中命令混乱和复杂的模型制作过程。

Solid Edge 软件可以快速方便地将它与其他的计算机辅助工具,如与办公室自动化程序、机械设计、工程和制造系统等配合使用。

6. Master CAM 系统

Master CAM 系统是美国 CNC 系统公司开发的一套适用于机械产品设计、制造的运行在 PC 平台上的 3D CAD/CAM 交互式图形集成系统,不仅可以完成产品的设计,更能完成各种类型数控机床的自动编辑,包括数控铣床(两轴至五轴)、车床(可带 C 轴)、线切割机(四轴)、激光切割机、加工中心等的编辑加工。

产品零件的造型可以由系统本身的 CAD 模块来建立模型,也可通过一坐标测量仪测得的数据建模,系统提供的 DXIGES、CADL、VDA、STL 等标准图形接口可实现与其他 CAD 系统的双向图形传输,也可通过专用 DWG 图形接口直接与 AutoCAD 系统进行图形传输。系统具有很强的加工能力,可实现多曲面连续加工、毛坯粗加工、刀具干涉检查与消除、实体加工模拟、DNC 连续加工以及开放式的通用后置处理功能。

7. Edge CAM 软件

Edge CAM 软件为英国 Pathrace 公司出品的数控自动编程系统。Pathrace 公司自

1983 年以来一直从事数控自动编程软件的开发,是全球领先的 CAM 软件供应商,为 Autodesk公司合作伙伴。Edge CAM for MDT 集成于 Mechanical Desktop(MDT),直接对实体模型进行编程,自动识别特征,极大地提高了生产效率。Edge CAM 软件具有刀具路径与实体模型动态关联、对于用参数化设计的系列零件只需一次编程就能确保数据完整、设计与制造联系更紧密及支持多种加工方法的特点。

3.4.2 工程分析软件

1. 结构分析软件

MSC/NASTRAN 软件是世界上功能全面、应用广泛的大型通用结构有限元分析软件,同时也是工业标准的 FEA 原代码程序及国际合作和国际招标中工程分析和校验的热门工具,它可以解决各类结构的强度、刚度、屈曲、模态、动力学、热力学、非线性、(噪)声学、流体结构耦合、气动弹性、超单元、惯性释放及结构优化等问题。MSC/NASTRAN 软件提供开放式用户开发环境和 DMAP 语言及 10 余种 CAD 接口,以满足用户的特殊需要。

MSC/DYTAN 软件主要用于求解高度非线性、瞬态动力学、流体及流固耦合等问题,可解决广泛复杂的工程问题,如金属成形(冲压、挤压、旋压、锻压)、爆炸、碰撞、搁浅、冲击、穿透、汽车安全气囊(带)、液固耦合、晃动、安全防护等。程序采用有限元方法及有限体积方法,并可二者混合使用。

MSC/FATIGUE 软件是专用的耐久性疲劳寿命分析软件系统,可用于零部件的初始裂纹分析、裂纹扩展分析、应力寿命分析、焊接寿命分析、随机振动寿命分析、整体寿命预估分析、疲劳优化设计等各种分析。同时,该软件还拥有丰富的与疲劳断裂有关的材料库、疲劳载荷和时间历程库等,对分析的最终结果具有可视化特点。

MSC/CONSTRUCT 软件是基于 MSC/PATRAN 软件和 MSC/NASTRAN 软件,用于拓扑及形状优化的概念化设计软件系统。通过该软件,可根据设计性能预测和改变结构材料的分布,构造新的拓扑关系和几何特征,并进而通过非参数形状优化、光顺拓扑优化模型,降低应力级别,提高产品设计寿命。MSC/CONSTRUCT 软件可在网格自适应技术的基础上实现网格重划分功能,处理多种载荷及边界条件,对解决超大型模型同样有效。

MSC/MARC 软件是功能齐全的高级非线性结构有限元分析系统,它具有极强的结构分析能力,可以处理各种线性和非线性结构分析,包括线性/非线性静力分析、模态分析、简谐响应分析、频谱分析、随机振动分析、动力响应分析、自动的静/动力接触、屈曲/失稳、失效和破坏分析等,还可以解决各种高度复杂的结构非线性、动力、耦合场及材料等工程问题,尤其适用于冶金、核能、橡胶等领域。

MSC/AKUSMOD 软件是美国 MSC 公司与德国 SPE 公司共同开发的内噪声预测仿真软件，该系统以 MSC/NASTRAN 软件为基础，通过 3D 流体网格自动生成、流体结构自动耦合、先进的吸波单元和全面的可视化技术，可进行振动噪声分析、内噪声预测及噪声优化灵敏度分析等，适用于汽车、航空、铁路、船舶等各个领域。

2. 机械系统自动动力分析软件

机械系统自动动力分析（automatic dynamic analysis of mechanical system，ADAMS）软件是世界上使用最为广泛的机械系统仿真（mechanical system simulation，MSS）软件。通过预测和分析机械系统经受大位移运动时的性能，ADAMS 可以帮助改进各种机械系统的设计，从简单的连杆机构到车辆、飞机、卫星、洗衣机、盒式磁带录像机机构、磁盘驱动器甚至复杂的人体。

ADAMS 为工程师提供各种生成及试验其设计方案的途径，这在以前是不可能做到的。ADAMS 的软件样机能够在物理样机和试验数据得到前进行完整的系统仿真。其他各种可供选择的设计方案也可进行仿真试验、修改和优化，这些都可以在设计过程的早期进行，大大降低了成本，极大地缩短了新产品投入市场所需的时间。

ADAMS 分析类型包括运动学、静力学、准静力学分析，以及完全非线性和线性动力学分析，包含刚体和柔性体分析，具有：二维和三维建模能力；50 多种连接副、力和运动发生器组成的库以及一个强大的函数库；组装、分析和动态显示不同的模型或同一个模型在某一过程变化的能力；开放式结构，允许用户集成自己的子程序；先进的数值分析技术和强有力的求解器，使求解快捷、准确；与 CAD、FEA（有限元分析）、广告动画和控制系统建模软件之间有专用接口；易使用的图形界面软件 ADAMS/View。

ADAMS 适用于汽车工业、航空和国防工业、工程机械行业、机电产品工业及生物力学和人机工程领域。

3. 机械系统动力学、运动学分析软件

DADS 软件是著名的机械系统动力学、运动学分析软件，能对机械系统整体的机械特性进行仿真。DADS 软件多年来一直应用于高端领域，如航天航空、国防、铁道、特种车辆、轮船、汽车、机器人、生物医学等，被认为是动力学和运动学仿真方面的权威软件。典型的应用包括：航天器飞行控制及交会对接、卫星天线伺服控制、太阳能帆板展开、导弹发射及飞行动力学分析、引信、激光吊舱、伺服稳定平台、飞机起落架、车辆操纵稳定性和行驶平顺性、机器人行走稳定性、人工关节的动力学分析等。

目前，DADS 软件与 LMS 公司的疲劳分析软件 FALANCS、优化分析软件 OPTIMUS、噪声分析软件 SYSNOISE 及数据压缩软件 TecWare 有了专用接口。

与 DADS 软件有专用接口的软件有 MATRIX、Pro/E、I-DEAS、CATIA、SolidWorks、UG、AutoCAD、MATLAB、EASY5、ANSYS、MSC/NASTRAN、ABAQUS、

FALANCS、OPTIMUS、SYSNOISE、TecWare、PolyFEM、Elfini。DADS 软件仿真得到的结果还可以用到其他第三方软件中。

DADS 软件运算稳定,不会出现积分发散现象,对所有正确的虚拟样机都能解算并能得到正确的结果,它是最先将柔性技术加入到动力学仿真软件中并得到专家认可的软件。它能精确仿真多柔性体机构,并能与控制系统仿真软件完美结合,数据传递快、效率高、仿真精度好、软件实用性强,并且建立虚拟样机的操作简单,只要有运动存在,就有可能用DADS 软件建立虚拟样机。

3.5　机械设计实例

3.5.1　概念设计实例:捕鼠器动力车

捕鼠动力车需要构造小车,它要以尽可能快的速度行驶 10 m,但小车仅仅依靠储存在一个捕鼠器的弹簧的潜在能量驱动。最终产品必须是持久的和可重复使用的,且还必须满足下述指标:

(1) 小车的质量不能超过 500 g;

(2) 小车必须能完全装在一个 0.1 m³ 的盒子里;

(3) 每辆车将在一条 10 m 长但仅有 1 m 宽的赛道上行驶,行驶中小车的任何部分不能超出该赛道;

(4) 行驶中,小车必须与赛道表面保持接触;

(5) 小车必需仅靠一个标准的家用捕鼠器驱动,偶然地储存在其他弹性元件的或者改变小车质心位置所获得的能量必须是可以忽略不计的;

(6) 在制作小车时,胶布不能作为紧固件。

这些指标条件中的任何一个都从不同的方面限制着最终制造的产品。如果任何一个要求不能满足,整个设计就不符合要求。例如,因为赛道的长度是其宽度的 10 倍,小车不但要行驶快而且行驶路径要相当平直。因此,小车设计不能仅仅按照一个指标进行优化,而应该平衡各个指标以满足所有要求。

1. 第一个概念:绳子和杠杆臂

一个构思是利用捕鼠器的弹出臂从驱动轴拉伸和松开绳子,如图 3-9 所示。当捕鼠器的弹出臂合拢时,绳子从一个连接到后轴的线轴上松开,车子被牵引向前行驶。这一概念车结合杠杆臂使弹出臂加长,以便从轴上拉出更长的绳子,进而改变捕鼠器和驱动轮的速度比。

尽管这个概念具有简单、易于构建的优点,但也产生了一些问题。

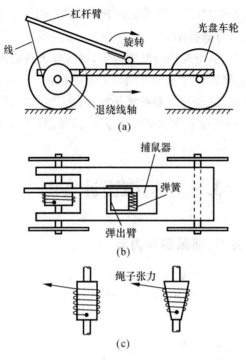

图 3-9 基于弹出臂从驱动轴拉伸和松开绳子的概念

（a）左视图；（b）俯视图；（c）圆柱线轴和圆锥线轴

（1）延伸的杠杆臂长度和连接到驱动轴的线轴半径应为多少？用一根足够长的绳子，车子会在全部 10 m 的距离中逐渐被捕鼠器驱动。另一方面，假如绳子短一些，捕鼠器会立即关闭，车子在被驱动一部分距离后会停下来。由此引发了圆锥线轴的构想（见图 3-9(c)），这将确保当捕鼠器关闭时捕鼠器和驱动轴之间的速度比发生变化。

（2）捕鼠器的位置应在驱动轴的后面、上面还是前面？

（3）轮子的半径应为多少？同杠杆臂延伸的长度和线轴半径一样，轮子的半径影响车子的速度。

2. 第二个概念：复合轮系

如图 3-10 所示，一个复合轮系将动力从捕鼠器传到驱动轴。这个小车仅有三个轮子，去掉了一部分壳体以进一步减轻质量。这个概念纳入了一个两级齿轮机构，其传动比由图 3-10(b)中所示的四个齿轮的齿数所决定；但早期阶段不必决定轮系的传动比。

对于第一个和第二个概念都应有附加限制，如车子加速时驱动轮不产生自旋和打滑，否则，从捕鼠器的弹簧获得的一部分能量就会浪费掉。为避免打滑，可以加重小车质量以加大驱动轮和地面之间的摩擦力。另一方面，当捕鼠器弹簧潜在的能量转化为小车动能时，较重的小车行驶得慢一些。

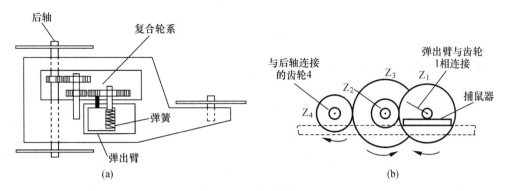

图 3-10　基于位于捕鼠器弹出臂和驱动轴之间的复合轮系的概念

(a) 俯视图；(b) 两级齿轮机构布置

在这个看似简单的设计案例中，所遇到的技术问题都是相互关联和相互制约的，更不用说机械工程领域顶尖的挑战，设计者必须妥善处理相互影响的约束和规范，才能获得科学的结构、最佳的效率，并达成设计的最终目的。

3. 第三个概念：不完全齿轮

图 3-11 所示的设计在捕鼠器和驱动轴之间加入了一个轮系，使它在捕鼠器一旦关闭时能够确保车子滑行。其设想是小车在开始的数米路程内快速加速，达到峰值速度，然后滑行剩余的距离。在这个概念中，一个不完全齿轮取代了一个完整的齿轮，被安装于捕鼠器的弹出臂上。一个位于齿轮一端的小缺口确保在弹出臂一旦关闭时，捕鼠器能脱离这个简单齿轮机构，如图 3-11(c)所示。这个不完全齿轮是齿轮机构的输入构件，输出齿轮

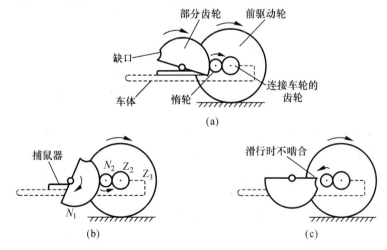

图 3-11　基于一个简单轮系和一个不完全齿轮的概念

(a) 捕鼠器开始关闭；(b) 被驱动阶段；(c) 滑行阶段（缺口使不完全齿轮脱离驱动轮）

直接与前驱动轴连接。加一个惰轮是为了增加捕鼠器和前轴之间的距离。

形成上述几个概念后，才可以开始做出权衡、缩小选择，制作试验样机。

3.5.2　计算机辅助设计实例：自动机械注射器

计算机辅助工程是机械工程十大成就之一。工程师在特定功能的计算机软件的帮助下设计、分析、仿真和制造产品，这使任务完成得更快、更准确。正如他们应用公式、图纸、计算器、铅笔和纸、实验一样，机械工程师每天都在解决技术问题的工作中应用计算机辅助工程软件。在产品制造前，工程师数字化创建和修改设计，在虚拟意义上对设计性能进行仿真，这使他们非常确信产品将如预期一样进行工作。本实例描述计算机辅助工程被应用于高分辨率医学成像产品的一个虽小却关键的部件的研发过程，其目的是强调在无缝渐进的计算机辅助工程过程中零部件设计的方法。

核磁共振成像技术（MRI）在医疗中用于人体内器官和组织的成像。当造影剂被注入正接受检查的病人体内，使检查的组织图像显现出清晰的细节，如同图 3-12 所示的医学图像时，应用这些信息，外科和内科医生就能够针对病人的医疗状况做出一个改良的诊断。

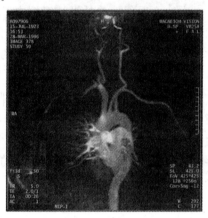

图 3-12　医学图像

造影剂必须以精确和安全的方式注射。因此，该过程往往由计算机控制下的自动机械注射器来完成。这个独特系统由两个输送造影剂和生理盐水的注射器组成。该系统与传统的注射器一样包括活塞和针筒，不同的是有一个电子式电动机自动推动活塞，以便在 MRI 实现过程中精确地注射造影剂。注射器是一次性的。产品设计的关键是注射器插入、在自动注射系统中夹持和退出的方式。本案例的研究内容是一次性注射器的连接和接口，以及自动推动活塞的机构。

机械工程师设计注射器和注射系统之间的连接，使医疗技术人员能快速除去空的注射器，安装一个新的。此外，连接的强度必须足够，在注射过程中承受高压时能安全地将注射器锁定在合适位置，且不能发生泄露或破损。

1. 创建注射系统的计算机概念图形

图 3-13 显示了注射器接口、针筒和活塞之间，以及与自动注射器本体之间的连接。

2. 详细设计的发展

注射器接口的最终形状应根据最终制造好的部件所展现的所有几何特征来建立。图 3-13 所示的图纸首先发展为图 3-14(a)所示的三维实体模型。然后，为了能够使它尽可

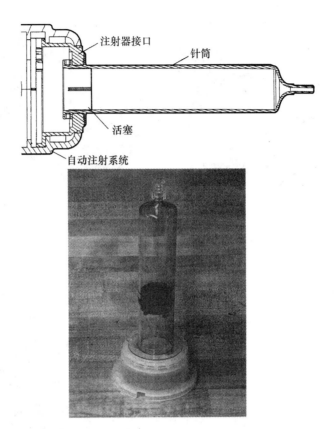

图 3-13　注射器系统的计算机概念图形

能现实化和有代表性,最终部件所展现的任一细节,甚至是图 3-14(b)所示的加强肋,都应被建成计算机模型。工程师应用这些图纸使产品可视化,描述它的尺寸、形状和功能。此外,这种方式绘制的图纸,能使其他计算机辅助设计工具直接输入三维视图,简化了后续的应力分析和工艺分析。

　　3. 强度和变形分析

　　当 MRI 医疗技术人员将注射器插入自动注射系统,转动并快速到位时,注射器接口的凸缘承受一个能使它开裂和破碎的大的锁紧力。因为这个组件被应用于精确的医疗环境中,工程师所设计的每一个部件应尽可能可靠,这一点非常关键。因此,应精确分析注射器的接口,修改设计,以确保凸缘在预期的使用中具有足够的强度。

　　许多计算机辅助工程工具互相兼容,因此零件尺寸和形状的数据文件能够在软件包之间转换。这样,图 3-14(b)中的三维计算机模型可以直接从绘图软件中转换到应力分析软件中,在虚拟环境中仿真注射器插入注射系统时注射器接口的弯曲和变形(见图3-15)。假如预

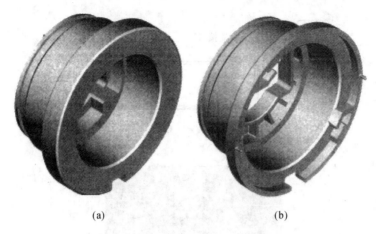

(a)　　　　　　　　　　(b)

图 3-14　计算机显示的三维实体模型

（a）初步的三维实体模型；（b）考虑细节的三维实体模型

测的应力或变形太大，工程师将返回前面的步骤，修
改形状或尺寸直至设计的部件具有足够的力学强度。
设计过程往往会有几次重复，包括重复分析、修改和
再分析直至满足性能要求为止，以避免注射器在使用
中发生破损。

4. 制造过程

机械工程师需要决定应用哪一种工具和工艺制
造产品。工程涉及的不仅是产品设计，而且还有产品
制造技术的设计。在这个案例中，工程师决定采用塑
料制造，可熔化材料以高压注入模具，冷却、固化并成
形。因此，机械工程师需要设计模具并确保它能如预
期一样填满熔化的塑料。

图 3-15　计算机仿真分析注射器
接口凸缘内的压力

图 3-16 所示描述了模具最终设计的分解图。在
模具制造前，可应用计算机辅助设计软件对其进行分析和改进。图 3-17 所示为仿真了
当熔化的塑料流入并填充模具空心部分时的注塑成形过程。在计算机虚拟仿真中，工
程师能够修正模具的注入点、排气孔和接缝的位置，直到结果显示模具中不会形成气
泡，且模具完全填满前塑料不会冷却和固化为止。如果通过仿真发现未达到设计要求
时，工程师将返回上一步骤并改变模具设计或者塑料注入时的温度和压力直到预测出
来的性能满意为止。一旦设计完成，模具原型件将进行小批量生产。图 3-18 描述了在
计算机控制铣床上生产模具零件的虚拟仿真。

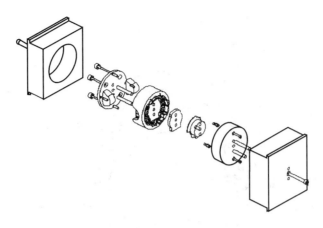

图 3-16 注射器接口制造模具的分解零件示意图

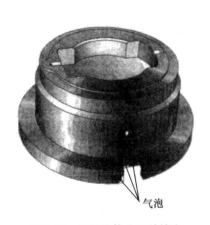

气泡

图 3-17 塑料熔体流入并填充
模具的计算机仿真

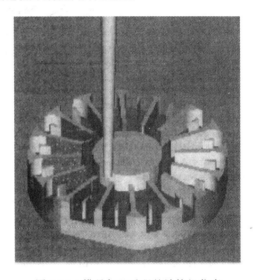

图 3-18 模具加工过程的计算机仿真

5. 设计的实现

由上述步骤,机械工程师得到详细的注射器接口技术图纸(见图 3-19),并将有关文献、设计记录、技术报告、测试数据和计算机分析资料等都进行电子化编辑和存档,以便将来对产品进行改进或更新。

计算机辅助设计的每个分析工具能够与其他工具集成使用。例如,一旦注射器接口的三维实体模型构造完成,可以直接输入其他软件工具中进行分析或修改。这种集成使用方法大大简化了产品研发的设计、分析和制造阶段的重复性。

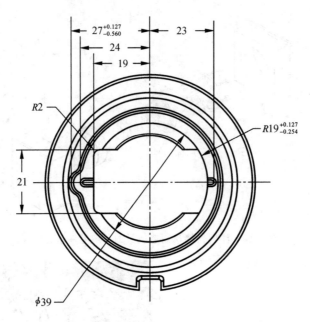

图 3-19　注射器接口最终验证和记录的设计

参 考 文 献

[1] 李思益,任工昌,郑甲红,等. 现代设计方法[M]. 西安:西安电子科技大学出版社,2007.

[2] 杨可桢,程光蕴,李仲生. 机械设计基础[M]. 5版. 北京:高等教育出版社,2006.

[3] 史新民. 机械设计基础[M]. 南京:东南大学出版社,2007.

[4] 毛友新. 机械设计基础[M]. 2版. 武汉:华中科技大学出版社,2007.

[5] 栾学钢. 机械设计基础[M]. 2版. 北京:高等教育出版社,2006.

[6] 王为,汪建晓. 机械设计[M]. 武汉:华中科技大学出版社,2007.

[7] 王国强,常绿,赵凯军,等. 现代设计技术[M]. 北京:化学工业出版社,2006.

[8] 濮良贵,纪名刚. 机械设计[M]. 6版. 北京:高等教育出版社,1999.

[9] 王凤歧,张连洪,邵宏宇. 现代设计方法[M]. 天津:天津大学出版社,2004.

[10] 陈屹,谢华. 现代设计方法及其应用[M]. 北京:国防工业出版社,2004.

[11] 孟宪颐. 现代设计方法研究与应用[M]. 北京:兵器工业出版社,2006.

[12] 叶元烈. 机械现代设计方法学[M]. 北京:中国计量出版社,2000.

［13］王成焘.现代机械设计——思想与方法［M］.上海：上海科学技术文献出版社，1999.

［14］孙静民，王新荣，高圣英，等.现代机械设计方法选讲［M］.修订版.哈尔滨：哈尔滨工业大学出版社，1998.

［15］黄纯颖，高志，于晓红，等.机械创新设计［M］.北京：高等教育出版社，2000.

［16］吕仲文.机械创新设计［M］.北京：机械工业出版社，2004.

［17］阎楚良，杨芳飞.机械数字化设计新技术［M］.北京：机械工业出版社，2007.

［18］颜鸿森.机械装置的创造性设计［M］.姚燕安，王玉新，郭可谦，译.北京：机械工业出版社，2002.

第4章　机械制造基础

任何机械或器具都是由零件构成的,而零件又是由各类材料经过加工制成的。通过对大量机械零件失效的机理分析发现,材料选择合适与否和零件加工过程的好坏是影响机械零件寿命和使用可靠性的最重要的两个因素。材料的性能包含工艺性能和使用性能两方面。材料的工艺性能是指制造工艺过程中材料适应加工的性能,通常指其铸造性能、锻压性能、焊接性能、切削加工性能和热处理性能等。材料的使用性能是指金属材料在使用条件下所表现出来的性能,它包括力学性能、物理和化学性能。下面就各类材料的特性、分类以及加工方法做一些简单的介绍,这些也是机械制造领域工程师所应掌握的最基本的知识。

4.1　工　程　材　料

材料是用来制造器具、构件和其他使用物质的总称,是人类生产和生活必需的物质基础,是科学技术进步的基础。材料技术的不断发展,为整个科学技术的进步提供了坚实的基础,而科学技术整体的进展,对材料的品种和性能提出了更高的要求,从而又刺激了材料技术的高速发展。

材料技术的发展史同人类社会的发展史一样悠久。纵观人类利用材料的历史,可以清楚地看到,每一种重要的新材料的发现和应用,都使人类支配自然的能力提高到一个新的水平。材料科学技术的每一次重大突破,都会引起生产技术的革命,大大加速社会发展的进程,并给社会生产和人们生活带来巨大的变化。历史学家曾把材料及其器具作为划时代的主要标志,如石器时代、青铜器时代、铁器时代等,由此我们不难看出材料在社会进步过程中的巨大作用。

材料的品种繁多、应用广泛,并没有统一的分类标准。若按材料的基本性质与结构划分,可分为金属材料、无机非金属材料、有机高分子材料和复合材料四大类。若按材料的使用性能划分,可大致归为两大类:一类是结构材料,主要是利用它们的力学强度;另一类是功能材料,主要是利用它们的电、光、声、磁、热等效应和功能。若按物质形态划分,可分为单晶材料、多晶材料、非晶态材料、复合材料四类。就材料的加工而言:有天然材料,它是自然界原来就有的,如沙、石、木材等;有非天然材料,它是人们利用自然的原料加工或合成出来的,如钢铁、水泥以及各种复合材料、合成材料等。

我们常常使用"工程材料"这个术语。工程材料在较广的定义上与"材料"相差无几,但它还有一个比较专门的定义，即具有专门设计的结构、专门的性能、专门用于某一领域的材料。例如美国材料标准测试协会（ASTM）对工程塑料的定义是：具有确定性质的塑料或聚合物复合物，可用工程方法（而不是经验方法）设计并生产产品，这种产品作为构件应用时，在较宽温度范围内具有确定的、可预测的使用性能。

　　根据上述定义，聚碳酸酯和聚甲醛属于工程塑料，在制造管材、凸轮和齿轮方面可以代替钢铁和木材，而聚苯乙烯和聚氯乙烯则属于通用塑料，它们缺乏承受载荷的能力，只能用来制造包装用品和容器。

　　从事材料尤其是工程材料的开发、研究工作的学科领域，称为材料科学与工程。美国科学院对材料科学与工程的定义为：材料组成、结构、加工与材料性质、使用性能之间关系的发现与应用。材料科学着重于发现材料的本质，并由此对结构与组成、性质、使用性能之间的关系做出描述与解释；材料工程着重于材料的应用，对材料进行开发、制造、修饰并实现其具体应用。有人认为材料科学与工程属于工程科学，实际上它是一个交叉学科或多学科领域，涉及固体物理学、金属学、陶瓷学、高分子化学与高分子物理等。

　　为开发新的工程材料，材料学家们先是设计出新的材料结构，再开发出新的制造方法，使材料的种类呈几何级数增长。据粗略统计，目前我们共拥有 45 000 种金属合金、15 000 种聚合物，还有近千种陶瓷、木材、复合材料和纺织品。从小轿车所用材料的更新情况可以看出工程材料的发展：1986 年的梅塞德斯-奔驰轿车使用了 67％的钢铁、12％的聚合物、4％的合金铝和 12％的纺织品等；1996 年的同牌号轿车，钢铁用量下降到 62％、聚合物用量增加到 18％、合金铝用量增加到 6％。不仅是汽车行业，其他行业中使用聚合物的比例也在增高。在日常生活中更不必说，每个人都能感受到身边的塑料制品是越来越多了。图 4-1 是材料成熟曲线，从中可以看出聚合物、陶瓷、复合材料的应用将大幅度增加，复合材料是一种或多种材料的结合体，是集高强度、低质量于一身的工程化材料，玻

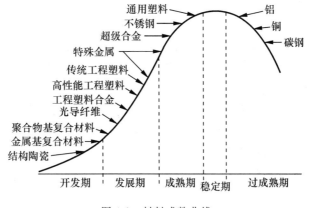

图 4-1　材料成熟曲线

璃钢与混凝土是两个最熟知的例子。

为进一步看清高精尖材料的发展脉络，不妨对飞机结构材料的发展做一简短的回顾，因为很少有像飞机制造对材料的性质、质量及工作温度有那样严格的要求。世界上第一架金属飞机是德国 Hans Reissner 公司于 1912 年设计制造并试飞成功的，它的机翼材料是纯铝。到 20 世纪 30 年代初期，开始出现铝合金的机身和机翼。20 世纪 80 年代问世的波音 757 的机身和机翼材料就是 80％的铝合金、12％的钢铁、3％的复合材料等。以铝为主的材料结构延续了很长时间，到超音速时代就不得不改变了，因为铝的强度保持温度只能维持到 195 ℃。目前唯一的超音速协和式客机和 SR71 式侦察机的机身都采用了钛合金。麦道公司于 20 世纪 70 年代设计的 Harrier 式飞机，率先将铝合金全部换成了碳纤维与环氧树脂的复合材料。Voyager 式飞机由于大量采用复合材料，一次加油就能够绕地球一周。目前已经出现了除发动机外全部用复合材料制造的飞机。

喷气式发动机的材料是含镍、钴、铬的超级合金，用此超级合金制造的发动机能在较高温度下工作，由此带来了较高的飞行速度和较低的油耗。工作温度越高，飞行效率也就越高，所以进一步提高工作温度就成了工程师们不断追逐的目标。但合金的结构、组成再合理，终究有熔点的问题。目前合金的工作温度上限已达 1 040 ℃，开发的潜力已经不大。采用高熔点金属如钽、铌、钼、钨等是一种解决办法。但这些金属在高温下非常容易同气体发生反应，需要表面保护层。采用陶瓷作保护层的研究尚未成功。由于陶瓷的工作温度最高可达 2 760 ℃，所以材料学家把眼睛都盯在陶瓷身上，将发动机中最高温部分换上陶瓷或陶瓷复合材料。

汽车工程师们也加入了陶瓷材料的开发，因为汽车发动机也同样面临提高工作温度的问题。为了使发动机的金属材料不至于过热，在运行中必须用水不断冷却，因此有三分之一的能量消耗在冷却过程中。如果能用陶瓷制造发动机的缸体，就能一举取消冷却系统，节省大量的能量。目前唯一的障碍是陶瓷的脆性。制造韧性陶瓷成了人们不断努力的目标。

不仅是飞机和汽车，连自行车的材料也在日新月异地发展。美国最新开发出来的 Trek 山地车，车架是用 60％碳纤维加 40％环氧树脂的复合材料制成，轴承材料是浸渍聚四氟乙烯的复合材料，制造商称这是世界上最坚固、最轻便的自行车。

新兴工业成为国民经济最具有活力的部门，而这些工业的发展离不开新材料的使用，如：原子能工业迫切需要耐辐射和耐腐蚀的材料；电子工业的发展要求提供超高纯、超薄膜、特均匀的电子材料；海洋开发需要耐腐蚀、耐高压的材料；能源技术如太阳能的利用，需要寻找光电转换效率高的材料。太阳能是一种无污染、应用前景极为可观的能源，太阳每秒送到地面上的能量高达 810 MW，相当于全世界发电量的十几万倍，能量密度达到每平方米 $0.2 \sim 1 \text{ kW/m}^2$。假定光电转换效率为 10％，那么我国国土面积上每年接收的太阳能相当于 165 亿吨标准煤,相当于我国煤年产量的 10 倍以上。这里的关键是要有能把太阳光能量高效率转换成电能(见图 4-2)的材料。总之,人们通过科学研究和技术开发,源源不断地向国民经济的各部门提供所需的各种新材料,这些新材料技术为经济的发展提供了强有力的保证。

图 4-2　太阳能发电站(澳大利亚)

所谓新材料或者新型材料,是指那些新近发展或正在发展中的、具有优异性能和特殊功能,对加速科学技术进步、促进国民经济的发展、增强国防实力具有重大推动作用的材料。新型材料是相对于传统材料而言的,两者之间并没有截然的分界,新型材料的发展往往以传统材料为基础,传统材料进一步发展也可成为新型材料。

新材料是以科学技术的最新成就为基础的,其性能超群、应用广泛,对发展经济、科技、国防都具有特殊重要的作用。因此,各国都将新材料研究开发工作置于特殊地位,竞相制订发展规划,采取各种措施,力争抢占新材料技术的"制高点",以推动本国在各个高技术领域持续稳定发展。我国的《高技术研究发展计划》("863 计划")中,把新材料领域列为七个重点研究发展领域之一,命名为"关键新材料和现代材料科学技术",其基本任务是为国家高技术各相关领域提供关键新材料并促进我国材料科技的发展。

4.1.1　金属材料

在浩瀚的材料世界里,金属王国地盘最大、历史最久。打开元素周期表,在人类已经发现的 107 种元素中，和"金""沾边"的竟多达 84 种，加上独具一格、在常温下呈现液态的汞，真可谓"五分天下有其四"。当今世界，由金属构成的各种材料已经成为工农业生产、人民生活、科学技术和国防发展的重要物质基础（见图 4-3）。可以毫不夸张地说，离开了金属材料的"钢筋铁骨"，整个世界将变得面目全非。金属材料分为钢铁金属材料和非钢铁金属材料两大类。金属材料技术也就分为钢铁冶金、非钢铁冶金以及相关的加工成形技术。

图 4-3　各类金属制品

1. 钢铁金属材料

广义的钢铁金属指铁、铬、锰等金属和碳、硅、硫、磷等非金属元素的合金，狭义的钢铁金属仅指铁及其合金。铁在地壳中的含量为 4.75%，仅次于铝，是当前应用最广、用量最大的金属。根据其含碳量不同，钢铁分为碳钢和铸铁：含碳量不小于 2.11% 的称为铸铁，含碳量不大于 2.11% 的称为碳钢。

以钢铁为代表的钢铁金属材料是 100 多年来的基本结构材料，近代大工业基本上是在钢铁材料的基础上发展起来的，钢铁产量往往成为衡量一个国家工业水平和生产力的尺度。世界钢的年产量增长很快：1700 年为 10 万吨；1800 年为 80 万吨；1900 年增至 4 190万吨；1980 年已达 7.4 亿吨以上；2000 年为 16 亿～17 亿吨。2006 年仅中国钢产量就超过了 4.6 亿吨。目前在整个结构材料中，钢铁应用的比例大约占 66%，仍占主导地位。这是由于钢铁具有多种良好的物理、力学性能，且资源丰富、价格低廉、工艺性能好、便于加工制造。

现代工业的发展离不开钢铁,而且对钢铁提出了更多的要求。例如,开发海洋用的钢材要求耐高压和耐海水腐蚀,发展空间技术要求钢材质量小、强度高和耐高温等。在社会需求的推动下,钢铁冶炼技术进展很快,先后创造出了各种合金钢。所谓合金钢就是在钢里加入铬、镍、钨、钛、钒等元素,这些元素能够使钢增加某个方面的特殊性能。合金钢的种类很多,常用的有合金结构钢、弹簧钢、高速工具钢、滚珠(柱)轴承钢、不锈钢等。不断改善钢铁材料的性能,以质代量,减少钢材的消耗,是当前世界钢铁生产发展的趋势。

2. 非钢铁金属材料

非钢铁金属是指除了钢铁金属以外的其他金属。常用的有铝、铜、钛、镍、钴、钨、钼、锡、铅、锌、金、银、铂等。它们的耗用量虽比钢铁少得多,但却是现代工业所不可缺少的。它们有许多特殊的优良性能,如导电或导热性能好、比重小、化学性质稳定、耐热、耐腐蚀、工艺性好等,因此,非钢铁金属被广泛用于电气、机械、化工、电子、轻工、仪器仪表和航空航天技术领域。

在常规武器制造方面:铜、铅及其合金用于制造子弹及炮弹;镁用于制造照明弹和燃烧弹;铝、镁及其合金用于制造飞机、战车和坦克;含镍合金钢用于制造各种武器的结构件等。

在火箭、导弹、航天飞机的制造方面,主要以铝,其次是以镁、钛及其合金作为结构材料;铍用于大型运输机的圆盘制动器,可使质量减轻 26%;稀有高熔点金属是火箭发动机的关键材料,如美国"大力神"洲际导弹的燃烧室就是用 Ti_6Al_4V 合金制造的。一艘载一个人的宇宙飞船,总质量为 4.5 t,而高熔点金属就有 1.13 t。美国的"阿波罗"II 号,使用的金属材料比例为 75% 的铝、5% 的特殊钢、5% 的钛、15% 的其他金属材料(有钢、镍、钴、镁、金、银、钨、铅、锌、钼等)。

在原子反应堆、核潜艇等方面:除放射性金属是原料外,锂 6 可用于制造氢弹,美国1970 年有 70% 以上的锂用于生产氢弹;锆可作为核反应堆的包套材料;铪可作为核反应堆的控制棒。全世界动力核反应堆中,约有二分之一用锆作包套材料。日本核动力船上使用了 12 根铪控制棒。此外,钛在核潜艇上的用量正在逐渐扩大,原子能发电机上开始采用铌合金作超导材料。

电气工业离不了铜和铝,例如,制造 3 000 kW 的发电设备约需要铜 580 kg。电子工业部门离不了半导体材料——硅、锗及其化合物半导体。

石油工业和化学工业等部门除了采用不锈钢外,还用镍、钛、铅等作为耐腐蚀材料,用铂族金属作催化剂等。

非钢铁金属还大量消耗于钢铁工业。如合金钢(世界钢产量中合金钢占 10% 以上),

镀层钢板（锡产量的 80％、锌产量的 50％用于生产镀层板）。据统计，世界钢产量和非钢铁金属产量之比约为 100∶5。

在非钢铁金属中用途最广泛的是铝，铝制品几乎深入到我们生活的各个角落。家家户户使用的烹饪器皿、厨房用具很多是铝制品。铝还可以制造各种家具、电器用品、船舶、建筑材料、电缆、管道、机械、储油罐等。

铝在地壳中的含量比铁多近 1 倍，约占地壳总质量的 7.5％，在金属中占首位。铝中只要加入铜、镁，即可炼成坚韧的铝合金。铝合金强度高、质量小、用途广、导电性能良好，外表氧化铝层保护膜还可耐腐蚀，已成为第二位广泛应用的金属。铝的得来并不容易，直至 1854 年法国化学家德维尔才成功地利用金属钠把氧化铝还原为金属铝，当时金属钠的售价相当惊人，比黄金还要昂贵。1884 年，美国的霍尔第一次用电解法得到铝，这才使铝得到广泛应用。世界铝产量 1905 年才 1 万吨，1943 年即达到 200 万吨，1973 年已达 1 093 万吨，2006 年约为 3 200 万吨。2006 年中国的铝产量约为 935 万吨。

另一种金属材料钛也有类似的经历。早在 1789 年，人们在分析矿石时就发现了钛。钛在地壳中的含量比铜、镍、铅、锌的总和还要多 16 倍，含钛的矿物达 70 种之多。直到 1910 年，人们才第一次制得少量（约 0.2 g）纯净的金属钛，1947 年才逐步解决了工业冶炼钛的技术问题，当年世界钛的产量达到 2 吨。1955 年钛产量激增到 2 万吨，1962 年则为 10 万吨，1972 年达到 20 万吨。2007 年中国钛产量约 4.5 万吨，居世界第一位。钛具有不寻常的性能：它的强度比钢高，质量却只有钢的一半；它只比铝略重些，但硬度是铝的两倍；它能耐腐蚀，在强酸、强碱甚至王水（浓硝酸和浓盐酸按 1∶3 的体积比配成的混合溶液，具有极强的腐蚀性，号称"酸中之王"，故名王水）中也不会被腐蚀；钛的熔点为 1 668 ℃，比黄金还高 600 ℃。钛的耐腐蚀性是它优于其他金属的显著特点。把钛沉入海底可保证五年不锈，而把钛加到不锈钢中制得一种新的合金，其耐锈蚀的性能更大大提高。钛的优异性能和多种用途，使它被誉为"未来的钢铁"。目前它成为发展快、用途广的金属，被广泛应用于飞机、火箭、导弹、人造卫星、宇宙飞船、舰艇、武器以及石油化工等领域。据统计，现在世界上每年用于宇宙航行业的钛已达 1 000 吨以上，极细的钛粉还是火箭的好燃料，所以钛被称为"空间金属"、"宇宙金属"。

铜及其合金也是被广泛使用的有色金属。铜是人类最早知道并用于生产的第一种金属。铜在自然界的储量非常丰富，在地壳中的含量约为 0.01％，并且加工方便。最初人们使用的只是存在于自然界中的天然单质铜，用石斧把它砍下来，便可以锤打成多种器具。生产的发展促使人们找到了从铜矿中取得铜的方法。含铜的矿物比较多见，大多具有鲜艳而引人注目的颜色，例如金黄色的黄铜矿 $CuFeS_2$、鲜绿色的孔雀石 $CuCO_3Cu(OH)_2$、深蓝色的石青 $2CuCO_3Cu(OH)_2$ 等，把这些矿石在空气中焙烧后形成氧化铜，再用碳还原，就得到金属铜。目前高纯铜多采用电解法生产，故常称为电解铜，纯度可达99.99％。纯铜因其强度低使其工业应用受到限制,实际广泛使用的是铜合金。迄今为止,世界上已开发并定型生产的铜合金有500余种。最常见的是黄铜、青铜和白铜。纯净的铜呈紫红色,俗称紫铜、红铜或赤铜。纯铜富有延展性。像一滴水那么大小的纯铜,可拉成长达两千米的细丝,或压延成比床还大的几乎透明的箔。纯铜最可贵的性质是导电性和导热性很好,仅次于银,但比银要便宜得多,因此成了电气工业的"主角"。纯铜的用途比纯铁广泛得多,每年有50％的铜被电解提纯为纯铜,用于电气工业。黄铜是铜与锌的合金,因色黄而得名。黄铜的力学性能和耐磨性能都很好,可用于制造精密仪器、船舶的零件、枪炮的弹壳等。黄铜敲起来声音好听,因此锣、钹、铃、号等乐器都是用黄铜制作的。青铜是铜与锡的合金,因色青而得名。青铜一般具有较好的耐蚀性、耐磨性、铸造性和优良的力学性能,用于制造精密轴承、高压轴承、船舶上耐海水腐蚀的机械零件以及各种板材、管材、棒材等。青铜还有一个反常的特性——"热缩冷胀",用来铸造塑像,冷却后膨胀,可以使眉目更清楚。白铜是铜与镍的合金,其色泽和银一样,银光闪闪,不易生锈,常用于制造电器、仪表和装饰品。

4.1.2　无机非金属材料

人类在远古时代就开始使用无机非金属材料——陶瓷。随着近代工业和科学技术的进步,无机非金属材料更有新的发展。所谓无机非金属材料主要指含有 SiO_2 的材料,故又称硅酸盐材料,包括陶瓷、玻璃、水泥、耐火材料等。

1. 陶瓷

陶瓷是比金属还要古老的材料,是人类最早利用自然界所提供的原料制造而成的材料。旧石器时代的先民们只会把采集的天然石料加工成器皿和工件,经历了很长的发展和演变过程。以黏土、石英、长石等矿物原料配制而成的瓷器才登上了历史的舞台。从陶器发展到瓷器,是陶瓷发展史上的重大飞跃。由低熔点的长石和黏土等成分配合,在焙烧过程中形成流动性很好的液相。冷却后成为玻璃态,形成釉,使瓷器更加坚硬、致密和不透水。从传统陶瓷发展到先进陶瓷,是陶瓷发展史上的第二次重大飞跃,这一过程始于20世纪40—50年代,目前仍在不断发展。陶瓷除了具有耐高温、耐腐蚀、不生锈等优点外,还具有美丽的釉色。中国的景德镇瓷器和唐三彩陶器都是誉满天下的陶瓷制品。

现代科学技术又创造出了新型陶瓷,按其使用性能来看,新型陶瓷大致分为先进结构陶瓷和先进功能陶瓷两大类。前者是发挥陶瓷材料的优点,并力图攻克陶瓷的致命弱点——脆性问题;后者主要利用材料的电磁、光、热、弹性等方面直接的或耦合的效应来实现某种使用功能。例如:金属陶瓷能耐腐蚀又有金属韧性;氧化铝陶瓷的硬度甚至接近金刚石,可用作磨料;光学陶瓷有很好的透明度,既能耐高温又有机械强度,可用作工业电视观察镜、防弹窗等;氧化铍陶瓷有很好的导电性,可用于高温电子元件;氮化硅陶瓷不仅有足够的强度和硬度,还能耐高温(见图4-4),有抗冷热急变的能力,更是一种用途广泛的工程陶瓷,可用于高温轮机叶片、燃烧罐、干式轴承之中。

图 4-4　氮化硅陶瓷被用作航天飞机的防热瓦

2. 玻璃

玻璃是一种特殊的陶瓷材料,与陶瓷并无不可逾越的界限。它既有耐酸、耐腐蚀的化学稳定性,又有仅次于金刚石的硬度,还有很好的透光性,它内部的分子结构像液体一样杂乱无章,是一种具有类似液体结构的固体材料。

普通玻璃是用石英石(SiO_2)作主体,加入助熔剂纯碱和起稳定作用的石灰石,在1 500 ℃左右的温度下烧制而成的。在烧制过程中,原料被熔化成液体后,再在比较短的时间内快速冷却,这样内部的分子还没有来得及结晶就在液体状态下凝固了,成为透明的玻璃。

现代技术更发展了具有特殊色散的光学玻璃,可以制作成原子能工业中的观察窗,能吸收电子流或射线等。还有一些新型微晶玻璃可用于机械零件、化工用品、结构材料、烹饪餐具等,玻璃碳可用于自转式热交换器、车辆的涡轮发动机。此外,还有导电玻璃、半导体玻璃、磁性玻璃等,都有特殊性能和很高的应用价值。玻璃纤维常被用作复合材料的增强材料,尤其是光导纤维的出现,意义更非寻常。

3. 水泥

水泥作为建筑材料的出现,曾经开辟了人类建筑史的新纪元。水泥是一种水硬性材料,石灰石等建筑材料遇水就会松懈,而水泥着水后能逐渐硬结。水泥和沙子、碎石掺在一起加水搅拌,就是混凝土。混凝土具有很好的抗压性能,但是抗拉的能力很差。由于水泥可以和钢筋很好地黏结,被水泥包住的钢筋可以避免生锈,因此可用钢筋弥补混凝土在抗拉方面的不足。自从钢筋混凝土问世,建筑业的面貌就大为改观。

普通的水泥是硅酸盐水泥,是用黏土和石灰石作原料制成的,这种水泥的耐磨、耐高温等性能还不能令人十分满意。如果在普通水泥里掺入 20％～85％ 的高炉矿渣,就成为耐高温的矿渣硅酸盐水泥。在普通水泥里掺加如砂石、矿渣等混合材料,不仅可以在某些方面提高水泥的性能或经济效益,而且便于综合利用、变废为宝。国外还研制出了多用途、长寿命、柔韧性好、能弯曲的水泥。预计今后水泥种类将进一步增多,性能将进一步提高,并且大部分钢结构可望被水泥材料所取代。

4. 耐火材料

耐火材料是指能耐 1 580 ℃ 以上高温的材料,它在工业建筑中处于很重要的地位。钢铁工业和非钢铁金属工业的冶炼炉、蒸汽机、发电厂和铁路机车的锅炉、炼焦工业的炼焦炉以及制造水泥、玻璃、陶瓷、砖瓦的窑炉,都少不了耐火材料,它的化学成分是氧化铝和氧化硅,可耐 1 700 ℃ 高温,广泛用作锅炉的内衬砖。其他还有可耐 1 800～2 000 ℃ 高温的高铝氧砖、耐碱性强的镁砖等,能满足对耐火材料的不同需要。

4.1.3 有机高分子材料

高分子材料是由碳、氢、氧、氮、硫等元素组成的分子量足够高的有机化合物,它的分子量常高达数千甚至到几百万。这种高分子化合物一般具有长链结构。人们日常食用的大米、白面和纺织用的毛、皮、丝、棉、麻等,都是天然的高分子材料。人工合成有机高分子材料是材料科学技术的一个重大突破。从 1930 年高分子科学概念建立至今,虽然不到一个世纪,但由于高分子材料具有许多优良性能,适合工业和人民生活各方面的需要,而且它的原料丰富,适合现代化生产,且不受地域、气候的限制,因而高分子材料工业取得了突飞猛进的发展。高分子材料的产量,1970 年约 4 000 万吨,1980 年约 8 000 万吨,1990 年已超过 1.4 亿吨。如今高分子材料已经不再是金属、木、棉、麻、天然橡胶等传统材料的代用品,而是国民经济和国防建设中的基础材料之一。

高分子材料迅速发展和广泛应用的重要原因在于高分子材料的生产有很多优点:第一,它的原料极其丰富多样,资源广、价格低,可以从煤、天然气、农副产品等原料中制造,且自从石油化工发展以来,高分子材料更有了大量的廉价原料——石油;第二,从原料制造成高分子材料,只需要经过单体合成、精制与聚合两三道工序,简单方便、效率高;第三,把高分子材料加工为成品远比加工金属方便,比如制造齿轮,只要把塑料粉装在模子里加热、压制就成了,并且尺寸准确、表面光洁、省工省料,而用金属来制造,就要经过浇铸、切削等多道工序;第四,生产高分子材料能耗低。如以单位体积计,制造塑料(聚苯乙烯等)的耗能为100,则水泥的为 108，玻璃的为 201，钢的为 1 061，铝的为 1 961。高分子材料的这些特性使它能迅速地应用于工业、农业、国防、新技术及日常生活的各个方面（见图 4-5）。

图 4-5　聚丙烯制作的各类产品

高分子材料包括塑料、橡胶、纤维、薄膜、胶黏剂和涂料等，其中被称为现代高分子三大合成材料的是塑料、合成纤维和合成橡胶。

4.1.4　新型复合材料

金属材料、无机非金属材料、有机高分子材料都有各自的特点，能满足人们多方面的需要。但是随着现代科学技术的发展，人们对材料的性能要求越来越高，以致这三大类基本材料难以单独满足某些特殊的需要。比如，空间技术需要耐高温、防辐射、质轻而强度高的材料，造船工业需要耐腐蚀、强度高的船体结构材料，其他要求还有耐低温、耐磨损、电磁性能好、容易加工以及透明度好、韧度高、柔软性好、硬度大等。然而，在目前的技术条件下，三大类材料本身的弱点很难克服：金属材料大多不耐腐蚀，无机非金属材料性脆，有机高分子材料不耐高温等。唯一行之有效的办法，就是把两种或多种材料复合起来，制出具有某一种或两种以上优异性能的材料来满足需要，复合材料就是在这种需要下研制出来的。复合材料可根据基体分为聚合物基、陶瓷基、金属基等几类，也可根据复合的结构分为层合型、纤维型与颗粒型三类（见图 4-6）。

实际上，在自然界存在着许多天然的复合物，例如竹子、树木等就是自然生长的长纤维增强复合材料，人类肌肉/骨骼结构也是复合材料结构。我们的祖先也早就创造和使用了复合材料。6 000 年前人类就已经会用稻草加黏土作为建筑材料砌建房屋墙壁。在现

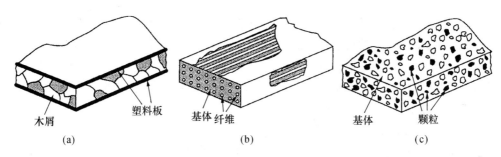

图 4-6　复合材料的复合结构类型

（a）层合型复合材料；（b）纤维型复合材料；（c）颗粒型复合材料

代,复合材料的应用更比比皆是:由砂石、钢筋和水泥构成的水泥复合材料已广泛地应用于高楼大厦和河堤大坝等的建筑,发挥着极为重要的作用;玻璃纤维增强塑料(玻璃钢)更是一种广泛应用的现代化复合材料。

现代高科技的发展更是离不开复合材料,例如就航空航天飞行器减轻结构质量而言:喷气发动机结构质量每减 1 kg,飞机结构可减重 4 kg,升限可提高 10 m;一枚小型洲际导弹第三级结构质量每减轻 1 kg,整个运载火箭的起飞质量就可减轻 50 kg,地面设备的结构质量就可减轻 100 kg,在有效载荷不变的条件下可增加射程 15～20 km;航天飞机的质量每减轻 1 kg,其发射成本费用就可以减少 15 000 美元。因此,现代航空航天领域对飞行器结构的减重要求已经不是"斤斤计较",而是"克克计较"。现已公认,新型复合材料的研制是当代科技发展的重大关键技术之一,对重大科技项目的成败往往具有举足轻重的意义。近年来,发展比较快的新型复合材料有玻璃钢、碳纤维复合材料、陶瓷复合材料等。

复合材料对现代科学技术的发展有着十分重要的作用。复合材料的研究深度和应用广度及其生产发展的速度和规模已成为衡量一个国家科学技术先进水平的重要标志之一。复合材料是现代科学技术不断进步的结果,是材料设计的一个突破;复合材料的发展同时又推动了现代科学技术的不断进步。可以预料,随着高性能树脂复合材料的不断成熟和发展,金属基特别是金属间化合物基复合材料和陶瓷基复合材料的实用化以及微观尺度的纳米复合材料和分子复合材料的发展,复合材料在人类生活中的重要性将越来越显著。同时,随着科学技术的发展,现代复合材料也将赋予新的内容和使命。21 世纪将是复合材料的新时代。

1. 玻璃钢

玻璃钢是一种玻璃纤维增强塑料,它的强度可以与钢相媲美,是目前产量高、用途广的一种复合材料。玻璃钢的生产近 10 多年来发展很快,它的用途日益广泛,涉及国防、航空、航天、机械、化工、造船、建筑、交通运输和人民生活的各个方面。由于玻璃钢具有瞬时耐高温性能,它被用作人造卫星、导弹和火箭的外壳(耐烧蚀层)。玻璃钢不反射无线电波，微波透过性好，因而是制造雷达罩的理想材料。用玻璃钢制作电器及仪表的绝缘零部件，不仅能提高电气设备的可靠性，而且在高频电作用下仍能保持良好的介电性能。因为它耐腐蚀，所以用它来制造各种管道、泵、阀门、容器、储罐、农机配件和船艇等。玻璃纤维增强的水泥板，强度超过钢筋水泥板，且质量极轻，同时耐久性和抗冲击性能都有增强，成为一种很受欢迎的先进建筑材料。

2. 碳纤维复合材料

碳纤维并不是以碳为原料来制造的，它是用聚丙烯腈（人造羊毛）等纤维，在隔绝氧气下经高温处理制得的。因为它的基本组成元素是碳，所以称为碳纤维。

碳纤维的强度不仅比玻璃纤维高 6 倍、比铜大 4 倍，而且质量只有钢的 1/4，比铝还要轻。一根手指粗的碳纤维绳可以吊起重几十吨的火车头。碳纤维的最大特点是刚度高，它抵抗变形的能力要比钢大 2 倍多。因此，用碳纤维制成的复合材料，性能比玻璃钢还要好。用碳纤维作增强材料是复合材料发展的新方向。碳纤维增强塑料已开始在化工、机电、造船，特别是航空工业中得到了广泛应用（见图 4-7）。例如用碳纤维和高温陶瓷复合材料制成的燃气轮机叶片，可超过金属叶片的高温极限，承受 1 400 ℃高温，且质量轻、耐冲击，可使热机效率由目前的 25％～30％提高到 50％。

图 4-7　美国 B-2 隐形轰炸机表面为具有良好吸波性能的碳纤维复合材料

4.2　金属材料的成形加工

所谓的成形加工就是指把原材料经各种不同方法加工成所需形状，从而满足实际的需要。成形加工主要是改变被加工材料的形状和尺寸，在加工的过程中尽可能地使材料的性能也能满足使用要求。大部分的加工方法既可以改变材料的形状也可以改变材料的性能,如塑性成形。部分加工方法如热处理,主要是改变被加工材料的性能。还有部分加工方法如焊接,主要是简化零件的生产工艺等。常用的成形加工方法有液态成形、塑性成形、连接成形、切削加工成形、热处理及表面处理技术等,它们是机械制造过程中必不可少的部分。

根据加热温度与材料再结晶温度之间的关系,还可以把成形加工分为热加工和冷加工两类。热加工和冷加工不是根据变形时是否加热来区分,而是根据变形时的温度处于再结晶温度以上还是以下来划分的。热加工是在高于再结晶温度的条件下使金属材料同时产生塑性变形和再结晶的加工方法,通常包括铸造、锻造、焊接、热处理等工艺。热加工能使金属零件在成形的同时改善它的组织或者使已成形的零件改变既定状态以改善零件的力学性能。冷加工是指在低于再结晶温度下使材料产生塑性变形的加工工艺,如冷轧、冷拔、冷锻、冷挤压、冲压等。冷加工在材料成形的同时提高了金属的强度和硬度。冷加工通常是指切削加工。

我国早在4 000多年前就开始使用铸铜技术,成为最早进入青铜器时代的文明古国之一。在公元前1 600年前,我国已能铸造出非常精美的青铜器如铜鼎(见图4-8)。在古代埃及,约在公元前4 000年,他们已能用青铜制造精美实用的铜针。在欧洲美索不达米亚,公元前3 500年就能创造用于建筑的铜钉和光洁照人的铜镜。所制造的含锡的青铜

图4-8 中国商代后期的司母戊鼎

剑比任何石斧都要锋利得多，并且非常轻巧。比起铜的冶炼技术，炼铁术要困难得多，不但要用更多的燃料，而且浇铸困难、锈蚀快，所以直到公元前 1 200 年前后，当人们掌握了减少铁中的碳元素炼出钢后，铁的加工才得以流行起来。钢和铁的冶炼技术逐渐发展后，人们便将越来越便宜的钢和铁用于后来发展起来的机械工业、交通工业等各方面，使人类的科技文明不断地向前发展。

随着科学技术的发展，材料成形方法不仅具备了现代化手段，而且已经形成成熟的科学理论。材料成形技术也不仅限于金属材料，已扩展到无机非金属材料及高分子材料的领域。材料成形也不仅限于机械零件的毛坯生产上，随着少切削、无切削成形技术的出现，材料成形技术在很多情况下，已可作为机械零件的最终制造工序。随着自动化技术及计算机应用的发展，材料成形已不再是手工操作、单件生产的工艺，各种成形机械设备已形成机电一体化的产品，使成形技术及成形件向着自动控制的方向发展。

成形技术在提高实体尺寸精度方面出现了多种少切削、无切削加工的成形方法，例如精密铸造技术及精密铸造生产线、精密锻造技术及精锻机；在提高成形件的性能方面出现了挤压铸造、真空铸造及相应的成套设备，还有超塑成形技术等；在提高生产效率方面的连续铸造及连铸机械、快锻技术及快锻液压机，各种特种焊接技术及焊接机械，计算机辅助成形工艺设计及制造技术、数控技术、自动化技术在材料成形工业生产中的应用是材料加工生产现代化的重要标志。

机械工业中，材料的表面处理技术也是十分重要的，它直接关系到零件乃至整个机器的质量、寿命、性能、造价等。材料表面技术就是通过某种工艺手段赋予表面不同于基体材料的组织结构、化学组成，因而具有不同于基体材料的性能。经过表面处理的材料，既具有基体材料的力学强度和其他力学性能，又能由新形成的表面获得所需要的各种特殊性能（如耐磨、耐腐蚀、耐高温，对各种射线的吸收、辐射、反射能力，超导、润滑、绝缘、储氢等）。金属材料表面工程技术是材料科学的一个重要领域，近几十年来得到迅速发展，其主要表现是：传统表面处理工艺被革新，多种新工艺方法被发明。这些新技术在工业上的应用，使得金属制品的质量得到大幅度提高，为社会带来极大的经济效益，因而愈来愈受到各个国家的重视。

材料的生产和加工工艺是极其繁杂的。如果随着新材料的出现，仅仅依靠传统的用比被加工材料更硬的刀具进行切削加工的方式已不能满足生产的需要，出现了许多利用诸如电能、光能、化学能、声能、电化学能或与机械能组合等形式的加工方法（也就是所谓的特种加工），将被加工坯件上多余的材料去除，以获得所需要的几何形状。本节主要以金属材料的加工为例，就材料加工中几个重要的过程——冶炼、铸造（液态成形）、压力加工（塑性成形）、切削加工、焊接、热处理、粉末冶金、表面工程技术等进行简单的介绍。

4.2.1　金属冶炼

现代科学技术的发展,已为金属材料的生产、制造和应用展现出一个更广阔的新天地,它除了使产量迅猛发展外,也使产品的质量提高到前所未有的高水平。数量与质量应是辩证的统一体,没有数量当然谈不到质量,但没有质量的数量却往往是空的。因此,在产量大发展的时代,质量问题必须放在突出地位。1 t高质量的钢制品有可能抵得上2 t或更多些的普通钢制品;反之,低质量的1 t钢制品,也许还抵不上0.5 t普通质量钢制品。事情很明显,对质量必须给予足够的重视。

质量问题包括的项目是多方面的,但概括起来一句话,就是如何发挥现有金属材料潜力的问题。不考虑产品的尺寸规格,单从金属学的角度来看,是如何根据要求充分保证产品的成分、结构和组织,从而保证和提高产品的力学性能的问题,最终归结到材料制品的使用寿命问题。在金属材料由冶炼、铸造、加工、热处理到制作成工件,以及使用乃至报废的整个历程中,每个环节的各种外界条件,大多在或大或小、或多或少地影响着那些决定其性能的内在基本因素。

材料的化学成分(包括所谓杂质和夹杂物等)主要是由冶炼和铸造,特别是由冶炼来保证的,冶炼和铸造条件的任何变化都会影响到成分的改变。现代一些新的冶炼和浇注技术如真空熔炼、真空浇注、氩气保护、电炉重熔以及各种自动化装置和设备的应用,其目的都在于(或主要在于)首先保证材料的规定成分和纯度,而后再在这个前提下提高产量和生产率。成分的保证还不只限于此,除冶炼和浇注外,在某些情况下,后步工序如各种加工和处理条件,有时会或多或少地改变表层成分。如前所述,材料的性能既取决于材料的成分,也取决于材料的内部组织和结构。对某一具体应用材料来说,当其成分确定时,它的一些对结构组织不敏感的性能也就保证了。但是,成分给定时,组织结构仍然可以随条件而变化,所以成分并不能确保材料的实际结构和实际组织,因而也就不能确定它的最终性能,特别是那些对其结构组织敏感的性能。

冶炼的目的在于获得合格的成分及气体、夹杂物尽量少的液态金属或合金。冶炼过程是极为复杂的物理化学变化,冶炼系统是炉气、炉渣、炉壁、液态合金等组合的多相系统。冶金学处理了这种多相系统的物理化学问题,总结了冶炼过程的规律,因而冶金工作者可以根据金属材料的成分(包括杂质)及几何(包括铸锭及铸件的尺寸和形状)上的要求,制订操作规程,完成冶炼任务。

金属冶炼的设备相当复杂。金属冶炼方法分为火法冶金、湿法冶金和电冶金。火法冶金就是利用高温从矿石中提取金属及其化合物。湿法冶金是在常温或稍高于常温下利用溶剂从矿石中提取和分离金属。电冶金是利用电能提取和精炼金属。钢铁冶炼属于火法冶金,包括高炉炼铁、转炉炼钢、电炉炼钢、电渣重熔、真空技术。有色金属冶炼火法、湿法兼有,还可以采用电解法或粉末冶金法等。

钢的冶炼方法主要有氧气碱性转炉法和电弧炉法(见图4-9)。

图 4-9　钢的冶炼

钢的生产过程大致为:采矿—选矿—炼铁—炼钢—连铸—轧钢—钢材。

冶炼的关键在于成分、气体与杂质的控制以及组织结构的控制。

总之,现代化的冶金生产技术必须使高速度与高质量相结合,忽视高质量的高速度造成的损失将更大,这是不允许的。当然,也不能走向另一极端,而不顾产量。多、快、好、省才是正确方向,控制或提高质量,必须着眼于内在因素,它是决定材料力学性能和使用寿命的根本。

4.2.2　铸造

铸造是机械制造中毛坯成形的主要工艺之一。在机械制造业中,铸造零件的应用十分广泛,在一些行业中所占的比重也很大。如在机床、内燃机中,铸件的质量往往要占机器总质量的 70%~80%,在一些重型机械中往往可达 90% 以上。

我国铸造生产有着悠久的历史。早在 3 000 年前,青铜铸器已有应用,2 500 年前,铸铁工具已经相当普遍。例如,始建于公元 856 年的河北正定隆兴寺内的铜佛菩萨,高 22 m 有余,有 42 臂,重 120 t,是我国古代最大的铸造佛像,其造型生动逼真,是一尊难得的佛教艺术珍品。再如制造于公元 953 年的河北沧州铁狮子(见图 4-10),高 5.4 m、长 6.5 m、宽 3 m、重 40 t,颈下及体外铸有"狮子王"、"大周广顺三年铸"等字样,腹内还铸有金刚经文,雄伟壮观,具有极高的艺术价值,充分体现了我国古代劳动人民精湛的铸造技艺。大量历史文物显示出我国古代劳动人民在世界铸造史上做出的卓越贡献,如泥型、金属型、石蜡型三大铸造技术就是我国的创造。随着铸造技术的发展,除了机器制造业外,在公共设施、生活用品、工艺美术和建筑等国民经济各个领域,也广泛采用各种铸件。

图 4-10 河北沧州铁狮子

铸造的目的在于以液态金属或合金获得质量合格的铸件。在冶金厂或机械制造厂的车间内,铸造是紧随金属冶炼之后的工艺过程。铸锭在随后的重熔或压力加工过程中失去了原来的形状,而铸件虽然有时还有随后的切削加工,但基本上仍然保持原来的形状。

何为铸造? 熔炼金属、制造铸型,并将熔融金属浇入铸型,凝固后获得一定形状和性能的铸件的成形方法,称为铸造。铸造过程包括液态金属自浇注温度直至冷却到室温的铸锭或铸件的整个过程,在这个过程中,发生了如下变化:

(1) 液态金属的冷却,牵涉液态金属的性质;

(2) 液-固结晶,是合金在相图中液固、相线间的变化;

(3) 固态金属的冷却,发生固相线以下的相变、几何尺寸的变化以及这些转变所导致的内应力的变化。

铸造生产过程非常复杂,影响铸件质量的因素也非常多,其中合金的铸造性能的优劣对能否获得优质铸件有着重要影响。铸造合金在铸造过程中呈现出的工艺性能,称为铸造性能。合金的铸造性能主要指充型能力、收缩性、偏析、吸气等。其中液态合金的充型能力和收缩性是影响成形工艺及铸件质量的两个最基本的问题。

铸造性能是一种工艺性能,它的高低是用铸锭或铸件质量的好坏来衡量的。对于这些产品的最起码要求是其具备所要求的形状(见图 4-11)。铸造是利用液态金属的流动能力来成形的,因而液态金属的流动性便是铸造性能中的一个重要方面。基于这种考虑,便可以适当地选择浇注温度。在一般情况下,浇注温度愈高,即过热度愈大,液态金属的强度愈小,这不仅使流动性提高,也使气体与杂质易于上浮。但是过高的浇注温度也会引起其他的不利影响,例如增加冶炼成本、引起粗大结晶、增加气体溶解度等。因此,在保证适当流动性的基础上,应采用尽可能低的浇注温度,一般在液相线上 50~250 ℃。

图 4-11　常见的铸造产品

　　流动性也是一种工艺性能,与铸模的吸热和散热能力有关。例如,金属在金属型中的流动低于在砂型中的流动性,而在湿砂型中的流动性又低于在干砂型中的流动性,预热铸型和铸型绝热都能改善流动性。如铸型的温度相同,即使过热度相同,浇注温度高的金属(例如低碳钢)由于与铸型接触时的温度差较大,散热较快,故实际的流动性仍低于铸铁和非铁金属的流动性。从热平衡的角度考虑,熔化潜热大的金属,凝固时放出较大的潜热,在外界冷却条件相同时,温度下降得较缓,故流动性较大。适当的保温有利于提高金属的流动性。

　　铸锭或铸件的凝固是一种复杂的液-固结晶过程。液-固结晶必须通过散热才能继续进行,因而是一种不平衡的过程。在慢速结晶的过程中,结晶时所放出的凝固潜热必须通过已结晶的晶体及铸模壁散去;在快速结晶的过程中,这种潜热可以传导至邻近过冷的液体。如液态金属中含有较多的气体,在凝固时还会逸出气体,这种气体将会影响热的传导及物质的迁移。由于实际结晶是一种不平衡过程,当合金凝固时,温度低至液相线温度,则形成成分不均匀的固溶体。先结晶的树枝晶轴含高熔点组元较多,后结晶的树枝晶枝干含低熔点组元较多,结果造成在一个晶粒内化学成分的分布不均。继续冷却时,会同时发生如下三种过程:继续析出溶质浓度逐渐变化的合金晶体;已析出晶体中溶质的扩散;未凝固液体中溶质的扩散。

　　如果合金的冷却速度较快,也就是溶质的扩散不能充分进行,则在铸锭或铸件中,溶质的分布是不均匀的,就会形成所谓的成分偏析。

铸造分为砂型铸造和特种铸造两大类。

将液体金属浇入用型砂紧实成的铸型中,待凝固冷却后,将铸型破坏,取出铸件的铸造方法称为砂型铸造(见图 4-12、图 4-13)。砂型铸造是传统的铸造方法,它适用于各种形状、大小及各种常用合金铸件的生产。砂型铸造虽然是应用最普遍的一种铸造方法,但其铸造尺寸精度低、表面粗糙度值大、铸件内部质量差、生产过程不易实现机械化。为改变砂型铸造的这些缺点,满足一些特殊要求零件的生产,人们在砂型铸造的基础上,通过改变铸型材料(如金属型、磁型、陶瓷型)、模型材料(如熔模、实型)、浇注方法(如离心法、压力法)、金属液充填铸型的形式或铸件凝固的条件(如压力铸造、低压铸造)等,又创造了许多其他的铸造方法。通常把这些不同于普通砂型铸造的铸造方法统称为特种铸造,图 4-14 所示为熔模铸造过程。每种特种铸造方法,在提高铸件精度和表面质量、改善合金性能、提高劳动生产率、改善劳动条件和降低铸造成本等方面,各有其优越之处。近年来,特种铸造在我国发展非常迅速,尤其在有色金属的铸造生产中占有重要地位。特种

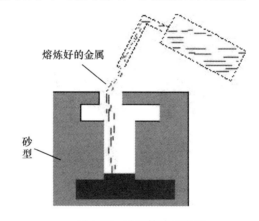

图 4-12　砂型铸造示意图

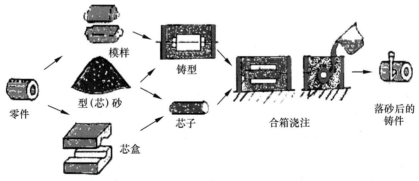

图 4-13　砂型铸造过程

铸造具有铸件精度和表面质量高、铸件内在性能好、原材料消耗低、工作环境好等优点，但铸件的结构、形状、尺寸、质量、材料种类往往受到一定限制。

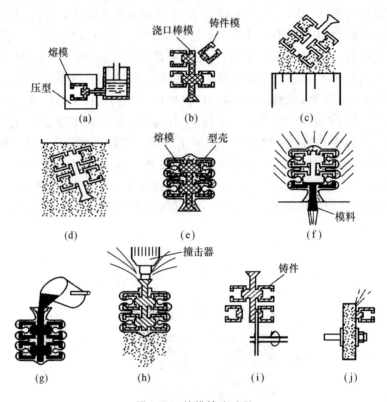

图 4-14　熔模铸造过程

(a) 制造熔模；(b) 制成模组；(c) 挂涂料；(d) 撒砂；(e) 制成型壳；
(f) 脱模及焙烧；(g) 浇注；(h) 落砂；(i) 切割浇口；(j) 打磨铸件

4.2.3　锻压

锻压是利用外力（冲击力或静压力）使金属坯料产生局部或全部的塑性变形，获得所需尺寸、形状及性能的毛坯或零件的加工方法。锻压是锻造和冲压的总称，它是金属压力加工的主要方式（见图 4-15），也是机械制造中毛坯生产的主要方法之一。

锻压加工与其他加工方法相比，具有以下特点。

（1）改善金属材料的组织结构，提高力学性能。金属材料经锻压加工后，其组织、性能都得到改善和提高，锻压加工能消除金属铸锭内部的气孔、缩孔和树枝状结晶等缺陷，并由于金属材料的塑性变形和再结晶，可使粗大晶粒细化，得到致密的金属组织，从而提高金属材料的力学性能。在零件设计时，若正确选用零件的受力方向与纤维组织方向，可

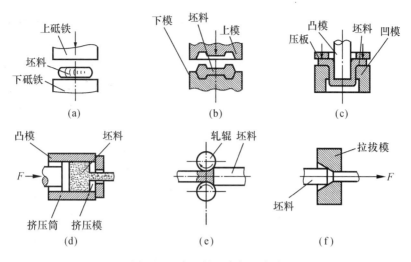

图 4-15　常用的压力加工方法

(a) 自由锻；(b) 模锻；(c) 板料冲压；(d) 挤压；(e) 轧制；(f) 拉拔

以提高零件的抗冲击性能。

（2）材料的利用率高。金属塑性成形主要是将金属的形体组织相对位置重新排列，应用先进的技术和设备，可实现少切削或无切削加工。

（3）毛坯或零件的精度和生产率较高。锻压加工一般是利用压力机和模具对毛坯或零件进行成形加工，具有较高的精度和生产率。例如：精密锻造的伞齿轮齿形部分可不经切削加工直接使用，复杂曲面形状的叶片精密锻造后只需磨削便可达到所需精度；利用多工位冷镦工艺加工内六角螺钉，比用棒料切削加工工效提高 400 倍以上。

（4）锻压所用的金属材料应具有良好的塑性，以便在外力作用下，能产生塑性变形而不破裂。常用的金属材料中，铸铁属脆性材料，塑性差，不能用于锻压。钢和非钢铁金属中的铜、铝及其合金等可以在冷态或热态压力下加工。

（5）不适合成形形状较复杂的零件。锻压加工是在固态下成形的，与铸造相比，金属的流动受到限制，一般需要采取加热等工艺措施才能实现。对制造形状复杂，特别是具有复杂内腔的零件或毛坯较困难。

由于锻压具有上述特点，因此承受冲击或交变应力的重要零件（如机床主轴、齿轮、曲轴、连杆等），都应采用锻件毛坯加工。所以锻压加工在机械制造、军工、航空、轻工、家用电器等行业得到广泛应用。例如，飞机上的塑性成形零件的质量约占整机质量的 85%，汽车、拖拉机上锻件的质量占整车质量的 60%～80%。

金属的锻造性能（又称可锻性）是用来衡量压力加工工艺性好坏的主要工艺性能指标。金属的可锻性好，表明该金属适合于压力加工。衡量金属的可锻性，常从金属材料的塑性和变形抗力两个方面来考虑,材料的塑性越好,变形抗力越小,则材料的锻造性能越好,越适合压力加工。在实际生产中,往往优先考虑材料的塑性。

金属的塑性是指金属材料在外力作用下产生永久变形而不破坏其完整性的能力。变形抗力是指金属在塑性变形时反作用于工具上的力。变形抗力越小,变形消耗的能量也就越少,锻压越省力。塑性和变形抗力是两个不同的独立概念。如奥氏体不锈钢在冷态下塑性很好,但变形抗力却很大。

金属的锻造性能既取决于金属的本质,又取决于变形条件。在压力加工过程中,要根据具体情况,尽量创造有利的变形条件,充分发挥金属的塑性,降低其变形抗力,以达到塑性成形加工的目的。金属的本质主要是指构成材料的成分和组织。通常纯金属及单相固溶体的合金具有良好的塑性,其锻造性能较好。金属的加工条件一般指金属的变形温度、变形速度和变形方式等。实际的生产过程显示,在保证不出现过烧和过热的情况下尽可能地提高变形温度,有利于提高金属的锻造性能。随着变形速度的增大,金属的冷变形强化趋于严重,表现出金属塑性下降,变形抗力增大,因此对于塑性差的材料(如高速钢)或大型锻件,应采用较小的变形速度为宜。压力加工中,在三向应力状态下,压应力的数目越多,其塑性越好,拉应力的数目越多,则其塑性越差。其原因是在金属材料内部或多或少总是存在着微小的气孔或裂纹等缺陷,在拉应力作用下,缺陷处会产生应力集中,使缺陷扩展甚至达到破坏,从而使金属丧失塑性。而压应力使金属内部原子间距减小,又不易使缺陷扩展,因此金属的塑性会提高。从变形抗力分析,压应力使金属内部摩擦增大,变形抗力也随着增大。在三向受压的应力状态下进行变形时,其变形抗力较三向应力状态不同时大得多。因此,选择压力加工方法时,应考虑应力状态对金属塑性变形的影响。

从生产角度考虑,应该在满足锻件尺寸及性能要求的基础上,尽量提高生产设备的生产率和降低燃料及设备的消耗,因此开锻和终锻温度的选择是一个综合的技术问题和经济问题。假若在较宽的温度范围都能获得符合规格的锻件,那么就应该从经济角度来选择合理的规程。很明显,温度越高锻造越容易,生产率则越高,但是燃料的消耗及加热炉的损耗也会越大,应考虑这两方面进行合理的加工温度选择。

锻造性能的另一个工艺指标是锻造比。锻造比通常用变形前后的截面比、长度比或高度比来表示,它代表每次加工工序中锻件的变形程度。锻造比对锻件的锻透程度和力学性能有很大影响。当锻造比达到 2 时,随着金属内部组织的致密化,锻件纵向和横向的力学性能均有显著提高;当锻造比为 2~5 时,由于流线化的加强,力学性能出现各向异性,纵向力学性能虽仍略提高,但横向力学性能开始下降;当锻造比超过 5 后,因金属组织的致密度和晶粒细化度均已达到最大值,纵向力学性能不再提高,横向力学性能却急剧下降。因此,选择适当的锻造比相当重要,既要考虑加工的效率,也要考虑产品的质量。对于碳化物含量较多的一些钢种,例如高速钢,常常要求较高的锻造比,才能打碎粗大的初晶碳化物,以避免严重的碳化物偏析。

锻压或轧制后的合金钢轧锻材大多需要退火,如再结晶退火、去应力退火、球化退火、软化退火等,以消除加工过程中形成的锻造应力或者纤维组织等,为后续的加工或处理提供便利。

4.2.4　切削加工

所谓的切削加工是指用切削工具(包括刀具、磨具和磨料等)从毛坯上去除多余的金属,以获得具有所需的几何参数(如尺寸、形状和位置等)和表面粗糙度的零件的加工方法。它只改变被加工材料的形状,基本上不改变其组织和性能。切削加工能获得较高的精度和表面质量,对被加工材料、零件几何形状及生产批量具有广泛的适应性。机器上的零件除极少数采用精密铸造和精密锻造等无切屑加工的方法获得以外,绝大多数零件都是靠切削加工来获得的。因此,如何进行切削加工,对于保证零件质量、提高劳动生产率和降低成本,有着重要的意义。

虽然机器零件的形状千差万别,但分析起来都是由下列几种简单表面组成的,即外圆面、内圆面(孔)、平面和成形面。因此,只要能对这几种表面进行加工,就基本上能完成所有机器零件表面的加工。

外圆面和内圆面(孔)是以某一直线或曲线为母线,以圆为轨迹,做旋转运动时所形成的表面。平面是以一直线为母线,以另一直线为轨迹,做平移运动时所形成的表面。成形面是以曲线为母线,以圆、直线或曲线为轨迹,做旋转或平移运动时所形成的表面。零件的不同表面,分别由相应的加工方法来获得,而这些加工方法是通过零件与不同的切削刀具之间的相对运动来进行的。我们称这些刀具与零件之间的相对运动为切削运动。以车床加工外圆柱面为例来研究切削的基本运动,如图 4-16 所示。切削运动可分为主运动和进给运动两种类型。

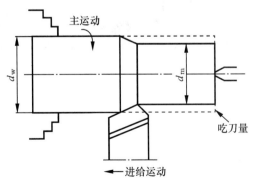

图 4-16　切削运动

　　使零件与刀具之间产生相对运动以进行切削的最基本运动，称为主运动。主运动的速度最高，所消耗的功率最大。在切削运动中，主运动只有一个。它可由零件完成，也可以由刀具完成，可以是旋转运动，也可以是直线运动，如图 4-16 中由车床主轴带动零件做的回转运动就是主运动。

　　不断地把被切削层投入切削，以逐渐切削出整个零件表面的运动，称为进给运动，如图 4-16 中刀具相对于零件轴线的平行直线运动。进给运动一般速度较低，消耗的功率较少，可由一个或多个运动组成。它可以是连续的，也可以是间断的。

　　组成机器的零件大小不一，形状和结构各不相同，金属切削加工方法也多种多样。常用的有车削（见图 4-17）、钻削、镗削、刨削、拉削、铣削和磨削等。尽管它们在加工原理方面有许多共同之处，但由于所用机床和刀具不同，切削运动形式不同，所以它们有各自的工艺特点及应用范围。材料经过一系列的切削加工，最后成为机械零件或构件。

图 4-17　车削加工

　　零件的切削加工质量包括加工精度和表面质量，它直接影响着产品的使用性能、可靠性和寿命。

　　（1）加工精度　加工精度是指零件在加工之后，其尺寸、形状等几何参数的实际数值同它们理想几何参数的符合程度。而它们之间不符合的程度称为加工误差。加工误差愈小，加工精度愈高。零件的加工精度包括零件的尺寸精度、形状精度和位置精度，在零件图上分别用尺寸公差、形状公差和位置公差来表示。

影响加工精度的因素很多,如机床、刀具、夹具本身的制造误差及使用过程的磨损,零件的安装误差,切削过程中由于切削力、夹紧力以及切削热的作用引起的工艺系统(由机床、夹具、刀具和零件组成的完整系统)变形所造成的误差,以及测量和调整误差等。由于在加工过程中有上述诸多因素影响加工精度,所以不同的加工方法得到不同的加工精度,即使是同一种加工方法,在不同的加工条件下所能达到的加工精度也不同。甚至在相同的条件下采用同一种方法,如果多费一些工时,细心地完成每一操作,也能提高加工精度。但这样做又降低了生产率,增加了生产成本,因而是不经济的。所以,通常所说的某种加工方法所能达到的加工精度,是指在正常条件下(正常的设备、合理的工时定额、一定熟练程度的工人操作)所能经济地获得的加工精度,称为经济精度。

(2) 表面质量　零件机械加工表面质量(也称表面完整性)主要包括两方面内容:表面几何形状和表面层的物理、力学性能。表面几何形状主要以表面粗糙度和波度来表示。

表面粗糙度与零件的配合性质、耐磨性和耐蚀性等有着密切的关系,它影响机器或仪器的使用性能和寿命。为了保证零件的使用性能,要限制表面粗糙度的范围。在一般情况下,零件表面的尺寸精度要求愈高,其形状和位置精度要求愈高,表面粗糙度的值就愈小。但有些零件的表面,出于外观或清洁的考虑,要求光亮,而其精度不一定要求高,例如机床手柄、面板等。

加工时,影响表面粗糙度的因素是多方面的,其中最主要的有加工方法、刀具角度、切削用量和切削液。此外,切削过程中的振动、零件材料及其热处理状态等对表面粗糙度的影响也不可忽视。

4.2.5　焊接

材料制成零件后,可以用不同的方法连接成构件。连接方法除了铆接、螺钉连接等机械连接方法之外,还有借助于物理化学过程的黏结和焊接。黏结借助于高分子化合物的黏结剂与材料之间的强烈的表面黏着力,使零件能够连接成永久性的结构;焊接则借助于金属间的压接、熔合、扩散、合金化、再结晶等现象,使金属零件永久地结合。

黏结剂有天然和人造的两类:前者有植物性的,如淀粉、松香、橡胶、大豆蛋白质等,也有动物性的,如鱼胶、牛皮胶等;后者有水玻璃、糊精、合成树脂(如环氧树脂、酚醛树脂、乙烯类树脂)等。这些黏结剂广泛地应用于航空、造船、建筑、仪表等工业,黏结金属、陶瓷、塑料、木材等材料。

除了铸造、压力加工以外,焊接也是零件或毛坯成形的主要方法。焊接是利用加热或加压,借助于金属原子的结合与扩散,使分离的两部分金属牢固地、永久地结合起来的工艺。焊接的种类很多,通常按照焊接过程的特点分为熔化焊、压力焊和钎焊三大类。焊接方法可以化大为小、化复杂为简单、拼小成大，还可以与铸、锻、冲压结合成复合工艺生产大型复杂件，主要用于制造金属构件，如锅炉、压力容器、管道、车辆、船舶、桥梁、飞机、火箭、起重机、海洋设备、冶金设备等大型工程结构。

从焊接过程的物理本质考虑，母材可以在固态或局部熔化状态下进行焊接，而促使焊接的主要因素有压力及温度两种。由于加热方式、熔化工艺、钎焊合金等的不同，在工业上使用的焊接方法有几十种。虽然焊接的方法种类很多，按照焊接过程的特点可分为三大类。

（1）熔化焊　利用局部加热的方法，将工件的焊接处加热到熔化态，形成熔池，然后冷却结晶，形成焊缝。熔化焊是应用最广泛的焊接方法，如气焊（气体火焰为热源）、电弧焊（电弧为热源）、电渣焊（熔渣电阻热为热源）、激光焊（激光束为热源）、电子束焊（电子束为热源）、等离子弧焊（压缩电弧为热源）等。熔化焊的过程包含有加热、冶金和结晶过程，在这些过程中，会产生一系列变化，对焊接质量有较大的影响，如焊缝成分变化、焊接接头组织和性能变化以及焊接应力与变形的产生等。图 4-18 所示为 CO_2 气体保护焊示意图。

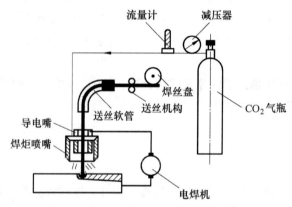

图 4-18　CO_2 气体保护焊示意图

（2）压力焊　在焊接过程中需要对焊件施加压力（加热或不加热）的一类焊接方法，如对焊（包括电阻对焊、闪光对焊，如图 4-19 所示）、摩擦焊、扩散焊以及爆炸焊等。

（3）钎焊　将熔点比母材低的填充金属熔化后，填充接头间隙并与固态的母材相互扩散，实现连接的焊接方法，如软钎焊和硬钎焊。钎料熔点在 450 ℃ 以上、接头强度在 200 MPa 以上的钎焊，为硬钎焊。硬钎焊主要用于受力较大的钢铁和铜合金构件的焊接，如自行车架、刀具等。钎料熔点在 450℃ 以下、焊接接头强度较低、一般不超过 70 MPa 的钎焊，为软钎焊。锡焊是常见的软钎焊，所用钎料为锡铅，钎剂有松香、氧化锌溶液等。软钎焊广泛用于电子元器件的焊接。

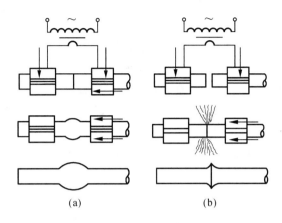

图 4-19　对焊示意图

(a)电阻对焊;(b)闪光对焊

4.2.6　热处理

热处理是各类金属材料生产过程中的重要工序。随着现代工业及科学技术的发展,人们对材料的性能要求越来越高。为满足这一点,一般可以采取两种方法:研制新材料和对金属材料进行热处理。对金属材料进行热处理是最广泛、最常用的方法,它对发掘金属材料强度的潜力、改善零件使用性能、提高产品质量和延长其使用寿命具有重要意义。热处理在改善毛坯工艺性能以利于冷、热加工方面也有重要作用。在许多情况下,热处理技术水平的高低对制成品的质量有举足轻重的影响。

在从石器时代进展到铜器时代和铁器时代的过程中,热处理的作用逐渐为人们所认识。早在公元前 770 年—公元前 222 年,中国东周人在生产实践中就已发现铜、铁的性能会因温度和加压变形的影响而变化。白口铸铁的柔化处理就是制造农具的重要工艺之一。

公元前 6 世纪,铁兵器逐渐被采用,为了提高铁的硬度,淬火工艺遂得到迅速发展。中国河北省易县燕下都出土的两把剑和一把戟,其显微组织中都有马氏体存在,说明是经过了淬火的。

随着淬火技术的发展,人们逐渐发现冷却剂对淬火质量的影响。相传三国时蜀人蒲元曾在今陕西斜谷为诸葛亮打制 3 000 把刀,是派人到成都取水淬火的。这说明中国在古代就注意到不同水质的冷却能力了。中国出土的西汉(公元前 206 年—公元 25 年)中山靖王墓中的宝剑,中心部含碳量为 $0.15\% \sim 0.4\%$,而表面含碳量却达 0.6% 以上,说明已应用了渗碳工艺。但当时此工艺作为个人"手艺"的秘密,不肯外传,因而发展很慢。

1863 年,英国金相学家和地质学家展示了钢铁在显微镜下的六种不同的金相组织,证明了钢在加热和冷却时，内部会发生组织改变，钢中高温时的相在急冷时会转变为一种较硬的相。法国人奥斯蒙德确立的铁的同素异构理论，以及英国人奥斯汀最早制订的铁-碳相图，为现代热处理工艺初步奠定了理论基础。与此同时，人们还研究了在金属热处理的加热过程中对金属的保护方法，以避免加热过程中金属的氧化和脱碳等。1850—1880年，一系列对于应用各种气体（如氢气、煤气、一氧化碳等）进行保护加热的专利产生，1889—1890年，英国人莱克获得多种金属光亮热处理的专利。

20世纪以来，金属物理的发展和其他新技术的移植应用，使金属热处理工艺得到更大发展：一个显著的进展是1901—1925年，在工业生产中应用转筒炉进行气体渗碳；20世纪30年代出现露点电位差计，使炉内气氛的碳势达到可控，以后又研究出用二氧化碳红外仪、氧探头等进一步控制炉内气氛碳势的方法；60年代，热处理技术运用了等离子场的作用，发展了离子渗氮、渗碳工艺（见图4-20），激光、电子束和磁控溅射等技术的应用（见图4-21），又使金属获得了新的表面热处理和化学热处理方法。

图4-20　零件渗碳/碳氮共渗碳热处理设备

金属热处理是指将金属工件放在一定的介质中并按照一定的速度加热、保温一定时间，然后以预定的速度冷却下来，以期得到预定的组织结构和性能的工艺方法。金属热处理是机械制造中的重要工艺之一，与其他加工工艺相比，热处理一般不改变工件的形状和整体的化学成分，而是通过改变工件内部的显微组织，或改变工件表面的化学成分，赋予或改善工件的使用性能，其特点是改善工件的内在质量，而这一般不是肉眼所能看到的。

为使金属工件具有所需要的力学性能、物理性能和化学性能，除合理选用材料和各种

图 4-21　激光热处理设备

成形工艺外,热处理工艺往往是必不可少的。钢铁是机械工业中应用最广的材料,钢铁显微组织复杂,可以通过热处理予以调制,所以钢铁的热处理是金属热处理的主要内容。另外,铝、铜、镁、钛等及其合金也都可以通过热处理改变其力学、物理和化学性能,以获得不同的使用性能。

　　加热是热处理的重要步骤之一。金属热处理的加热方法很多,最早是采用木炭和煤作为热源,进而应用液体和气体燃料。电的应用使加热易于控制,且无环境污染。利用这些热源可以直接加热,也可以通过熔融的盐或金属,以及浮动粒子进行间接加热。

　　金属加热时,工件暴露在空气中,常常发生氧化、脱碳(即钢铁零件表面碳含量降低),这对于热处理后零件的表面性能有很不利的影响。因而金属通常应在可控气氛或保护气氛、熔融盐、真空中加热,也可用涂料或包装方法进行保护加热。

　　加热温度是热处理工艺的重要工艺参数之一,选择和控制加热温度,是保证热处理质量的主要问题。加热温度随被处理的金属材料和热处理的目的不同而异,但一般都是加热到相变温度以上,以获得需要的组织。另外,显微组织转变需要一定的时间,因此当金属工件表面达到要求的加热温度时,还须在此温度保持一定时间,使内外温度一致、显微组织转变完全,这段时间称为保温时间。采用高能密度加热和表面热处理时,加热速度极快,一般没有保温时间或保温时间很短,而化学热处理的保温时间往往较长。

　　冷却也是热处理工艺过程中不可缺少的步骤,冷却方法因工艺不同而不同,主要是控制冷却速度。一般退火的冷却速度最慢,正火的冷却速度较快,淬火的冷却速度更快。但还因钢种不同而有不同的要求,例如空硬钢就可以用与正火一样的冷却速度进行淬硬。

　　根据加热条件和特点以及工艺效果和目的,可以把金属热处理分为整体热处理、表面热处理、局部热处理和化学热处理等几种。根据加热介质、加热温度和冷却方法的不同，每一大类又可区分为若干不同的热处理工艺。同一种金属采用不同的热处理工艺，可获得不同的组织，从而具有不同的性能。钢铁是工业上应用最广的金属，而且钢铁显微组织也最为复杂，因此钢铁热处理工艺种类繁多。对于钢锭、钢坯、钢材进行的热处理一般在冶金厂进行，称为冶金类热处理。对于机器零件及工具等机械构件进行的热处理，一般在机械厂进行，称为典型零件热处理。

整体热处理的特点是对工件整体加热，然后以适当的速度冷却，以改变其整体力学性能。整体热处理大致有退火、正火、淬火和回火四种基本工艺。

退火是将工件加热到适当温度，根据材料和工件尺寸采用不同的保温时间，然后进行缓慢冷却，目的是使金属内部组织达到或接近平衡状态，获得良好的工艺性能和使用性能，或者为进一步淬火做组织准备。正火是将工件加热到适宜的温度后在空气中冷却，正火的效果同退火相似，只是得到的组织更细，常用于改善材料的切削性能，也有时用于对一些要求不高的零件作为最终热处理。淬火是将工件加热至保温温度后，使其在水、油或其他无机盐、有机水溶液等淬冷介质中快速冷却。淬火后钢件变硬，但同时变脆。为了降低钢件的脆性，将淬火后的钢件在高于室温而低于710℃的某一适当温度进行长时间的保温，再进行冷却，这种工艺称为回火。退火、正火、淬火、回火是整体热处理中的"四把火"，其中的淬火与回火关系密切，常常配合使用，缺一不可。

"四把火"随着加热温度和冷却方式的不同，又演变出不同的热处理工艺。为了获得一定的强度和韧度，把淬火和高温回火结合起来的工艺，称为调质。某些合金淬火形成过饱和固溶体后，将其置于室温或稍高的适当温度下保持较长时间，以提高合金的硬度、强度或电性、磁性等，这样的热处理工艺称为时效处理。把压力加工形变与热处理有效而紧密地结合起来进行，使工件获得很好的强度、韧度配合的方法称为形变热处理。在负压气氛或真空中进行的热处理称为真空热处理。它能使工件不氧化、不脱碳，保持处理后的工件表面光洁，提高工件的性能。

在机械零件加工制造过程中，正火和退火经常作为预先热处理工序，安排在铸造和锻造之后、切削（粗）加工之前，用以消除前一工序所带来的某些缺陷，为随后工序做组织准备。淬火和回火作为最终热处理工序。通过淬火可获得马氏体或下贝氏体，为后来的回火做好准备。淬火钢一般需要随后回火以降低淬火应力，同时获得所需的力学性能。

表面热处理的特点是通过快速加热，只使工件表面层达到预定温度，以改变其表层力学性能的金属热处理工艺。为了只加热工件表层而不使过多的热量传入工件内部，使用的热源须具有高的能量密度，即在单位面积的工件上给予较大的热能，使工件表层或局部能短时或瞬时达到高温。表面热处理的主要方法有激光热处理、火焰淬火和感应加热热处理等，常用的热源有氧乙炔或氧丙烷等火焰、感应电流、激光和电子束等。

化学热处理是改变工件表层化学成分、组织和性能的金属热处理工艺。化学热处理与表面热处理的不同之处是后者只改变了工件表层的化学成分。化学热处理是将工件放在含碳、氮或其他合金元素的介质(气体、液体、固体)中加热,保温较长时间,从而使工件表层渗入碳、氮、硼和铬等元素。渗入元素后,有时还要进行其他热处理工艺如淬火及回火。化学热处理的主要方法有渗碳、渗氮、渗金属、化学气相沉积等。

热处理是机械零件和工件模具制造过程中的重要工序之一。大体来说,它可以保证和提高工件的各种性能,如耐磨、耐蚀性等。还可以改善毛坯的组织和应力状态,以利于进行各种冷、热加工。例如:白口铸铁经过长时间退火处理可以获得可锻铸铁,提高塑性;齿轮采用正确的热处理工艺,使用寿命可以比不经热处理的齿轮寿命成倍或几十倍地提高;价廉的碳钢通过渗入某些合金元素可具有某些价昂的合金钢的性能,可以代替某些耐热钢、不锈钢;工件模具则几乎全部需要经过热处理方可使用。

钢和铸铁是机器制造业用量最多的金属材料,钢铁的热处理工艺门类也最为繁多。为了满足设计上的某种技术要求,常有多种工艺可供选择。选择热处理工艺的基本依据是零件的工作条件和生产批量。为了保证产品经久耐用,热处理工艺的选定必须与材料选择相结合。选择工艺的基本原则是工艺过程稳定可靠、劳动条件较好、设备投资及生产成本较低、能耗较低、环境无污染或污染轻微。

材料选用不当、工艺路线错误、冷热加工不良、冶金质量不合格等都会影响热处理产品的质量。近年来,随着材料科学的发展,传统的热处理工艺内容不断丰富,由于对组织与性能关系认识的深化,基本热处理工艺也随之发生了许多变革,并派生了许多优质和高效能的工艺方法,如可控气氛热处理、真空热处理、辉光离子热处理等。为了最大限度地发挥金属材料的性能潜力,许多科技工作者加强了对材料早期失效过程及其物理本质的研究,即把宏观的破坏与微观的组织结构变化及破坏发生、发展的物理过程的研究结合起来,从而找到了材料强化的新途径,推动了热处理工艺的发展。当代机械设计、材料工程(材料加工)与材料科学之间的紧密结合,以及各学科及工艺技术之间的相互渗透,已使热处理的技术领域日益扩大,向着优质、高效率、节约能源及无公害方向发展。例如为了提高金属材料的强韧度,发展了强韧化热处理工艺等。

4.2.7 粉末冶金

粉末冶金是极其重要的现代成形方法之一。粉末冶金是通过制取粉末材料,并以粉末为原料用成形烧结法制造出材料与制品。此技术既是制取材料的一种冶炼方法,又是制造机械零件的一种加工方法。

粉末冶金制品分两类:一类是只能用粉末冶金制造的制品,如硬质合金刀片、含油轴承、过滤网件等;另一类是用粉末冶金取代过去用铸、锻、切削成形的零件,如齿轮、凸轮、链轮等。

在机械制造、汽车、电器、航空等工业中，已有越来越多的传统金属零件被粉末冶金制品所取代，这主要是由于粉末冶金在技术上和经济上具有如下一系列特点。作为少切削、无切削材料加工技术，可大批量制造形状复杂、公差带窄、表面粗糙度低的零件，且节能、节材、成本低。作为材料制造技术，能制取普通熔铸法无法生产的具有特殊性能的材料：

（1）高熔点金属材料　如钨、钼、钽以及某些金属化合物的熔点都在 2 000 ℃以上，采用通常的熔铸工艺比较困难，而且材料的纯度与冶金质量难以得到保证；

（2）复合材料　如含有难熔化合物的硬质合金、钢结硬质合金、金属陶瓷材料、弥散强化型材料，以及金属及非金属复合材料等；

（3）假合金材料　假合金指各组元在液态时基本上互不相溶，无法通过熔合法制成的合金。如钨-铜和铜-石墨电触头材料等；

（4）特殊结构材料　如多孔材料、含油轴承等。

表 4-1 为几种成形及加工方法经济性比较的实例。

表 4-1　几种成形、加工方法经济性比较

方　　法	材料利用率/(%)	单位能耗/(J/kg)
铸造	90	30～38
粉末冶金	95	29
冷锻	85	41
热锻	75～80	46～49
机械加工	40～50	66～82

粉末冶金一直被称为金属陶瓷术。实际上，粉末冶金技术和传统的陶瓷技术有所差别。粉末冶金用粉末主要以金属为主成分，而陶瓷粉末则主要以无机化合物为主成分，如氧化物、氮化物、碳化物等，因而在具体的工序上有一定的差别，如在粉末原料的精制和烧结工艺的控制上，但随着粉末成形技术和热致密化技术的发展，粉末冶金技术和现代陶瓷制造技术已经很难找出明显的区别。

人们在 19 世纪就开始应用这种方法。如 1826 年，俄罗斯最早用白金粉制成货币和其他制品。第二次世界大战时，德国曾用粉末冶金法生产多孔质的铁炮弹弹带，代替黄铜或铜制的炮弹弹带。现在，从圆珠笔的圆珠到火箭的喷嘴，都在广泛地应用粉末冶金技术。

粉末冶金的生产过程是先制造金属粉末，接着，将金属粉末装入压模中，用压力机压成条片状或块状。然后，把压成的坯块放到炉子中，在保护气氛或真空下进行烧结，变成非常坚实的金属块。

现代化的飞机多采用多孔质材料（铜、镍、锡粉制成的多孔海绵金属板）作防冻设备材

料,多孔质材料也常用作超高速度飞机表面降温材料。

粉末冶金生产的硬质合金,广泛用来制造刀具、模具和各种凿岩工具。如用碳素钢制造的车刀,切削速度只有 15 m/min,而硬质合金刀具可把切削速度提高到 1 650 m/min 以上。飞机、坦克、汽车中的制动器,多数是用粉末冶金法生产的。用粉末冶金方法生产的"三层合金"是非常重要的耐磨材料,用于制造航空发动机、汽车发动机和柴油发动机的轴承。

此外,粉末冶金还广泛应用于现代尖端工业中。例如,电子工业中的磁性元件,原子反应堆的核器件、火箭技术中的高温构件等大都采用粉末冶金法生产。

粉末冶金制品中,用量最大的是铁粉:铁约为 79%,铜约为 18%,其他约 5%。目前生产金属粉末的方法主要有雾化法、离心力法(粉化金属液)、还原法、电解法(能生产纯度很高的铁粉和铜粉)。此外,还用羰化法来制造镍粉和铁粉。

目前最广泛使用的制粉方法是机械研磨法,所用设备是各种类型的研磨机(如振动球磨机、滚动球磨机、搅拌球磨机、锤磨机及棒磨机等)。研磨时,研磨介质(如球)使粉末颗粒受到大小不同的冲击、剪切、磨搓力的作用,以最小的能量使金属物料断裂、破碎。用机械研磨法可获得微米级的微细粉末,获得的粉末经混合均匀后即可成形。传统的成形方法有模压成形、等静压成形、挤压成形、轧制成形、注浆成形和热压铸成形等。近年来由于各学科的发展及交叉渗透,出现了许多新的成形方法,如电火花烧结、微波烧结、喷射轧制、喷射锻造、热挤压、高能成形等。

粉末冶金用压制、烧结来取代铸造、锻造以及随后的切削加工,简化了工艺过程,提高了材料的利用率。与精密铸造和精密锻造相比,可获得更高的尺寸精度和光洁度,是一种较好的无切削加工方法之一。

用粉末冶金技术制备的粉末冶金材料或制品,包括粉末冶金机械零件、磁性材料、硬质合金材料与制品、难熔金属或高熔点金属材料与制品、精细陶瓷材料与制品等(见图 4-22),其中粉末冶金机械零件是其主流产品。用粉末冶金技术生产机械零件,不但节能、省材,经济性好,而且随着新的成形烧结工艺技术的开发应用,粉末冶金结构零件形状越来越复杂,材料的力学性能越来越高,甚至超过了用常规的铸造、锻造法生产的零件。例如汽车发动机中承受动应力最大的连杆,可以用粉末锻造法或一次压制烧结工艺制造。利用温压技术,用一次压制烧结就可使铁基粉末冶金零件的材料密度达 7.4 g/cm³ 以上,从而使材料的力学性能显著提高。可以说,粉末冶金材料或制品有着广阔的应用发展前景。

但就粉末冶金零件的生产而言,粉末冶金技术当前仍受到下列限制。

(1)原料粉末的性能对产品的质量影响极大,且价格比相应的常规金属材料高,加上受压制设备吨位的限制,粉末冶金工件的质量和尺寸受到一定的限制,多用于小零件的

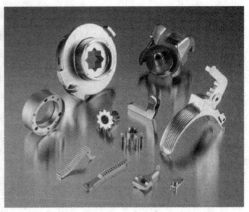

图 4-22　粉末冶金制品

生产。

（2）粉末成形模具造价高，因此粉末冶金零件须批量生产，最小批量不应小于 5 000～10 000 件，否则经济效益很差。

4.2.8　表面工程

随着现代工业的发展，对机械产品零件表面的性能要求越来越高，改善材料的表面性能会有效地延长其使用寿命，节约资源，提高生产力，减少环境污染。这就对制造技术提出了新的挑战，既推动了表面工程学科的发展，又促进了先进的表面工程如复合表面工程、纳米表面工程等在制造业中的广泛应用。

表面工程是经表面预处理后，通过表面涂覆、表面改性或多种表面工程技术复合处理，改变固体金属表面或非金属表面的形态、化学成分、组织结构和应力状态等，以获得所需要表面性能的系统工程。表面工程是由多个学科交叉、综合发展起来的新兴学科，它以"表面"为研究核心，在有关学科理论的基础上，根据零件表面的失效机制，以应用各种表面工程技术为特色，逐步形成了与其他学科密切相关的表面工程基础理论。表面工程的最大优势是能够以多种方法制备出优于本体材料性能的表面功能薄层，赋予零件耐高温、耐腐蚀、耐磨损、抗疲劳、防辐射等性能，这层表面材料与制作部件的整体材料相比，厚度薄、面积小，但却承担着工作部件的主要功能。

当前表面工程发展非常迅速，也非常活跃。其原因有三：第一，现代工业的发展对机电产品提出了更高的要求，要在高温、高压、高速、重载以及腐蚀介质等恶劣工况下可靠地工作，表面工程为实现这些要求大显身手；第二，相关的科学技术的发展为表面工程注入了活力、提供了支撑，如高分子材料和纳米材料的发展，激光束、离子束、电子束三种高能量密度热源的实用化等，都显著拓宽了表面工程的应用领域，丰富了表面工程的功能，提高了表面处理的质量;第三,表面工程适合我国国情,能大量节约能源、资源,体现了科技尽快转化为生产力的要求,符合可持续发展战略。近年来,复合表面工程和纳米表面工程日益成为表面工程研究领域新的发展方向。

复合表面工程技术的基本特征是综合、交叉、复合、优化,与其他表面技术领域的重要区别是复合。复合表面工程包括多种表面工程技术的复合和不同材料的复合两种形式。

综合运用两种或多种表面工程技术的复合表面工程技术,通过最佳协同效应获得了"1+1>2"的效果,解决了一系列高新技术发展中特殊的工程技术难题,如热喷涂与激光重熔的复合、热喷涂与刷镀的复合、化学热处理与电镀的复合、表面强化与喷丸强化的复合、表面强化与固体润滑层的复合、多层薄膜技术的复合、金属材料基体与非金属材料涂层的复合等。复合技术使本体材料的表面薄层具有更加卓越的性能。

复合涂层种类主要有金属基陶瓷复合涂层、陶瓷复合涂层、多层复合涂层、梯度功能复合涂层等。例如,Al 是具有较好耐蚀性能的涂层材料,但纯 Al 涂层的耐磨性差,通过在 Al 中添加硬质陶瓷相可显著提高其耐磨性能,因此可在 Al 金属中添加 AlN、Al_2O_3、SiC、TiC 等获得金属基复合涂层。这类金属基复合涂层可以通过等离子喷涂复合粉或电弧喷涂粉芯丝材获得。例如,采用高速电弧喷涂 Al 基 Al_2O_3 复合涂层粉芯材料,其在具有优异的耐蚀性能的同时,还具有显著的耐磨和防滑性能,应用于船舶甲板的防滑,具有显著的效果。此外,在 Al 基中添加 SiC,涂层硬度可显著提高,复合涂层的耐磨性比仅添加 Al_2O_3 涂层的耐磨性高 35%,且可改善涂层的导热性。

再如,金属间化合物及其复合材料具有优越的高温强度和抗氧化性。然而,其室温脆性及难以成形加工等特性严重制约了此类材料的应用,另外金属间化合物的硬度和耐磨性必须通过加入硬质陶瓷复合相得到改善,以适应高负荷、高温部件对耐磨性的要求。热喷涂技术是制备金属间化合物及其复合材料的一种新的涂层工艺,具有独特优点,可有效解决室温加工困难的问题。它冷却速度快,能产生细小的等轴晶,能充分发挥细小粒子的强化作用,可改善增强颗粒与基体间的润湿性,改善高温结构用金属间化合物合金的性能,具有广阔的应用前景。例如,通过单元素粉末 Ti(或 Fe)和 Al 并加入 SiC、TiB_2 或 WC 颗粒,用脉冲等离子喷涂法可合成金属间基体化合物复合涂层 $TiAl/SiC$,TiB_2。

纳米技术是 20 世纪 80 年代末期诞生并快速崛起的新技术。纳米科技研究范围是过去人类很少涉及的非宏观,非微观的中间领域($10^{-9} \sim 10^{-7}$ mm),它的研究开辟了人类认识世界的新层次。纳米材料被称为"21 世纪最有前途的材料",纳米技术是 21 世纪新产品诞生的源泉。而纳米表面工程是以纳米材料和其他低维非平衡材料为基础,通过特定的加工技术或手段,对固体表面进行强化、改性、超精细加工以赋予表面新功能的系统工程。

随着纳米科技的发展和纳米材料研究的深入,具有力、热、声、光、电、磁等特异性能的许多低维、小尺寸、功能化的纳米结构表面层能够显著改善材料的组织结构或赋予材料新的性能。目前，在高质量纳米粉体制备方面已取得了重大进展，有些方法已在工业中应用。但是，如何充分利用这些材料，如何发挥出纳米材料的优异性能是亟待解决的问题。

热喷涂法制备纳米级晶粒涂层的主要优点是适应性好和成本低，这有可能很快导致纳米级晶粒材料工业应用的实现。例如，有关纳米组织 WC/12Co 和 WC/15Co 涂层热喷涂过程的研究显示出良好的发展前景，在涂层组织中可以观察到，纳米级微粒散布于非晶态富 Co 相中，结合良好，涂层显微硬度明显增加。研究表明，纳米涂层具有极好的抗晶粒长大的热稳定性。此外，美国纳米材料公司应用独有的水溶性纳米粉体合成技术制备纳米粉，再通过特殊黏结处理形成喷涂粉，用等离子喷涂法获得了纳米结构的 Al_2O_3/TiC 涂层，该涂层致密度达 95%～98%，结合强度比商用粉末涂层提高 2～3 倍，磨粒磨损抗力是商用粉末涂层的 3 倍，弯曲强度比商用粉末涂层的强度提高 2～3 倍，这表明纳米结构涂层具有很好的性能。

4.3　塑料的成形加工

在机床、汽车、电器等制造工业中，塑料的应用日趋广泛，在许多场合正逐步代替某些金属材料，并收到较好的经济效益。因此，塑料的加工也随着社会对塑料制品需求量的增加而发展起来。塑料工业包括两个生产系统，即塑料的生产和塑料制品的生产。塑料的生产包括树脂和半成品的生产，塑料制品的生产主要是指塑料成形加工。塑料成形加工是将各种形态的塑料（粉料、粒料、溶液或糊状物），根据其性能选择适当的成形方法制成所需形状和尺寸的制品。塑料成形加工一般包括原料的配制和准备、成形及制品后加工等几个过程。

塑料成形方法很多，按坯料成形时的形态不同，通常划分为如下三大类：固态成形，包括热成形、冷成形、吹塑；液态成形，包括射塑、铸塑；粉末成形，包括挤压、压塑、旋转模塑。

4.3.1　固态成形工艺

固态成形工艺中使用的材料是塑料薄膜、塑料板或预制坯件，常用的成形方法有三种。

（1）热成形　热成形是指通过加热、加压（或抽真空）作用使热塑性塑料薄膜或板料成形的方法。这种成形工艺对模具材料的强度要求不高，通常可用以铸铝粉作填充物的环氧树脂制造，也可以由木材、金属、石膏和塑料制成。热成形方法不能加工带孔零件，只适用于制造护罩、外壳、仪表盘及包装用品等。

（2）吹塑　将塑料管加热后放入冷的组合模具中，向管内充气加压，使管膨胀成为模具内腔形状。所用压缩空气的压力通常为 0.35～0.7 kPa，模具用铝合金制成，主要用于饮料桶、瓶、食品容器、药品容器、玩具等用品的制造。

（3）冷成形 适合于冷成形的塑料多为聚丙烯、聚碳酸酯、ABS树脂、聚氯乙烯等。通常采用的冷成形工艺与金属的冷变形工艺雷同，有轧制、拉延、挤压、模压等。在机械制造工业中，塑料的冷成形工艺使用较少。

4.3.2 液态成形工艺

以液态塑料为原料的成形工艺称为液态成形工艺，常用的成形方法有两种，如图4-23所示。

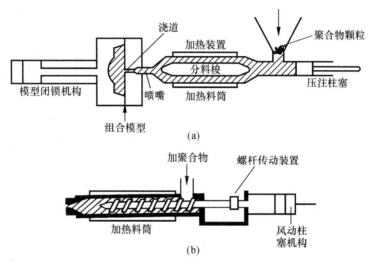

图 4-23 液态成形工艺原理

（1）铸塑 与金属铸造成形相似，塑料可以通过浇注成形。铸塑成形使用的材料多为尼龙、丙烯酸系树脂类热塑性塑料与环氧树脂、酚醛树脂、聚氯酯等热固性塑料。

铸塑是将熔融树脂注入刚性或柔性模具型腔，并加入适量的固化剂，在常压、常温或适当加热条件下固化成形。铸塑成形工艺的投资少、设备简单，成形构件的质量基本上不受限制。但这种工艺的生产效率低，产品形状和质量受到一定限制。

（2）射塑 液态射塑成形一般是先将塑料加热熔融，然后将熔融塑料经由注射机喷嘴注射入模具型腔中，冷却后，打开模具即可得到所需的制品。注射压力一般为50～200 MPa。

射塑成形工艺主要适用于热塑性塑料，目前，热固性塑料也越来越多地使用射塑成形工艺。

射塑成形制品的性能在很大程度上取决于模腔、浇口、绕道以及冷却条件。这种工艺生产率较高，但模具系统制造成本较高，所以只有在大批量生产时才比较经济。应用这种工艺的有玩具、罐头盒、包装箱、泵、齿轮、仪表壳等。

4.3.3　粉末成形工艺

以颗粒或粉末状塑料为原料的成形工艺称为粉末成形工艺，常用的成形方法有三种。

（1）挤压　挤压是热塑性塑料的基本成形方法之一。它是把颗粒状或粉末状的原料从料斗送入挤压筒中，靠螺旋送料器或挤压活塞挤压原料，通过凹模洞口或间隙成形。挤压过程需用的热量既可利用材料内部的摩擦热量，也可以由挤压筒壁中的加热器提供，加热温度为135～370℃。挤压成形后，通过空冷、水冷或喷水冷却固化成形。

挤压工艺的流程连续、生产率高，可用于生产各种塑料棒材、管材及其他型材、导线及电缆线的塑料包皮等。

（2）压塑　压塑又称模压，其过程与金属模锻相似。将定量的粉末或预成形坯件直接放入加热的模具型腔中，将凸模在一定压力下保持一定时间，使之成形。典型的压塑制品有手柄、按钮、连接件、护罩、仪表壳体等。

（3）旋转模塑　旋转模塑成形是将定量的塑料粉末放入由两部分组成的薄壁金属（铝或钢）模具中，模具可以绕互相垂直的两轴旋转并被加热。塑料粉末在离心力的作用下贴在模具内壁，达到形状和尺寸要求时，停止转动，待冷却后，打开模具取出制品。这种成形工艺多用于制造桶、罐、艇壳、垃圾箱、周转箱及各种容器制品。

4.3.4　成形后加工

成形的塑料制品大多可直接使用，但有些制品则还需进一步的加工处理才能使用。通常塑料成形后的加工处理有下述三种。

（1）机械加工　塑料的机械加工和金属的切削加工大致相同，可根据不同的表面要求选择车、铣、刨、磨、钻、镗、攻丝等加工方法。

（2）连接加工　塑料的连接加工方法有焊接、溶剂黏结、胶接等。

（3）表面处理　有些塑料制品需要导电性能，则可进行电镀处理（化学浸蚀或是表面渗入），以在塑料表面形成一层导电物质。有些塑料制品为了具有防护和装饰作用，可通过刷涂、浸涂、喷涂等方法，在塑料制品表面涂覆一层覆盖层。

4.4　互换性与检测技术

4.4.1　互换性

在日常生活中，互换性的例子很多，比如灯泡不亮了，只要到商店买一个相同规格的换上即可。又如机器上掉了一个螺钉或螺母也可以挑一个相同规格的换上。这些彼此能相互调换的零件,给我们的工作(生产)带来很多的方便,我们就称这些灯泡、螺钉、螺母等是具有互换性的零件。从制造机器的角度来看,制造机器的过程是先制造零件,而后部件,最后才装配成机器。一台机器中的同类零件,在装配时能相互调换,这样便能大大地缩短生产周期,提高劳动生产率。

因此,零部件的互换性就是指机械制造中按规定的几何、力学性能等参数的允许变动量来制造零件和部件,使其在装配或维修更换时不需要选配或辅助加工便能装配成机器并满足技术要求的性能。几何参数包括大小尺寸、几何形状、相互位置、表面粗糙度等;力学性能参数通常指硬度、强度和刚度等。这样,在机器制造中,由于零部件具有互换性,对规格相同的一批零件(或部件),装配前不需选择,装配时(或更换时)不需修配和调整,装配后机器质量完全符合规定的使用性能要求,这种生产就叫互换性生产。

从现代工业的特点来看,在现代工业生产中,常采用专业化大协作的生产,即用分散制造、集中装配的办法来提高劳动生产率,以保证产品的质量和降低成本。为此,要实行专业化生产,必须采用互换性原则。如轿车这样由上万个零件组成的产品,正是基于互换性原则,才保证了当今不足1分钟就可装配下线一辆轿车的高生产率。因此,只有工业生产中推行互换性生产,才能适应国民经济高速度发展的需要。可以说互换性是大生产的一条重要的技术经济原则。当前,互换性已不只是大生产的要求,即使小批量,亦按互换性的原则进行。

互换性的意义主要体现在以下几个方面。

(1)设计方面:可以最大限度地采用标准件和通用件,大大简化了绘图和计算工作,缩短了设计周期,并有利于计算机辅助设计和产品的多样化。

(2)制造方面:有利于组织专业化生产,便于采用先进工艺和高效率的专用设备,有利于计算机辅助制造及实现加工过程和装配过程机械化、自动化。

(3)使用维修方面:减少了机器的使用和维修的时间和费用,提高了机器的使用价值。

要使具有互换性的产品几何参数完全一致,是不可能也是不必要的。在此情况下,要使同种产品具有互换性,只能使其几何参数、功能参数充分近似,其近似程度可按产品质量要求的不同而不同。现代化生产的特点是品种多、规模大、分工细和协作多。为使社会生产有序地进行,必须通过标准化使产品规格品种简化,使分散的、局部的生产环节相互协调和统一。

造成零件的加工误差的原因有多方面:一是机械加工过程中,由于机床、夹具、刀具、工件所组成的工艺系统存在误差;二是零件加工时的切削力引起的工艺系统的弹性变形;三是加工时的切削热、环境温差等引起的工艺系统热变形;另外还有刀具的磨损等种种因素的影响。这些因素致使加工后的零件的几何参数与图纸上规定的不可能完全一致,从而造成加工误差。

加工精度是指零件加工后的实际几何参数（尺寸、形状和位置）与理想几何参数的符合程度。符合程度越高，加工精度越高。根据零件几何参数不同，衡量零件加工准确性的加工精度，可分为零件的尺寸精度、形状精度和位置精度，分别反映了加工后零件的实际尺寸与理想尺寸、实际形状与理想形状、实际位置与理想位置相符的程度。如果加工后零件的几何参数（尺寸、形状、相互位置等）非常接近规定的几何参数（设计图纸上规定的理想尺寸、形状、相互位置等），则说该零件的加工精度高；反之，偏离越大，加工精度越低。加工精度通常用加工误差表示，加工误差小则精度高，误差大则精度低。

表面粗糙度亦称表面光洁度，是指表面微观几何形状误差，反映工件的加工表面精度。在机械加工过程中，由于刀痕、切削过程中切屑分离时的塑性变形、工艺系统中的高频振动、刀具和被加工表面的摩擦等原因，会使被加工零件的表面产生微小的峰谷，这些微小峰谷的高低程度和间距（波距）状况用表面粗糙度来描述。它与表面宏观几何形状误差以及表面波度误差之间的区别，通常是按波距的大小来划分的：波距小于 1 mm 的属于表面粗糙度（微观几何形状误差）；波距在 1～10 mm 的属于表面波度（中间几何形状误差）；波距大于 10 mm 的属于形状误差（宏观几何形状误差）。

表面粗糙度对零件的功能有很多影响，如接触面的摩擦、运动面的磨损、贴合面的密封、旋转件的疲劳强度和耐蚀性能等，因此对提高产品质量起着重要作用。

在实际的机械制造中不可能保证同一类零件的所有尺寸都一样，我们允许产品的几何参数在一定限度内变动，以保证产品达到规定的精度和使用要求，而这一变动量就是公差。几何参数的公差有尺寸公差和形位公差。

机械制造中，设计时给定的尺寸称为基本尺寸，测量得到的尺寸称为实际尺寸，允许变动的两个极限值称为极限尺寸，分最大极限尺寸和最小极限尺寸，而公差等于最大极限尺寸和最小极限尺寸的差值。尺寸偏差是实际尺寸减其基本尺寸所得的代数值。最大极限尺寸减其基本尺寸所得的代数值为上偏差，最小极限尺寸减其基本尺寸所得的代数值为下偏差。上偏差与下偏差的代数差的绝对值也等于公差。

配合是指基本尺寸相同的相互结合的孔和轴公差带之间的关系。孔的尺寸减去相配轴的尺寸所得的代数差称为间隙或过盈。差值为正时是间隙，为负时是过盈。按间隙或过盈及其变动的特征，配合分为间隙配合、过盈配合和过渡配合。

4.4.2　检测技术

在机械制造工业中，会经常用光长度基准直接对零件尺寸进行测量，其准确度固然高，但在广泛的测量中，直接用光进行测量十分不便。为了满足实际测量的需要，长度基准必须通过各级传递，最后由量具生产厂家制造出工作量具。这些工作量具就是实际生产中人们常说的"量具"。正是由于零件尺寸是由国家基准逐级传递下来的，所以全国范围内尺寸的一致性就有了可靠的保证。常用的测量工具有游标卡尺、千分尺（见图4-24）、百分表、千分表、各类传感器、三坐标测量仪(见图4-25)等。

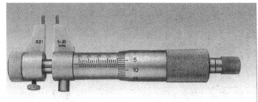

图 4-24 千分尺

图 4-25 全自动三坐标测量仪

　　测量是以确定量值为目的的一组操作,通过将被测参数的量值与作为单位的标准量进行比较,比出的倍数即为测量结果。与测量概念相近的是检验,它常常仅需分辨出参数量值所列属的某一范围,以此来判别被测参数合格与否或现象的有无等。机械加工的零件、生产的机器和产品都需要经过检验或测量,以判定其是否合格。

　　检测是意义更为广泛的测量。检测不仅包含了上述两种内容,此外,对被测控对象有用信息的信号的检出,也是检测极为重要的内容。具体到工程检测技术,它的任务不仅是对成品或半成品的检验和测量(如热工参数、几何参数、表面质量、内部缺陷、探伤、泄漏检查、成分分析等),而且还必须借助检测手段随时掌握成品或半成品质量的好坏程度。为此,就要求随时检查、测量这些参数的大小、变化等情况。因而,工程检测技术就是对生产过程和运动对象实施定性检查和定量测量的技术。

　　从检测技术的定义中可以看出,人类在研究未知世界的过程中是离不开检测技术及其发展的。例如,最早人类只依靠自身的感觉器官(听觉、视觉、嗅觉、味觉、触觉)和简陋的量具去观察自然现象,此时检测技术仅仅达到人感觉器官所能达到的限度,因此作用也很有限。只有检测技术的高度发展,才使人类认识客观世界达到相当的深度和广度。如:生物显微镜及电子显微镜的出现,使人们能观察生物细胞、材料结构等微观世界;射电望远镜可使人们能主动地探索浩瀚的宇宙;红外、微波等检测技术的发展,并在卫星探测上得到应用后,使人们由依靠局部的观察来推测气象、水文、资源、污染、森林覆盖、泥沙流失、农业收成等发展到能从整个地球的宏观上去观察,因此也就更为及时、客观和真实。

工程检测技术的发展,从原来的仅能对成品和半成品进行生产后的检测,发展成能对生产过程或运动对象进行控制、及时提供正确的信息的程度,因此,也成为实施工业自动化的重要支柱。离开了对被控对象信号的采集、传输、存储、变换以及从这些信号中定性、定量地获取有用信息,任何先进的控制想法都将无法实施。

随着微细加工、纳米加工等现代制造技术的发展,制造业的高精度对测量精度和功能提出了更高的要求,主要有以下几个特点。

(1) 更高的测量精度。

(2) 更高的效率。随着生产节奏不断加快,要求在保证测量精度的同时,还要有较高的效率。首先,需要改进测量机的结构设计,减轻运动部件的质量。其次,要提高控制系统的性能,使测量机能以较高速度运动,且运动平稳、定位准确,不产生振荡、过冲等现象。

(3) 发展探测技术,完善测量机配置。探测技术在测量机中占有重要位置。从原理上说,只要是测头能探及的部位,测量机就能测量出来。探测技术发展的一个重要趋势是,非接触测头将得到广泛的应用。在发展非接触测头的同时,具有高精度、较大量程、能用于扫描测量的模拟测头以及能伸入小孔、用于测量微型零件的专门测头也将获得发展。另外,不同类型的测头同时使用或交替使用,也是一个重要的发展方向。

(4) 采用新材料,运用新技术。近年来,铝合金、陶瓷材料以及各种合成材料在测量机中得到了越来越广泛的应用。有一些材料将在制作一些有特殊要求的测量机部件中得到应用,例如,采用零膨胀系数的微晶玻璃制作一些关键部件,利用膨胀系数小、具有高的弹性模量与密度小的碳纤维制作探针与接长杆等。其他一些新技术,例如磁悬浮技术也会在测量机及其测头中获得应用。

(5) 控制系统更开放。在现代制造系统中,测量的目的越来越不仅仅局限于成品验收检验,而是向整个制造系统提供有关制造过程的信息,为控制提供依据。从发展趋势来看,测量机将越来越多地用于数字化生产线,成为现代制造系统的一个有机组成部分,能与其他生产机器联网、通信,完成计算机辅助设计、制造、工艺规划。从这一要求出发,必须要求测量机具有开放式控制系统,具有更大的柔性。所以,从整个发展趋势来看,加快发展开放式的控制系统是必然的。

检测技术不仅为工业自动化提供正确信息,而且是在科学研究中寻找规律的重要手段,因此它服务的领域十分广泛,检测的对象千变万化,遇到的问题也错综复杂。要解决这些问题,必须依赖于各学科(物理、化学、数学、生物学、材料科学等)的发展,综合运用这些学科的成果,由此形成新的检测理论、方法和技术手段。而检测技术的提高无疑会有力地推动各学科的试验研究和发展。这种相互的促进也就描述出了检测技术的发展路径。

传感器的发展从一个侧面反映了检测技术的发展。应用新材料、采用新加工技术使一些新原理得以实现,一些新型的性能优良的传感器不断研制出来,这不但解决了一些难于检测的问题,而且微电子技术的应用,使得传感器性能进一步提高,传感器正向着集成化、微型化,多功能、智能化,虚拟化、网络化、系统化、高精度以及高可靠性和安全性方向发展。网络化的发展,以及和计算机的结合不仅提高了传感器的性能(灵敏度、精度、选择性、线性度、抗干扰能力等),而且还可使其智能化水平、处理数据能力不断提高。

4.4.3 装配与装配方法

任何机器都是由许多零部件经过装配组合而成的。装配是机器制造过程中的最后一个阶段,包括装配、调整、检验和试车、试验等内容。通过装配可以保证机器的质量,也能发现产品设计和零件制造中的问题,从而不断改进和提高产品质量,降低成本。

装配精度的高低不仅影响产品的质量,而且还影响制造的经济性,它是确定零部件精度要求和制订装配工艺规程的一项重要依据。机器的装配精度的主要内容包括零部件间的尺寸精度、相对运动精度、相互位置精度和接触精度。

机器、部件、组件等是由零件装配而成的,因而零件的有关精度将直接影响相应的装配精度。例如,滚动轴承游隙的大小是装配的一项最终精度要求,它由滚动体的精度、轴承外环内滚道的精度及轴承内环外滚道的精度来保证,合理地控制这三个精度,可使三项误差的累积值等于或小于轴承游隙的规定值。

可见,要合理地保证装配精度,必须从机构的设计、零件的加工、机器的装配以及检验等全过程来综合考虑。在机器设计过程时,应合理地规定零件的尺寸公差和技术条件,并计算、校核零部件的配合尺寸及公差是否协调。在制订装配工艺、确定装配工序内容时,应采取相应的工艺措施,合理地确定装配方法,以保证机器性能和重要部位的装配精度要求。

为了达到装配精度,人们根据产品的结构特点、性能要求、生产纲领和生产条件创造出许多行之有效的装配方法,主要有互换法、选配法、修配法和调整法四大类。

(1)互换法 互换法可以根据互换程度,分完全互换和不完全互换两种类型。

完全互换就是机器在装配过程中每个待装配零件不需挑选、修配和调整,装配后就能达到装配精度要求的一种装配方法,这种方法用控制零件的制造精度来保证机器的装配精度。完全互换法的优点是:装配过程简单、生产效率高;对工人的技术水平要求不高;便于组织流水作业及实现自动化装配;便于采用协作生产方式,组织专业化生产,降低成本;备件供应方便,利于维修等。因此,只要能满足零件的经济精度加工要求,无论何种生产类型,首先考虑采用完全互换装配法。

当机器的装配精度要求较高，装配的零件数目较多，难以满足零件的经济精度加工要求时，可以采用不完全互换法保证机器的装配精度。采用不完全互换法装配时，零件的加工误差可以放大一些，使零件加工容易、成本低，同时也达到部分互换的目的。其缺点是将会出现一部分产品的装配精度超差。

（2）选配法　在成批或大量生产的条件下，若组成零件不多但装配精度很高，采用互换法将使零件公差过严，甚至超过了加工工艺的现实可能性。在这种情况下，可采用选配法进行装配。选配法又分三种：直接选配法、分组选配法和复合选配法。

直接选配法是由装配工人从许多待装的零件中，凭经验挑选合适的零件装配在一起，保证装配精度。这种方法的优点是简单，但是工人挑选零件的时间可能较长，而装配精度在很大程度上取决于工人的技术水平，故不宜用于大批量的流水线装配。

分组选配法是先将被加工零件的制造公差放宽几倍（一般3～4倍），加工后测量分组（公差带放宽几倍分几组），并按对应组进行装配以保证装配精度的方法。分组选配法在机器装配中用得很少，而在内燃机、轴承等大批量生产中有一定的应用。

复合选配法是上述两种方法的复合。先将零件预先测量分组，装配时再在各对应组内凭工人的经验直接选择装配。这种装配方法的特点是配合公差可以不等。其装配质量高，速度较快，能满足一定生产节拍的要求。在发动机的汽缸与活塞的装配中，多采用这种方法。

（3）修配法　在单件小批生产中，装配精度要求很高且组成环比较多时，各组成环先按经济精度加工，装配时通过修配某一组成环的尺寸，使封闭环的精度达到产品精度要求，这种装配方法称为修配法。修配法的优点是能利用较低的制造精度来获得很高的装配精度，其缺点是修配工作量大、要求工人技术水平高、不易预定工时、不便组织流水作业。利用修配法达到装配精度的方法较多，常用的有单件修配法、合并修配法和自身加工修配法等。

（4）调整法　调整法与修配法在原理上是相似的，但具体方法不同。调整法装配是将所有组成环的公差放大到经济精度规定的公差进行加工，在装配结构中选定一个可调整的零件，装配时用改变调整件的位置或更换不同尺寸的调整件来保证规定的装配精度要求。常见的调整法有可动调整法、固定调整法和误差抵消调整法三种。

参 考 文 献

[1] 牛小铁.机械技术（上册）[M].北京：煤炭工业出版社，2003.

[2] 居毅.机械工程导论[M].杭州：浙江科技出版社，2003.

［3］朱张校.工程材料［M］.北京:清华大学出版社,2001.

［4］刘宗昌.金属材料工程概论［M］.北京:冶金工业出版社,2007.

［5］周美玲,谢建新,朱宝泉.材料工程基础［M］.北京:北京工业大学出版社,2001.

［6］冯显英.机械制造［M］.济南:山东科技出版社,2007.

［7］师汉民,易传云.人间巧艺夺天工［M］.武汉:华中科技大学出版社,2000.

［8］王庆义.冶金技术概论［M］.北京:冶金工业出版社,2006.

［9］齐桂森.机械制造工程概论［M］.北京:航空工业出版社,1997.

［10］何红华,马振宝.互换性与测量技术［M］.北京:清华大学出版社,2006.

［11］朱世富.材料制备科学与技术［M］.北京:高等教育出版社,2006.

［12］沈莲.机械工程材料［M］.北京:机械工业出版社,2004.

［13］曹茂盛.材料合成与制备方法［M］.哈尔滨:哈尔滨工业大学出版社,2001.

第5章 先进制造技术

5.1 概 述

人类文明有三大物质支柱：材料、能源和信息。这三大支柱都离不开人类的制造活动。没有制造，就没有人类。18 世纪后半叶，以蒸汽机和工具机的发明为特征的产业革命促成了工厂式生产方式的出现，标志制造业从手工作坊生产到以机械加工和分工原则为中心的工厂生产的转变；19 世纪电气技术的发展开辟了电气化的新时代，实现了制造技术批量化生产；20 世纪初，内燃机的发明引起了制造业的革命，流水线生产和泰勒式工作制及其科学管理方法得到了应用；自二次世界大战到 20 世纪 70 年代，计算机、微电子、信息和自动化技术的迅速发展推动了生产方式由大、中批量生产向多品种、小批量柔性生产自动化的转变；20 世纪 80 年代后期，信息技术、新材料技术和现代管理思想对传统的制造技术理念的强力渗透与集成，使传统机械技术发生革命性变革，形成了所谓的先进制造技术（advanced manufacturing technology，AMT）。近 20 多年来，随着现代高新技术的迅猛发展，制造业的内涵和外延出现了许多新的特点和发展趋势。

波音公司的新型 767-X 飞机研制开发过程就是一个充分利用先进制造技术的案例。过去的飞机开发大都沿用传统的设计方法，按专业部门划分设计小组，采用串行的开发流程。大型客机从设计到原型制造多则十几年，少则七到八年。波音公司在 767-X 的开发过程中采用了全新的"并行产品定义"的概念，通过优化设计过程集合了最新管理方案，改进计划、改善设计、降低成本、提高质量，实现了三年内从设计到一次试飞成功的目标。表 5-1 就是波音 767-X 开发方式与传统开发方式的比较。

首先，100%数字化产品设计。飞机零件设计采用 CATIA 设计零件的 3D 数字化图形，可以很容易地从实体中得到剖面图；利用数字化设计数据驱动数控机床加工零件，产品插图也能更加容易、精确地建立；用户服务组可利用 CAD 数据编排技术出版用户资料。所有零件设计都只形成唯一的数据集，提供给下游用户。针对用户的特殊要求，只对数据集修改，不对图样修改。每个零件数据集包括一个 3D 模型和 2D 图，数控过程可用到 3D 模型的线架和曲面表示。

其次，3D 实体数字化整机预装配。数字化整机预装配是在计算机上进行建模和模拟装配的过程，用于检查配合干涉的问题，这个过程以设计共享为基础。数字化整机预装配将协调零件设计、系统设计（包括管线、线路布置），检查零件的安装和拆卸情况，其功能包括配合干涉检查、选择最佳精度。数字化整机预装配可以在出图前辅助设计员消除干涉

表 5-1   波音 767-X 开发方式与传统开发方式的比较

	767-X 开发方式	传统开发方式
工程设计员	在 CATIA 上设计和出图 利用数字化预装配设计管路、线路、机舱 利用数字化整机预装配确保满足要求 利用数字化整机预装配检查、解决干涉问题 利用 CATIA 进行产品插图设计	在硫酸纸上设计和出图 在硫酸纸上设计 利用样机 在生产制造过程处理 利用样件手工绘制
工程分析员	用 CATIA 进行分析 出图前完成设计载荷分析	用图样分析 鉴定期完成
制造计划员	与设计员并行工作 在 CATIA 上设计工程零件树 用 CATIA 建立插图计划 检查重要特征,辅助软件改型管理	常规顺序 设计零件 建立 mfg. 工程图 无
工装设计员	与设计员并行工作 用 CATIA 设计工装并出图 用 CATIA 预安装,检查、解决干涉问题 零件/工装预装配,确保满足要求	常规顺序 用硫酸纸设计 在生产工装时处理 在生产工装时处理
NC 程序员	与设计员并行工作 用 CATIA 生成和检查 NC 过程	常规顺序 用其他系统
用户服务组	与设计员并行工作 用 CATIA 设计所有地面保障设备并出图 利用工程数据出版技术资料 零件与地面保障设备预装配,确保满足要求	常规顺序 用硫酸纸设计 手工插图 生成零件/工装
协调人员	设计制造团队	各种机构

现象。设计员能搜索并进入其他相关设计系统中检查设计协调情况。其他设计小组如工程分析、材料、计划、工装、用户保障等也陆续介入设计范围,并在出图前向设计员提供反馈信息。

再次,并行产品设计(CPD)。并行产品设计是对集成、并行设计及其相关过程的研究,包括设计、制造、保障等。并行设计要求设计者考虑有关产品的所有因素,包括质量、成本、计划、用户要求等。要充分发挥并行设计的效能,还需以下因素的支持:多方面培养设计人员,合理配置设计制造团队,集成产品设计、制造及保障过程;利用 CAD/CAE/CAM 保障集成设计、协同产品设计、共享产品模型、共享数据库;利用多种分析工具优化产品设计、制造、保障过程。

并行设计技术的有效运用带来了以下几方面的效益:提高了设计质量,极大地减少了早期生产中的设计更改;缩短了产品研制周期,明显地加快了设计进程;降低了制造成本;优化了设计过程,减少了报废和返工率。

5.1.1　先进制造技术的定义

先进制造技术是多学科的渗透、交叉和融合,是集机械、电子、信息、材料和管理技术为一体的新型学科。先进制造技术的概念自20世纪80年代被提出来后,至今没有一个很明确的定义,经过近年来对发展先进制造技术方面开展的工作,通过对其内涵、特征的分析研究,普遍公认的含义是:先进制造技术是在传统制造技术的基础上,以人为主体,以计算机为重要工具,不断吸收机械、光学、电子、信息(计算机和通信、控制理论、人工智能等)、材料、环保、生物以及现代系统管理等最新科技成果,涵盖产品生产的整个生命周期的各个环节的先进工程技术的总称,它面向包括机械制造、电子产品制造、材料制造、石油、化工、冶金以及民用消费品制造等在内的"大制造业",以提高对动态多变的产品市场竞争力为中心,以实现优质、灵活、高效、清洁、低耗工艺和提供优质、快捷服务,实现信息化、自动化、智能化、柔性化、生态化生产,取得理想经济效益为目标。

可见,先进制造技术本质上就是制造技术加上各个学科的相关科学技术和管理科学而交融形成的在新的层次上的制造技术。

5.1.2　先进制造技术的特点

先进制造技术作为未来制造业的主导,主要具有以下特点。

(1) 先进性　先进制造技术的核心和基础是优质、高效、低耗、清洁、灵活的工艺,这些工艺是经过优化的先进工艺,它们与代表着时代发展水平的新技术相结合,既保留了传统制造技术中的有效要素,又吸收了各种高科技的最新成果。

(2) 广泛性　先进制造技术与各学科不断渗透、交叉、融合,已发展成为集机械、电子、信息、材料和管理技术为一体的新兴交叉学科,因此有人称其为"制造工程"。先进制造技术不是单独分割在制造过程的某一环节,而是将其综合运用于制造的全过程,它覆盖了产品设计、生产设备、加工制造、销售使用、维修服务甚至回收再生的整个过程。

(3) 实用性　先进制造技术是顺应制造业的需求而发展起来的一项面向工业应用的新技术。它讲究实用性,有明确的需求导向,从而能够对市场变化做出更敏捷的反应,以获得最佳技术经济效益。它不是以追求技术的高新程度为目的,而是注重产生最好的实践效果,以提高企业竞争力和促进国家经济增长和综合实力为目标。

(4) 系统集成性　先进制造技术是现代信息技术、自动化技术、管理技术与传统制造技术的有机结合而成的新技术。它不是上述各个单项技术的简单叠加,而是有效的集成,是多学科交叉发展而成的整体性工程技术。由于与先进制造技术相关的各学科、专业间的不断渗透、交叉、融合,界限逐渐淡化甚至消失,技术趋于系统化、集成化。先进制造技术已发展成集机械、电子、信息、材料和管理技术为一体的新兴交叉学科。

(5)动态性 先进制造技术不是一成不变的,而是一门动态技术。它不断地吸收各种高新技术,将其渗透到企业生产的所有领域和产品寿命循环的全过程,实现优质、高效、低耗、清洁、灵活的生产工艺。在不同时期和不同的国家或地区,先进制造技术有其自身不同的特点、目标和内容等。

5.1.3 先进制造技术的体系结构

1994年,美国联邦科学、工程和技术协调委员会下属的工业和技术委员会先进制造技术工作组将先进制造技术分为三个技术群:主体技术群、支撑技术群、管理技术群。三者间相互关系如图5-1所示。

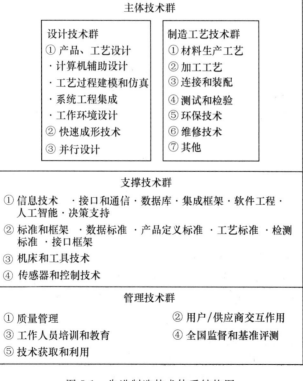

图 5-1 先进制造技术体系结构图

美国机械科学研究院(AMST)提出的先进制造技术的多层次技术群体系强调了先进制造技术从基础制造技术、新型制造单元技术和系统集成技术的发展过程。如图5-2所示，该体系包括三个层次。

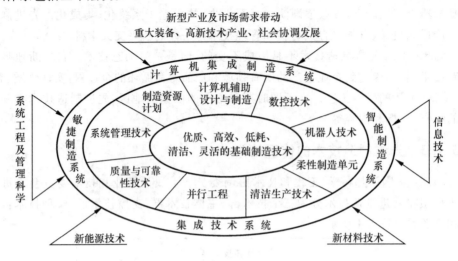

图 5-2　AMST 的先进制造技术多层次技术群体系

第一层次：现代设计、制造工艺基础技术，包括 CAD、CAPP、NCP、精密下料、精密成形、精密加工、精密测量、毛坯强韧化、精密热处理、现代管理技术等。

第二层次：新型制造单元技术，这是在市场需求及新兴产业的带动下，制造技术与电子、信息、新材料、新能源、环境科学、系统工程等高新技术结合而形成的崭新制造技术，如制造自动化单元技术、极限加工技术、系统管理技术、CAD/CAE/CAPP/CAM、清洁生产技术、新材料成形加工技术、工艺模拟与工艺优化技术等。

第三层次：系统集成技术，这是应用信息技术和系统管理技术，通过网络与数据库对前两个层次的技术集成而形成的，如 FMS、CIMS、IMS 及虚拟技术等。

5.1.4　先进制造技术的分类

先进制造技术横跨多个学科，主要可以概括为以下几个方面：现代设计技术、先进制造工艺技术、制造自动化技术、先进制造模式及现代生产管理技术。

（1）现代设计技术　现代设计是在传统设计的基础上继承和发展起来的，是一门多专业、多学科相互交叉的综合性很强的基础技术科学。其定义如下：现代设计技术是根据产品功能要求和市场竞争（时间、质量、价格等）的需要，应用现代技术和科学知识，经过设计人员创造性思维、规划和决策，制订可以用于制造的方案，并使方案付诸实施的技术，它包括了有关的各项工程技术，如计算机辅助设计、计算机辅助工程、计算机辅助工艺设计、反求工程、模块化设计、动态设计、可靠性设计、优化设计等。

（2）先进制造工艺技术　先进制造工艺技术是先进制造技术的核心和基础，任何高级的自动控制系统都无法取代先进制造工艺技术的作用。美国国防关键技术计划指出：

"制造工艺是将先进技术转化为可靠、经济、精良武器装备的关键。"随着机械工业的发展和科学技术的进步,机械制造工艺的内涵和面貌不断发生变化,而且变化和发展速度越来越快:常规工艺不断优化并得到普及,新型加工方法不断出现和发展。主要的新型加工方法类型有精密加工和超精密加工、超高速加工、微细加工、特种加工及高密度能源加工、快速原型制造技术、新型材料加工、大件及超大件加工及复合加工等加工方法。

（3）制造自动化技术　制造自动化是在广义的制造过程的所有环节采用自动化技术,实现制造全过程的自动化。制造自动化技术就是研究对制造过程的规划、运作、管理、组织、控制与协调优化等的自动化的技术,以使产品制造过程实现高效、优质、低耗、灵活和清洁的目标,主要包括数控技术、工业机器人技术、自动化加工装备技术、物流系统及辅助过程自动化技术、网络制造技术、传感技术、自动检测技术、信号处理和识别技术、制造过程监测与控制技术等方面。

（4）先进制造模式及现代生产管理技术　先进制造模式是应用与推广先进制造的组织方式,它以获取生产有效性和适应环境变化对质量、成本、服务及速度的新要求为首要目标,在制造资源迅速有效集成的基本原则下获取最高生产效率,其工作重点在于组织的创新和人的因素的发挥。先进制造生产模式包括精益生产（LP）、计算机集成制造（CIM）、敏捷制造（AM）、智能制造（IM）等。现代生产管理技术是企业中采取的各种计划、组织、控制及协调的方法和技术的总称,包括生产信息管理（PMM）、产品数据管理（PDM）、工装流程管理（WPM）等。

5.2　先进制造工艺技术

先进制造工艺技术是机械工艺不断变化和发展后形成的制造工艺技术,它包括常规工艺、经优化后的工艺以及不断出现和发展的新型加工方法。21 世纪加工制造技术的热点和发展趋势大致是:高速切削技术、精密和超精密加工技术、特种加工技术、微机械加工技术、新一代制造装备技术及虚拟制造技术等。

5.2.1　高速加工技术

根据 1992 年国际生产工程研究会（CIRP）年会主题报告的定义,高速加工通常指切削速度超过传统切削速度 5～10 倍的切削加工。因此,根据加工材料的不同和加工方式的不同,高速加工的切削速度范围也不同,如车削速度为 700～7 000 m/min、铣削速度为 300～6 000 m/min、钻削速度为 200～1 100 m/min、磨削速度为 150～360 m/s。高速加工包括高速铣削、高速车削、高速钻孔与高速车铣等,但绝大部分应用是高速铣削。

1. 高速加工的主要特点

（1）加工效率高　高速切削加工的切削速度比传统切削加工的切削速度高 5～10 倍,进给速度随切削速度的提高也可相应提高 5～10 倍,因而零件加工时间通常可缩减到原来的 1/3,提高了加工效率和设备利用率,缩短了生产周期。

（2）切削力小　高速切削加工切削力与传统切削加工切削力相比至少可降低 30%,减少了加工变形,提高了零件加工精度,有利于延长刀具的使用寿命。

（3）热变形小　高速切削加工过程极为迅速,95% 以上的切削热来不及传给零件就被切屑迅速带走。

（4）加工精度高、加工质量好　高速切削加工的切削力和切削热影响小,刀具和零件的变形小,表面的残余应力小,保证了尺寸精度。

（5）加工过程稳定　高速旋转刀具切削加工时的激振频率已远远高于切削工艺系统的固有频率,不会造成工艺系统振动,加工过程平稳,有利于提高加工精度和表面质量。

（6）能加工各种难加工材料　例如,航空和动力部门大量采用的镍基合金和钛合金,这类材料强度高、硬度高、耐冲击,加工中容易硬化,且切削温度高、刀具磨损严重,在普通加工中一般采用很低的切削速度。如采用高速切削,则其切削速度为常规切削速度的 10 倍左右,不仅大幅度提高生产率,而且可有效地减少刀具磨损。

（7）降低加工成本　高速切削时单位时间的金属切除率高、能耗低、零件加工时间短,从而有效地提高了能源和设备利用率,降低了生产成本。

2. 高速加工的关键技术

（1）高速主轴系统　高速主轴系统是高速切削技术最重要的关键技术之一。目前,主轴转速为 15 000～30 000 r/min 的加工中心越来越普及,已经有转速高达 100 000～150 000 r/min 的加工中心。更高转速的高速主轴系统也正在研制中。高速主轴由于转速极高,主轴部件在离心力作用下可能产生振动和变形,高速运转摩擦和大功率电动机产生的热会引起热变形和高温,所以必须严格控制,为此对高速主轴提出如下性能要求:① 结构紧凑、质量轻、惯性小、避免振动和噪声,具有良好的启停性能;② 足够的刚度和高的回转精度;③ 良好的热稳定性;④ 大功率;⑤ 先进的润滑和冷却系统;⑥ 可靠的主轴监测系统。

（2）快速进给系统　高速切削时,为了保持刀具每齿进给量基本不变,随着主轴转速的提高,进给速度也必须大幅度提高。目前,切削时进给速度一般为 30～60 m/min,最高达 120 m/min。要实现并准确控制这样高的进给速度,对机床导轨、滚珠丝杠、伺服系统、工作台结构等提出了新的要求。而且,由于机床上直线运动行程一般较短,高速加工机床必须实现快速的进给加减速度才有意义。

（3）高速 CNC 控制系统　数控高速切削加工要求 CNC(计算机数字控制)控制系统具有快速的数据处理能力和高的功能化特性,以保证在高速切削时仍具有良好的加工性能。

（4）高速切削刀具技术　刀具材料对高速切削加工技术的发展具有决定性的意义。目前已发展的刀具材料主要有金刚石、立方氮化硼、陶瓷等。不同材料的刀具有不同的使用范围。发展具有更加优异的高温力学性能、高化学稳定性和热稳定性以及高抗热震性的刀具材料,是推动高速切削技术发展和广泛应用的重要前提。刀具结构是影响高速切削加工技术的又一重要因素。高速切削刀具结构主要有整体和镶齿两类。

(5) 高速切削加工的安全防护和实时监控系统　高速切削加工的速度相当高,当主轴转速达到 40 000 r/min 时,若有刀片崩裂,崩掉的刀具碎片就像出膛的子弹。因此,对高速切削加工的安全问题必须充分重视。从总体上讲,高速切削加工的安全保障包括以下几个方面:机床操作者及机床周围人员的安全保障;避免机床、刀具、工件及有关设施的损伤;识别和避免可能引起重大事故的工况。在机床结构方面,机床设有安全保护墙和门窗。刀片除在结构上要防止由于离心力作用而产生的飞离倾向外,还要做极限转速的限定。刀具夹紧、工件夹紧必须绝对安全可靠,故工况监测系统的可靠性就变得非常重要。

3. 高速加工的应用

高速加工在航空航天、汽车、模具制造、电子工业等领域得到越来越广泛的应用。在航空航天制造业中主要是解决零件大余量材料去除、薄壁零件加工、高精度零件加工、难切削材料加工以及生产效率等问题。在模具制造业中采用高速铣削,可加工硬度达 50～60HRC 的淬硬材料,可取代部分电火花加工,并减少钳工修磨工序,缩短模具加工周期。高速加工在电子印刷线路板打孔和汽车大规模生产中也得到广泛应用。目前,适合于高速加工的材料有铝合金、钛合金、铜合金、不锈钢、淬硬钢、石墨和石英玻璃等。

5.2.2　快速原型制造技术

5.2.2.1　快速原型制造技术的原理及特点

1. 快速原型制造技术的原理

快速原型制造技术(rapid prototyping manufacturing,RPM)是 20 世纪 80 年代后期起源于美国,并很快发展起来的一种先进制造技术,是近 20 年来制造技术领域的一项重大突破。RPM 技术的内涵,即其成形机理和工艺控制与传统成形(如去除成形和受迫成形)方式的有很大差别,主要表现在:RPM 不是使用一般意义上的模具或刀具,而是利用光、热、电等物理手段(其中激光是经常应用的)实现材料的转移与堆积。原型是通过堆积不断增大的,其力学性能不但取决于成形材料本身,而且与成形中所施加的能量大小及施加方式有密切关系。在成形工艺控制方面,需要对多个坐标进行精确的动态控制。能量在成形物理过程中是一个极为关键的因素,在以往的去除成形(切削、磨削等)和受迫成形(铸造、锻压等)中,能量是被动地供给的,一般无须对加工能量进行精确的预测与控制。而在离散/堆积类型的 RPM 中,单元体(分层体)制造中的能量是主动地供给的,需要准确地预测与控制,对成形中的能量形式、强度、分布、供给方式以及变化等进行有效的控制,从而经由单元体的制造而完成成形。

RPM 技术是集 CAD 技术、数控技术、材料科学、机械工程、电子技术和激光技术等技术于一体的综合制造技术,是实现从零件设计到三维实体原型制造的一体化系统技术,它采用软件离散-材料堆积的原理实现零件的成形过程,其一般步骤如下。

(1) CAD 数据模型的建立　设计人员可以应用各种三维 CAD 造型系统,包括 Solidworks、SolidEdge、UG、Pro/E、Ideas 等软件进行三维实体造型,将设计人员所构思的零件概念模型转换为三维 CAD 数据模型。也可通过三坐标测量仪、激光扫描仪、核磁共振图像、实体影像等方法对三维实体进行反求,获取三维数据,以此建立实体的 CAD 模型。

(2) 数据转换文件的生成　由三维造型系统将零件 CAD 数据模型转换成一种可被快速成形系统所能接受的数据文件,如 STL、IGES 等格式文件。目前,绝大多数快速成形系统采用 STL 格式文件,因 STL 文件易于进行分层切片处理。所谓 STL 格式文件,是指对三维实体内外表面进行离散化所形成的三角形文件,所有 CAD 造型系统均具有对三维实体输出 STL 文件的功能。

(3) 分层切片　分层切片处理是根据成形工艺要求,按照一定的离散规则将实体模型离散为一系列有序的单元,按一定的厚度进行离散(分层),将三维实体沿给定的方向(通常在高度方向)切成一个个二维薄片,薄片的厚度可根据快速成形系统制造精度在 0.05～0.5 mm 之间选择。

(4) 层片信息处理　根据每个层片的轮廓信息进行工艺规划,选择合适的成形参数,自动生成数控代码。

(5) 快速堆积成形　快速成形系统根据切片的轮廓和厚度要求,用片材、丝材、液体或粉末材料制成所要求的薄片,通过一片片的堆积,最终完成三维形体原型的制备。其具体工艺流程如图 5-3 所示。

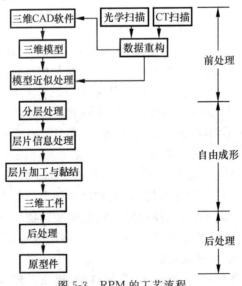

图 5-3　RPM 的工艺流程

随着 RPM 技术的发展,其原理也呈现多样化,有自由添加、去除、添加和去除相结合等多种形式。目前,快速原型概念已延伸为包括一切由 CAD 直接驱动的原型成形技术,其主要技术特征为成形的快捷性。

2. 快速原型制造技术的特点

(1) 高度柔性　快速原型制造技术的最突出特点就是柔性好,它取消了专用工具,在计算机管理和控制下可以制造出任意复杂形状的零件。

(2) 技术的高度集成　快速原型制造技术是计算机技术、数控技术、激光技术与材料技术的综合集成。在成形概念上,它以离散/堆积为指导,在控制上以计算机和数控为基础,以最大的柔性为目标。因此只有在计算机技术、数控技术高度发展的今天,才有可能诞生快速原型制造技术。

(3) 设计制造一体化　快速原型制造技术的另一个显著特点就是 CAD/CAM 一体化。在传统的 CAD、CAM 技术中,由于成形思想的局限性,致使设计制造一体化很难实现。而对于快速原型制造技术来说,由于采用了离散/堆积分层制造工艺,能够很好地将 CAD、CAM 结合起来。

(4) 快捷性　快速原型制造技术的一个重要特点就是其快捷性。建立在高度技术集成基础之上的激光快速成形,从 CAD 设计到原型的加工完成只需几小时至几十小时,比传统的成形方法速度要快得多。这一特点尤其适合于新产品的开发与管理。

(5) 自由成形化　RPM 的这一特点是基于自由成形制造的思想。自由的含义有两个方面:一是指不受工具(或模腔)的限制而自由成形;二是指不受零件形状与结构、材料及复合方法的限制。RPM 技术大大简化了工艺规程、工装设备、装配等过程,很容易实现由产品模型驱动的直接制造或自由制造。

(6) 材料的广泛性　由于各种 RPM 工艺的成形方式不同,因而材料的使用也各不相同,如金属、纸、塑料、光敏树脂、蜡、陶瓷甚至纤维等材料在快速原型领域已有很好的应用。

5.2.2.2　几种典型的 RPM 工艺

1. 光固化成形工艺

光固化成形工艺(stereo lithography apparatus, SLA)也称为立体印刷,或称为光造型、光敏液相固化,于 1984 年由 Charles Hull 提出并获美国专利。SLA 是基于液态光敏树脂的光聚合原理工作的。这种液态材料在一定波长和强度的紫外激光(如 $\lambda = 325$ nm)的照射下能迅速发生光聚合反应,分子量急剧增大,材料也就从液态转变成固态。图 5-4 所示为 SLA 的工艺原理。

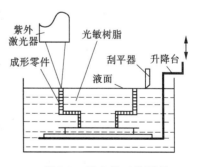

图 5-4　SLA 的工艺原理

液槽中盛满液态光敏树脂,激光束在偏转镜作用下能在液态表面上扫描,扫描的轨迹及光线的有无均由计算机控制,激光照射到的地方,液体就固化。成形开始时,工作平台在液面下一个确定的深度,聚焦后的激光光斑在液面上按计算机的指令逐点扫描,即逐点固化。当一层扫描完成后,未被激光照射的地方仍是液态树脂。然后,升降台带动平台下降一层高度,已成形的层面上又布满一层树脂,刮平器将黏度较大的树脂液面刮平,然后再进行第二层的扫描,形成一个新的加工层并与已固化部分牢牢连接在一起。如此重复直到整个零件制造完毕,得到一个三维实体模型。

SLA 的特点是可成形任意复杂形状的零件,成形精度高、材料利用率高、性能可靠,适用于产品外形评估、功能试验、快速制造电极和各种快速经济模具,不足之处是所需设备及材料价格昂贵,且光敏树脂有一定毒性。

2. 分层实体制造

分层实体制造(laminated object manufacturing,LOM)又称为叠层实体制造,或称为层合实体制造。LOM 的工艺原理如图 5-5 所示。LOM 工艺采用薄片材料,如纸、塑料薄膜等,片材表面事先涂覆上一层热熔胶。加工时,工作台上升至与片材接触,热压辊沿片材表面自右向左滚压,加热片材背面的热熔胶,使之与基板上的前一层片材黏结。CO_2激光器发射的激光束在刚黏结的新层上切割出零件截面轮廓和零件外框,并在截面轮廓与外框之间多余的区域内切割出上下对齐的网格。激光切割完成后,工作台带动被切出的轮廓层下降,与带状片材(料带)分离。供料机构转动收料辊和供料辊,带动料带移动,使新层移到加工区域。工作台上升到加工平面,热压辊再次加热压片材,零件的层数增加一层,高度增加一个料厚,再在新层上切割截面轮廓。如此反复直至零件的所有截面黏结、切割完,得到分层制造的实体零件,再经过打磨、抛光等处理就可获得完整的零件。

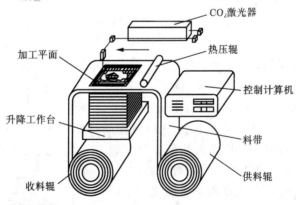

图 5-5　LOM 的工艺原理

LOM 只需在片材上切割出零件截面的轮廓,而不用扫描整个截面,因此成形厚壁零件的速度较快,适于制造大型零件。工艺过程中不存在材料相变,成形后的零件无内应力,因此不易引起翘曲变形,零件的精度较高。零件外框与截面轮廓之间的多余材料在加工中起到了支撑作用,所以 LOM 工艺无须加支撑。LOM 工艺的关键技术是控制激光的光强和切割速度,使之达到最佳配合,以保证良好的切口质量和切割深度。LOM 工艺适合于生产航空、汽车等行业中体积较大的制件。

3. 选择性激光烧结

选择性激光烧结(selective laser sintering,SLS)工艺由美国得克萨斯大学奥斯汀分校于 1989 年研制成功。它是利用粉末状材料成形的,将粉末材料铺洒在已成形零件的上表面并刮平,用高强度的 CO_2 激光器在刚铺的新层上扫描出零件截面形状,材料粉末在高强度的激光照射下被烧结在一起,得到零件的截面,并与下面已成形的部分黏结。当一层截面烧结完后,再铺上新的一层粉末材料,有选择地烧结下层截面,如此反复直至整个零件加工完毕。其原理图如图 5-6 所示。

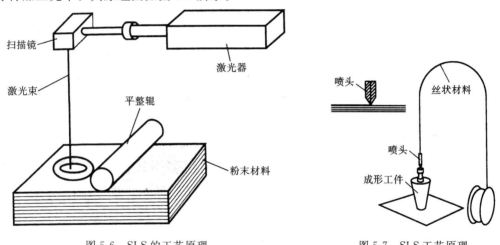

图 5-6　SLS 的工艺原理　　　　　　　　图 5-7　SLS 工艺原理

SLS 工艺的特点是材料适应面广,不仅能制造塑料零件,还能制造陶瓷、蜡等材料的零件,特别是可以直接制造金属零件。这使 SLS 工艺颇具吸引力。SLS 工艺无须加支撑,因为没有烧结的粉末起到了支撑的作用。

4. 熔融沉积成形

熔融沉积成形(fused deposition modeling,FDM)由美国学者 Scott Crump 博士于 1988 年研制成功。它是一种不使用激光器的加工方法,其技术的关键在于喷头。喷头在计算机控制下做 X-Y 联动扫描以及 Z 向运动,丝材在喷头中被加热至略高于其熔点温度。喷头在扫描运动中喷出熔融的材料,快速冷却形成一个加工层并与上一层牢牢黏结在一起。这样层层扫描叠加便形成一个空间实体。其原理图如图 5-7 所示。FDM 的材料一般是热塑性材料,如蜡、尼龙等,并以丝状供料。

FDM 工艺不用激光,因此使用、维护简单,成本较低。由于以 FDM 工艺为代表的熔融材料堆积成形具有一些显著优点，该工艺发展极为迅速。

5.2.2.3　3D打印与快速原型制造

近年来，"三维（3D）打印"一词非常火热，频频出现在各大媒体中，欧美国家有专家认为这项技术代表着制造业发展的新趋势，还有一些专家更是认为3D打印是第三次工业革命。那么到底什么是3D打印？它与快速成形制造又有什么关系呢？

日常生活中使用的普通打印机可以打印电脑设计的平面物品，而所谓的3D打印机（见图5-8）与普通打印机工作原理基本相同，只是打印材料有些不同，普通打印机的打印材料是墨水和纸张，而3D打印机内装有金属、陶瓷、塑料、砂等不同的"打印材料"，是实实在在的原材料，打印机与电脑连接后，通过电脑控制可以把"打印材料"一层层叠加起来，最终把计算机上的设计变成实物。通俗地说，3D打印机是可以"打印"出真实的3D物体的一种设备，比如打印一个机器人、打印玩具车、打印各种模型，甚至是食物等。之所以通俗地称其为"打印机"，是参照了普通打印机的技术原理，因为分层加工的过程与喷墨打印十分相似。这项打印技术称为3D立体打印技术。

美国材料与试验协会将3D打印定义为：基于3D模型数据，采用与减式制造技术相反的逐层叠加的方式生产物品的过程，通常通过电脑控制将材料逐层叠加，最终将计算机上的三维模型变为立体实物，是大批量制造模式向个性化制造模式发展的引领技术。

从以上的3D打印的原理及美国材料与试验协会给出的定义可知，"3D打印"其实是通俗叫法，学术名称为快速成形技术，也称为增材制造技术。它并不是什么非常神秘的新技术，该技术在珠宝、鞋类、工业设计、建筑、工程和施工（AEC）、汽车（见图5-9）、航空航天、牙科和医疗产业、教育、地理信息系统、土木工程及其他领域都有所应用。

图5-8　3D打印机（已成功打印一辆F1赛车）

图5-9　3D打印汽车

5.2.3　超精密加工技术

随着航空航天、高精密仪器仪表、光学和激光等技术的迅速发展和多领域的广泛应用,对各种高精度复杂零件、光学零件、曲面和复杂形状的零件加工需求日益迫切,从而发展了新的精密加工和精密测量技术。目前一般可将普通加工、精密加工和超精密加工划分如下:

(1)普通加工是指加工精度在 10 μm 左右、公差等级为 IT5～IT6、表面粗糙度为 $Ra0.2～0.8$ μm 的加工方法,如车、铣、刨、磨等工艺方法,适用于一般机械制造行业。

(2)精密加工是指加工精度在 0.1～10 μm、公差等级在 IT5 以上、表面粗糙度为 $Ra0.1$ μm 以下的加工方法,如精密车削、研磨、抛光等工艺方法,适用于精密机床、精密测量行业,它在当前的制造工业中占据极其重要的地位。

(3)超精密加工是指加工精度在 0.01～0.1 μm、表面粗糙度 Ra 小于 0.05 μm 的加工方法。加工精度高于 0.01 μm、表面粗糙度 Ra 小于 0.005 μm 的加工方法被认为是纳米级加工范围。目前,超精密加工的加工精度正在向纳米级发展。

1. 超精密加工的主要方法

(1)超精密切削　主要借助锋利的金刚石刀具对工件进行机械车削和铣削,可用于加工表面质量和形状精度要求高的有色金属和非金属零件。此外超精密切削加工还采用了高精度的基础元部件、高精度的定位检测元件(如光栅、激光检测系统等)以及高分辨率的微量进给机构。机床本身采取恒温、防振及隔振等措施,还要有防止污染工件的装置。机床必须安装在洁净室内。进行超精密切削加工的零件必须质地均匀,没有缺陷。

(2)超精密磨削　是在一般精密磨削基础上发展起来的。超精密磨削不仅要提供镜面级的表面粗糙度,还要保证获得精确的几何形状和尺寸。为此,除要考虑各种工艺因素外,还必须有高精度、高刚度以及高阻尼特征的基准部件,消除各种动态误差的影响,并采取高精度检测手段和补偿手段。

目前,超精密磨削的加工对象主要是玻璃、陶瓷等脆硬性材料,磨削加工的目标是通过磨削加工后,不需要抛光即可达到要求的表面粗糙度。作为纳米级磨削加工,要求机床具有高精密和高刚度,纳米磨削技术对燃气涡轮发动机,特别是对疲劳强度要求高的零件(如陶瓷材料的飞机喷气发动机涡轮)的加工,是重要而有效的加工技术。

(3)超精密研磨　是在被加工表面和研磨工具之间放上游离的磨料和润滑液,使被加工表面和研磨工具产生相对运动并加压,磨料产生切削、挤压作用,从而去除表面凸起,使被加工表面的精度得以提高、表面粗糙度值得以降低。

超精密研磨包括机械研磨、化学机械研磨、浮动研磨、弹性发射加工以及磁力研磨等加工方法。超精密研磨的关键条件是几乎无振动的研磨运动、精密的温度控制、洁净的环境以及细小而均匀的研磨剂,此外,高精度检测方法也必不可少。

（4）超微细加工　主要用于微小零件和微小尺寸的加工，多以集成电路和微型机械为对象，与微电子技术联系密切。

（5）光整与精整加工　光整加工强调表面粗糙度值的降低及去除毛刺，精整加工则是在光整加工的基础上强调精度提高的超精密特种加工。超精密特种加工的方法很多，多是分子、原子单位加工方法，可以分为去除（分离）、附着（沉积）、结合以及变形四大类。去除（分离）加工就是从工件上分离原子或分子，如电子束加工和离子束溅射加工等。附着（沉积）是在工件表面上覆盖一层物质，如电子镀、离子镀、分子束外延、离子束外延等。结合是在工件表面上渗入或涂上一些物质，如离子注入、氮化、渗碳等。变形是利用高频电流、热射线、电子束、激光、液流、气流和微粒子束等使工件被加工部分产生变形，改变尺寸和形状。

2. 超精密加工设备

超精密加工设备主要有超精密切削磨削机床和各种研磨机、抛光机等。对于超精密加工所用的加工设备应有高精度、高刚度、高稳定性和高度自动化的要求。

（1）高精度　包括高的静精度和高的动精度，主要的性能指标有几何精度、定位精度和重复定位精度、分辨率等。

（2）高刚度　包括高的静刚度和高的动刚度，除本身刚度外，还应注意接触刚度，同时应考虑由工件、机床、刀具、夹具所组成的工艺系统的刚度。

（3）高稳定性　机床在经运输、存储以后，在规定的工作环境下，在使用过程中应能长时间保持精度、抗干扰、稳定工作。因此，机床应有良好的耐磨性、抗振性等。

为了防止热变形对加工精度的影响，超精密切削机床必须在恒温环境中使用，有些机床还设计了控制温度的密封罩，用液体淋浴和空气淋浴消除来自外部及内部的热源影响。液体淋浴靠对流和传导带走热量，可使温度控制在 20℃ 左右，比空气淋浴好，但成本较高。

在结构上，应采用热稳定性对称结构，避免在精度敏感方向上产生变形；在工艺上，应进行消除内应力的热处理等，以保证机床有高的稳定性。

（4）抗振性好　在机床机构上应尽量采用短传递链和柔性连接，以减少传动元件和动力元件的影响。电动机等动力元件和机床的回转零件应进行严格的动平衡，以使本身振动最小。为了隔离动力元件等振源的影响，超精密机床可采用分离结构形式，即将电动机、油泵、真空泵等与机床本体分离，单独成为一个部件，放在机床旁边，再用带传动方式连接起来，以获得较好的隔振效果。此外，对于大件或基础件，还应选用抗振性强的材料。

（5）高自动化　为了保证加工质量，减少人为因素的影响，加工设备多用数控系统实现自动化。对于超精密磨削磨床，其在机床环境等方面有以下要求：有高精密和超精密砂轮架轴承；有低振幅的机床砂轮架；有高灵敏度和高重复定位精度的砂轮架；有低速运动平稳的工作台；有良好过滤的切削液，以防止工件表面划伤；有超稳定加工环境条件；有防振系统。

3. 超精密加工技术的发展应用

当前,在制造自动化领域进行了大量有关计算机辅助技术软件的开发、生产模式以及绿色制造等的研究,代表了当前制造技术的一个重要方面,但是这绝非高新制造技术的全部。作为制造技术的主战场,作为真实产品的实际制造,高新制造技术仍然要依靠精密加工技术。例如,计算机工业的发展不仅要在软件上,更要在硬件上有所突破,即在集成电路芯片的制作上应有很高水平。应该说,我国当前集成电路的制造水平约束了计算机工业的发展。超精密加工技术与国防工业、信息产业和民用产品有密切关系。

在国防工业中,陀螺仪的加工涉及多项超精密加工技术,导弹系统的陀螺仪质量直接影响其命中率。在宇航技术中,卫星的姿态轴承和遥测部件对卫星的观测性能影响很大,该轴承的精度要求很高,必须用超精密加工技术。卫星用的光学望远镜、电视摄像系统、红外传感器等,其光学系统中的高精度非球面透镜等都必须用超精密加工技术进行制造。此外,大型天体望远镜的透镜、红外线探测器反射镜,激光核聚变用的曲面镜等都靠超精密加工技术才能制造。

在信息产业中,计算机上的芯片、磁盘和磁头,录像机的磁鼓,复印机的感光鼓、光盘和激光头,激光打印机的多面体,喷墨打印机的喷墨头等都要靠超精密加工才能达到产品性能要求。

在民用产品中,现代小型、超小型的成像设备,如摄像机、照相机等都离不开超精密加工技术。

由此可以看出,超精密加工在各个行业中均有广阔的市场需求,并且是产品开发成败的关键,不仅如此,它的发展还关系到整个制造业的发展。美国和德国都是世界上制造技术的强国,他们的特色也都表现在超精密加工方面,能够制造出其他国家不能提供的精密产品。而我国在一些涉及高水平制造技术的硬件方面则不能满足市场要求,如航空航天工业所需要的超精密加工设备、微电子工业所需要的一些集成电路超精密加工设备等都依赖于进口,大多数制造厂的加工水平都不够高,精密机床等都未能在世界市场上占有一席之地。因此,要发展我国的制造业,必须重视超精密加工技术的发展。

5.2.4 微制造技术

微系统具有体积小、耗能低、能够在狭小空间内进行作业而又不扰乱工作环境和对象的特点,它大致可以分为两大类:一类称为微电子机械系统(microelectro mechanical system,MEMS),侧重于集成电路可兼容技术加工制造的元器件,是将微电子和微机械集成在一起,发挥机械功能的集成型机电一体化系统;另一类就是微缩后的传统机械,如微型机床、微型汽车、微型机器人等。

微系统是一个新兴的、多学科交叉的高科技领域,其涉及许多关键技术,主要有以下几种：

（1）微系统设计技术，主要是指微结构设计数据库、有限元和边界分析、CAD/CAM 仿真和拟实技术、微系统建模等。

（2）微细加工技术，主要是指高深度比、多层微结构的硅表面加工和体加工技术，利用 X 射线光刻、电铸的 LIGA 和利用紫外线的准 LIGA 技术，微系统的集成技术，微细加工新工艺探索等。

（3）微系统组装和封装技术，主要是指黏结材料的黏结、硅玻璃静电封装、硅片键合技术和自对准组装技术，具有三维可动部件的封装技术、真空封装技术等。

（4）微系统的表征和测试技术，主要有结构材料特性测试技术，微小力学、电学等物理量的测量技术，微器件和微系统性能的表征和测试技术，微器件和微系统可靠性的测量与评价技术。

微制造技术主要有半导体加工技术、LIGA 技术、超微机械加工技术和电火花线切割加工技术等。

1. 半导体加工技术

半导体加工技术即半导体的表面和立体的微细加工，是指在以硅为主要材料的基片上进行沉积、光刻与腐蚀的工艺过程。半导体加工技术使得 MEMS 的制作具有低成本、大批量生产的潜力。它可以分为光刻加工、表面微机械加工技术两种。

（1）光刻加工是用照相复印的方法将光刻掩模上的图形印制在涂有光致抗蚀剂（光刻胶）的薄膜或基材表面，然后进行选择性腐蚀，刻蚀出规定的图形。所用的基材有各种金属、半导体和介质材料。光致抗蚀剂是一类经光照后能发生交联、分解或聚合等化学反应的高分子溶液。光刻工艺的基本过程通常包括涂胶、曝光、显影、坚膜、腐蚀、去胶等步骤。光刻质量与光致抗蚀剂种类、光刻工艺及掩模版质量直接相关。对硅片进行加工的技术，一般用各向同性化学腐蚀、各向异性化学腐蚀和电化学腐蚀。各向同性化学腐蚀是利用某些腐蚀液在硅的各个晶向上以相等的腐蚀速率进行刻蚀。各向异性腐蚀则是利用某些腐蚀液对硅材料的晶向有明显依赖性的特点进行加工。利用这一特性加工的棱体几何形体分明。近年来出现的电化学腐蚀，是利用掺杂物质与硅相对于溶液电位不同对腐蚀速率产生的影响不同来控制加工速率，使硅片达到规定尺寸时自动终止，保证了对加工精度的精确控制。

（2）表面微机械加工技术是在硅表面可根据需要生长多层薄膜，如二氧化硅、多晶硅、氮化硅、磷硅玻璃膜层，采用选择性腐蚀技术，去除部分不需要的膜层，在硅平面上形成所需要的形状，甚至是可动部件，去除的部分膜层一般称为牺牲层，整个加工过程都在硅片表面层上进行，其核心技术是牺牲层技术。

2. LIGA 技术

LIGA 技术是在 20 世纪 80 年代初产生的，是一种由半导体光刻工艺派生出来的采用光刻方法一次生成三维空间微机械构件的方法,目前其发展已趋成熟。LIGA 技术的机理是由深层 X 射线光刻、电铸成形及注塑成形三个工艺组成。在用 LIGA 技术进行光刻过程中,一张预先制作的模板上的图形被映射到一层光刻掩膜上,掩膜中被光照射部分的性质发生变化,在随后的冲洗过程中被熔解,剩余的掩膜为待生成的微结构的负体,在接下来的电镀成形过程中,从电解液中析出的金属填充到光刻出的空间而形成金属微结构。

LIGA 技术具有平面内几何图形的任意性、高深宽比、高精度、小粗糙度、原材料的多元性等突出优点。LIGA 技术使用的 X 光波长在 0.2～1 nm 之间,蚀刻深度达数百微米,刻线宽度小于十分之几微米,是一种高深宽比的三维加工技术,适用于将多种金属、非金属材料制成微型构件。LIGA 技术在微机械加工领域中完全打破了硅平面工艺的框架,已成为最有前途的三维构件的工艺手段。

3. 超微机械加工技术和电火花线切割加工技术

用小型精密金属切削机床及电火花、线切割等加工方法,制作毫米级尺寸左右的微型机械零件,是一种三维实体加工技术,其应用广泛,但多是单件加工、单件装配,费用较高。

精密微细切削加工适合所有金属材料、塑料及工程陶瓷,适合具有回转表面的微型零件加工,如圆柱体、螺纹表面、沟槽、圆孔及平面加工,切削方式有车削、铣削、钻削。由于精密微细切削加工的工件尺寸小、主轴转速低,因而专用机床的设计和加工难度较高。精密微细磨削可用于硬脆材料的圆柱体表面、沟槽、切断的加工。

微细电火花加工利用微型 EDM 电极对工件进行电火花加工,可以对金属、聚晶金刚石、单晶硅等导体、半导体材料做垂直工件表面的孔、槽、异型成形表面的加工。微细电火花线切割加工(WEDG)也可以加工微细外圆表面,在工件的一侧装有线切割用的钼丝,工件做回转运动,钼丝在走丝中对工件放电并沿工件轴线做进给运动。在电火花和磨削的作用下,由于走丝速度低,钼丝损耗可以忽略不计,从而完成对工件外圆的加工。由于作用力小,该法适合于长径比比较大的工件。

5.2.5　特种加工技术

随着产品向高精度、高速度、高温、高压、大功率、小型化等方向发展,出现了高硬度、高强度、高韧度、高脆性的金属和非金属材料的难加工问题,此时采用一般机械加工方法有时难以胜任加工工作,特种加工就是在这种前提下发生和发展起来的。

特种加工是指切削加工以外的一切新的去除加工方法,它与切削加工有着明显的区别:

(1)切削加工是靠机械能来切除多余材料的,而特种加工是以电能、化学能、光能、声能等来实现对零件材料的加工的;

(2)特种加工用的工具材料硬度可以低于被加工工件材料的硬度,甚至不用加工工具;

（3）特种加工过程中工具与工件之间不存在明显的机械切削力。

所以就总体而言，特种加工可以加工任何硬度、强度、韧度、脆性的金属或非金属材料，且专长于加工复杂、微细表面和低刚度零件。

1. 电火花加工

（1）电火花加工的原理　电火花加工（electrical discharge machining，EDM）利用工具和工件之间脉冲性电火花放电时的电腐蚀现象来去除工件上的多余金属以实现加工目的，如图 5-10 所示。电火花放电时火花通道中瞬时产生大量的热，达到很高的温度，使电极表面的金属局部熔化甚至汽化蒸发而被蚀除，形成放电凹坑。

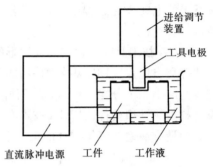

图 5-10　电火花加工的原理

实现电火花加工必须具备的条件是：① 工具和工件被加工表面之间经常保持合理的间隙，以保证两极间产生火花放电；② 电火花放电必须是脉冲性放电，这样才能保证放电产生的热量来不及扩散，而仅仅使放电区域产生瞬时高温；③ 电火花放电必须在有一定绝缘性能的液体介质中进行，这样有利于产生脉冲性的电火花放电。

（2）电火花加工的特点　可加工任何导电材料；适用于加工特殊及形状复杂的零件；脉冲参数可调、加工范围大，在一台机床上可以连续进行粗、精加工。

（3）电火花加工的应用　电火花加工在特种加工中是发展比较成熟的工艺方法，主要有穿孔成形加工，电火花内孔、外圆和成形磨削，电火花表面强化、刻字等，广泛应用于机械、航天、电子、仪器仪表、汽车、轻工等行业。

2. 电化学加工

电化学加工（electro-chemical machining，ECM）是当前迅速发展的一种特种加工方式，按照加工原理可以分为三大类：利用阳极金属的熔解作用去除材料，利用阴极金属的沉积作用进行镀覆加工，电化学与其他加工方法结合完成的电化学复合加工。下面以电解加工为例来进行介绍。

（1）电解加工的原理　电解加工是利用金属在电解液中的"阳极熔解"作用使工件加工成形的，其原理如图 5-11 所示。工件接直流电源的阳极，工具接电源的阴极。工具向工件缓慢移动，使两级间保持较小的间隙，这样阳极工件的金属被电解腐蚀，腐蚀产物由高速流动和一定压力的电解液带走。工具以一定的速度向工件进给，逐渐使工具的形状呈现到工件上。

（2）电解加工的特点：

① 不受材料的硬度、强度和韧度的限制，可加工硬质合金、淬火钢、不锈钢、高温合金等；

② 能以简单进给一次加工出复杂的型面或型腔,生产率比电火花的高 5～10 倍;

③ 加工过程中无切削力或切削热影响,没有飞边和毛刺,可加工薄壁、深孔零件;

④ 工具电极基本不损耗;

⑤ 占地面积大,初期投资较大;

⑥ 电解液的回收有一定难度,对环境有一定污染。

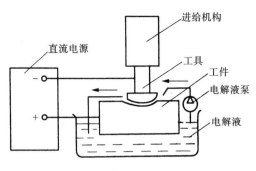

图 5-11　电解加工的原理

（3）电解加工的应用　电解加工主要应用于批量生产条件下的难切削材料和复杂型面或型腔、薄壁零件以及异型孔加工。

3. 激光加工

（1）激光加工的原理　激光加工的实质是将激光束照射到被加工材料的表面,利用激光束的能量熔合材料或去除材料以及改变材料的表面性能,从而达到加工目的。根据激光束与材料相互作用的机理,大体可将激光加工分为激光热加工和光化学反应加工两类:激光热加工是指利用激光束投射到材料表面产生的热效应来完成加工过程;光化学反应加工是指激光束照射到物体,借助高密度高能光子引发或控制光化学反应的加工过程。激光热加工包括激光焊接、激光切割、表面改性、激光打标等;光化学反应加工包括光化学沉积、立体光刻、激光刻蚀等。

利用激光技术容易获得超短脉冲和小尺寸光斑,能够产生极高的能量密度和功率密度,几乎能加工所有的材料,如塑料、陶瓷、玻璃、金属、半导体、复合材料以及生物医用材料等,特别适用于自动化加工,而且对被加工材料的形状、尺寸和加工环境要求很低。

（2）激光加工的特点。

① 激光加工属于无接触加工。激光加工是通过激光光束进行加工,与被加工工件不直接接触,降低了机械加工惯性和机械变形,方便了加工。同时,还可加工常规机械加工不能或很难实现的加工工艺,如内雕、集成电路打微孔、硅片的刻蚀等。

② 加工质量好、精度高。由于激光能量密度高,加工可瞬时完成。与传统机械加工相比,工件热变形小、无机械变形,使得加工质量显著提高。激光可通过光学聚焦镜聚焦,加工光斑非常小,加工精度很高。

③ 加工效率高。激光切割可比常规机械切割提高加工效率几十倍甚至上百倍;激光打孔特别是打微孔可比常规机械打孔提高效率几十倍至上千倍;激光焊接比常规焊接提高效率几十倍。

④ 材料利用率高,经济效益高。激光加工与其他加工技术相比可节省材料 10％～30％,且激光加工设备操作维护成本低,为降低加工费用提供了先决条件。激光加工具有优越的加工性能,使得激光加工技术得到了广泛的应用,并产生了巨大的经济效益和社会效益。

（3）激光加工的应用。

① 激光焊接　利用高能量激光束照射焊接工件，工件受热熔合，达到焊接的目的。激光焊接的显著特征是大熔焊道、小热影响区，以及高功率密度，可在大气压下进行，不要求保护气体，不产生 X 射线，在磁场内不会出现束偏移，而且焊接速度快，与工件无机械接触，可焊接磁性材料，便于实现遥控等优点。尤其可焊接高熔点的材料和异种金属，并且不需要添加材料，因此很快在电子行业中实现了产业化。

② 激光切割　利用经聚焦的高功率密度激光束照射工件，在超过一定的功率密度的前提下，在光束能量以及活性气体辅助切割过程中，附加的化学反应热能全部被材料吸收，使照射处的材料温度急剧上升，到达沸点后，材料开始汽化，并形成孔洞。随着光束与材料的相对移动，最终使材料形成切缝。切缝处熔渣被具有一定压力的辅助气体吹掉。

③ 激光打孔　激光打孔的装置与激光焊接大致相似，打孔与焊接相比，要求聚焦后的激光束的功率密度更高，能把材料加热至汽化温度，利用汽化蒸发将材料去除。激光打孔用的激光器主要有红宝石、钕玻璃、Nd、YAG 和 CO_2 激光器，一般用光学系统将光斑尺寸聚焦到几微米到几十微米。由于光斑可以聚得很细，所以能加工极微细且特别深的孔。

④ 激光打标　打标是工业生产中不可或缺的一项加工技术，其目的是在产品的表面或外包装上打上各种标志性文字、图案及数字等。激光可以在各种质地、各种形状的产品上打上标记，而其最具特色的依然是在微小物件上打标。许多集成电路芯片上都印有公司商标和有关数据，这些芯片的标记区域一般都只有几平方毫米到十几平方毫米，以往用油墨打标系统，存在着标志质量不高或不能永久保持等问题，改用激光打标后，标记清楚且不易脱落。

⑤ 激光雕刻　雕刻是一门古老的艺术，传统工艺都是从外部刻起。激光雕刻却可以在不损伤工件外表面的情况下深入其内部进行操作。自从首次报道准分子激光能获得快速、高分辨率光刻以来，人们在 20 世纪 80 年代即对准分子激光光刻进行了大量研究。尽管电子束、X 射线、离子束具有更短的波长，在提高分辨率方面有更多好处，但在曝光源、掩模、抗蚀剂、成像光学系统方面存在极大的困难。而准分子激光光刻大大缩短了基片的曝光时间，有着明显的经济性和现实性。

4. 超声波加工

（1）超声波加工的原理　频率超过 16 000 Hz 的声波称为超声波。超声波具有波长短、能量大以及传播过程中反射、折射、共振、损耗等现象显著的特点，利用工具端面做 16～25 kHz 的超声频振动，使工作液中的悬浮磨粒对工件表面撞击抛磨来实现的加工称为超声波加工，其工作原理如图 5-12 所示。

（2）超声波加工的特点。

① 适用于加工硬脆材料，特别是不导电的非金属材料，如玻璃、陶瓷、石英、玛瑙、金刚石等；

② 工件在加工过程中受力较小,可以加工薄壁、窄缝等低刚度零件,加工精度高、表面质量好;

③ 加工出工件的形状与工具形状一致,只要将工具做成不同形状和尺寸,就可以加工出各种复杂形状的型腔、成形表面等,不需要使工具和工件做复杂的运动。

5. 高能束流加工

高能束流(high energy density beam)加工技术是利用激光束、电子束、离子束和高压水射流等高能量密度的束流(其中高压水射流又可分属冷切割加工技术),对材料或构件进行特种加工的技术。它的主要技术领域有激光束加工技术、电子束加工技术、

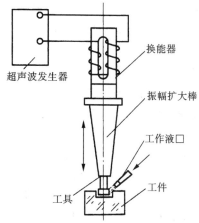

图 5-12 超声波加工的工作原理

离子束及等离子体加工技术以及高能束流复合加工技术等,包括焊接、切割、制孔、喷涂、表面改性、刻蚀和精细加工等,用于加工制造具有先进技术指标的构件或制备新型材料。

随着航空航天、微电子、汽车、轻工、医疗以及核工业等的迅猛发展,对产品零件的材料性能、结构形状、加工精度和表面质量要求越来越高,传统的机械加工方法在高技术制造领域所占比重日益减少,高能束加工方法得到了广泛的应用。

(1) 电子束加工 电子束(electron beam)加工是在真空条件下,利用聚焦后能量密度极高的电子束,以极高的速度(光速的 1/3~1/2)冲击到工件表面极小的面积上,在极短的时间(几分之一微秒)内,其能量的大部分转变为热能,使工件的被冲击部分瞬时达到几千摄氏度以上的高温,由于热量来不及传导扩散,而引起材料的局部熔化和汽化。控制电子束能量密度的大小和能量注入时间,就可以达到不同的加工目的,例如:使材料局部加热可进行电子束热处理;使材料局部熔化可进行电子束焊接;提高电子束能量密度,使材料熔化和汽化,可进行打孔、切割等加工;利用较低能量密度的电子束轰击高分子材料时产生化学变化的原理,可进行电子束光刻加工等。

简单说来,电子束加工是将电子枪产生的电子束,加速到一定的能量,使其打到工件上,对工件进行加工的一门技术,其中包括电子束焊接、打孔、表面处理、熔炼、镀膜、物理气相沉积、雕刻、铣切、切割以及电子束曝光等,其中电子束焊接、打孔、物理气相沉积以及表面处理等在工业上的应用最为广泛,也最具竞争力。

(2) 电子束焊接 电子束焊接是以电子束为热源的一种焊接工艺,当高能量密度的电子束轰击焊件表面时,焊件接头处的金属熔融,焊件以一定速度沿着焊件接缝与电子束做相对移动,当电子束离开时,熔池凝固形成一条焊缝。

电子束必须在真空中产生,为了使电子束在行进过程中减少与气体分子碰撞而损失能量,同时保护被焊工件不致氧化,电子束焊接一般在真空状态下进行。因此,电子束焊

接具有焊缝纯正、质量极高的特点，对于活性材料（如钛、铝、锆、钼、铍、铀等）的焊接更显出独特的优点，而且可以在真空中完成一些特殊要求的封装焊接。

（3）电子束物理气相沉积　　电子束物理气相沉积（EB-PVD）技术是电子束技术与物理气相沉积技术相结合的产物，并伴随着电子束与物理气相沉积技术的发展而发展起来。直到 20 世纪中叶，电子束与物理气相沉积技术结合并成功地用于材料焊接及镀膜（或涂层）的制备。

EB-PVD 技术用于热障涂层系统是近年来发展起来的，用于飞机发动机的涡轮叶片热障涂层，涂层厚度最大可达 300 μm，涂层显微结构明显有利于抗热震性，涂层无须后续加工，其空气动力学性能明显优于等离子涂层的空气动力学性能。利用 EB-PVD 技术制备热障涂层已成为世界各国的研究热点。利用该技术制备梯度热障涂层更代表着热障涂层未来的发展方向。目前，EB-PVD 技术还在叶片的冷却槽、激光反射镜的冷却槽、刀具、带材、医用手术刀、耳机保护膜、射线靶子及材料提纯、难加工的多种材料组成的叶盘、拉拔带材（钼带）、钛丝、钛粉和纳米基材料等的制造方面有所应用。

（4）电子束打孔　　电子束打孔是在真空条件下加热金属，使电子脱离原子核的引力，在高压电场作用下以很高的速度向阳极方向运动。如果阳极上有一孔隙，则部分电子将穿过孔道形成一股高速电子束流。电子透镜将这股束流聚焦为一个细束，即可用于打孔。

电子束打孔用于加工不锈钢、耐热钢、宝石轴承、拉丝模等的锥孔及喷丝头的型孔最为适宜。如喷气发动机套上的冷却孔、帆翼的吸附屏的孔，这些孔不仅密度连续变化，孔数达数百万个，而且有时还改变孔径，最宜采用电子束高速打孔。在人造革、塑料上打上许多微孔，可以使其具有如真皮革那样的透气性，现在生产上已出现了专用的塑料打孔机，将电子枪发射的电子束分成数百条小电子束同时打孔，其速度可达 50 000 孔/s，孔径为 120～40 μm。

（5）电子束表面改性　　电子束表面改性是把电子束作为热源，把金属由室温加热至奥氏体化温度或熔化温度后快速冷却，并可根据需要适当添加各种特殊性能的合金元素，达到表面强化的目的。在相变过程中奥氏体化时间很短，奥氏体晶粒来不及长大，可获得超细晶粒组织，使工件达到常规热处理不能达到的硬度。电子束表面改性技术有下述应用：用于碳钢、低碳合金钢和铸铁的表面淬火，可细化组织，提高硬度和抗疲劳性能；用于碳钢材料表面的合金化，可提高耐磨、耐热及耐蚀性能；用于铸铁和高碳高合金钢的熔凝处理，可使组织精细，改善材料表面的硬度和韧度。

（6）电子束固化技术　　电子束固化是以电子加速器产生的高能（150～300 keV）电子束为辐射源诱导经特殊配制的 100% 反应性液体快速转变成固体的过程。该技术的特点是：不受涂层颜色的限制，可固化纸张或其他基材内部涂料和不透明基材之间的黏结剂；涂料中挥发性有机溶剂含量低，环境污染小；固化速度很快，反应完全，能耗低；固化温度低，特别适用于热敏基材；设备紧凑，可控性强；固化产品性能优越。

（7）离子束加工　离子束加工技术是利用离子束对材料进行成形或改性的加工方法，其加工原理和电子束加工的类似，也是在真空条件下进行，把氩、氮、氪等惰性气体通过离子源产生离子束，经过加速、集束和聚焦后，投射到工件表面的加工部位，以达到加工处理的目的。

（8）离子束刻蚀　离子束刻蚀是在真空中用氩离子轰击工件，将其表面的原子逐个剥离（溅射效应），这种工艺实质上是一种原子尺度的"切割"加工，可对工件进行切割和钻孔，可加工表面图形。

（9）离子束精微加工　离子束精微加工是将带能量的粒子（几百到几千电子伏）打到工件表面上，当高速运动的离子束传递到材料表面上的能量超过了原子（或分子）间的键合力时，使材料表面的原子（分子）溅射出来，达到加工的目的。离子束精微加工主要包括离子束刻蚀、研磨、抛光、剥离以及打孔、切割等。

（10）离子镀膜　离子镀膜是在真空条件下，利用气体放电使气体和被蒸发物质离子化，然后气体离子和被蒸发物质离子在对基片轰击的同时，沉积在基片上形成膜层的工艺方法。它具有膜层的附着力强、绕射性好、可镀材料广泛、沉积速率高及预处理简单等优点。利用该技术，能获得表面耐磨、耐蚀和润滑镀层，各种颜色的装饰镀层以及电子学、光学、磁学和能源科学所需的特殊功能镀层，近年来在国内外都得到了迅速的发展。

（11）离子溅射镀膜　离子溅射镀膜指的是在真空室中利用具有一定能量的粒子轰击物质表面，使被轰击出的粒子沉积在基片上制取各种镀膜的技术。离子束溅射镀膜和普通溅射镀膜在原理上没有什么区别，只是轰击靶的离子来源不同，普通溅射中轰击靶的离子来源于等离子体的电离，而离子束溅射中的轰击离子来自于独立工作的离子源。溅射镀膜在机械、电子、宇航、建筑及信息等各行业中都得到了广泛的应用。

（12）离子注入技术　离子注入是指在真空室中，将所添加的粒子离子化，然后将其加速，使其能量达到几万至几兆电子伏特，直接轰击被加工材料，高能离子钻进被加工材料的表层，改变了工件表面层的化学成分，从而改变了工件表面层的力学性能。根据不同的目的可选用不同的注入离子。目前，离子束注入技术已应用于国防领域的空间技术、核聚变、反应堆、生物技术、光电技术、半导体及微电子技术等方面。高能离子束注入技术不但可以对金属板料进行表面处理，还可以用于聚合物材料表面改性。

5.3　自动化制造系统

5.3.1　柔性制造系统

1. 柔性制造单元

柔性制造单元（flexible manufacturing cell，FMC）是在制造单元的基础上发展起来的、具有柔性制造系统部分特点的一种制造单元。它具有独立自动加工的功能,甚至还具有自动传递和监控管理的功能,可实现某种零件的多品种、小批量加工。采用 FMC 比采用单台数控机床或加工中心更具有显著的技术经济效益,主要体现在三个方面:① 增加柔性、降低库存;② 可以实现 24 小时连续运转,降低生产成本;③ 便于实现计算机集成制造系统。

　　2. 柔性制造系统

　　20 世纪 60 年代以来,随着人们生活水平的提高,用户对产品的需求向着多样化、新颖化的方向发展,传统的适用于大批量生产的自动线生产方式已不能满足企业的要求,企业必须寻找新的生产技术以适应多品种、中小批量的市场需求。柔性制造系统(flexible manufacturing system,FMS)正是适应多品种、中小批量生产而产生的一种自动化技术。FMS 是一种高效率、高精度、高柔性的加工系统(见图 5-13)。自 1967 年第一个 FMS 在英国问世以来就显示出极强的生命力。随着全球化市场的形成和发展,FMS 已成为当今乃至今后若干年机械制造自动化发展的重要方向。

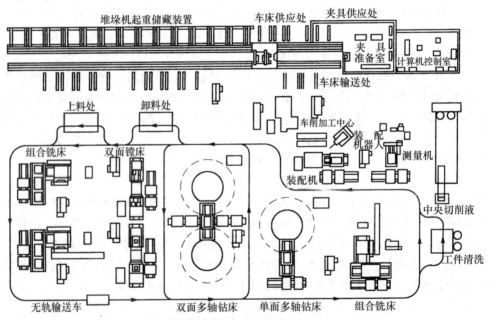

图 5-13　柔性制造系统

　　FMS 是数控机床或设备自动化的延伸,FMS 仍然处于发展之中,其一般定义可以用以下三方面来概括:FMS 是一个计算机控制的生产系统;系统采用半独立的数控机床;这些机床通过物料输送系统连成一体。其中,数控机床提供了灵活的加工工艺,物料输送系统将数控机床互相联系起来,计算机则不断对设备的动作进行监控,同时提供控制作用并进行工程记录,计算机还可通过仿真来预示系统各部件的行为,并提供必要的准确的测量。FMS 的基本组成随待加工工件及其他条件而变化,但系统的扩展必须以模块结构为基础。用于切削加工的 FMS 主要由四部分组成:若干台数控机床、物料搬运系统、计算机控制系统、系统软件。

FMS 的根本特征即"柔性",是指制造系统(企业)对系统内部及外部环境的一种适应能力,也是指制造系统能够适应产品变化的能力,可分为瞬时、短期和长期柔性三种。瞬时柔性是指设备出现故障后,自动排除故障或将零件转移到另一台设备上继续进行加工的能力;短期柔性是指系统在短时期(如间隔几小时或几天)内适应加工对象变化的能力,包括在任意时刻混合地加工两种以上零件的能力;长期柔性则是指系统在长期使用(几周或一个月)中加工各种不同零件的能力。迄今为止,柔性只能定性地加以分析,还没有科学的量化指标,因此,凡具备上述三种柔性特征之一的具有物料或信息流的自动化制造系统都可以称为柔性系统。

具体说来,柔性制造系统具有以下特点。

(1) 产品质量高　FMS 减少了夹具和机床的数量,并且夹具与机床匹配得当,从而保证了零件的一致性和产品的质量。同时,自动检测设备和自动补偿装置可以及时发现质量问题,并采取相应的有效措施,保证了产品的质量。

(2) 设备利用率高　多品种中大批量生产时,虽然每个品种的批量相对来说是小的,多个小批量的总和也可构成大批量,而且采用计算机对生产进行调度,一旦有机床空闲,计算机便给该机床分配加工任务,因此柔性生产线几乎无停工损失,设备利用率高。

(3) 劳动强度低　柔性制造技术组合了当今机床技术、监控技术、检测技术、刀具技术、传输技术、电子技术和计算机技术的精华,具有高质量、高可靠性、高自动化和高效率,从而减少了工人数量,减轻了工人劳动强度。

(4) 生产周期短　由于零件集中在加工中心上加工,减少了机床数和零件的装夹次数。采用计算机进行有效的调度也减少了周转的时间。

(5) 生产具有柔性　系统具有制造不同产品的柔性,可以响应生产变化的需求。当市场需求或设计发生变化时,在 FMS 的设计能力内,不需要改变系统硬件结构,对于临时需要的备用零件可以随时混合生产,而不影响 FMS 的正常生产。

5.3.2　计算机集成制造系统

计算机集成制造系统(CIMS)是现代制造企业的一种生产、经营和管理模式,是基于现代管理技术、制造技术、信息技术、自动化技术、系统工程技术的一门综合技术,其核心是集成。

1. 计算机集成制造系统的含义

计算机集成制造系统是生产自动化领域的前沿学科,是集多种高技术为一体的现代化制造技术。其概念最早由美国的约瑟夫·哈林顿(Joseph Harrington)博士提出,它的内涵是借助计算机将企业中各种与制造有关的技术系统地集成起来,进而提高企业适应市场竞争的能力。

CIMS 是一种组织、管理与运行企业的哲理,它将传统的制造技术与现代信息技术、管理技术、自动化技术、系统工程技术等有机结合,借助计算机(硬、软件),使企业产品的生命周期(市场需求分析—产品意义—研究开发—设计—制造—支持,包括销售、采购、配送、服务以及产品最后报废、环境处理等)各阶段活动中有关的人、组织、经费管理和技术等要素及信息流、物流和价值流有机集成并优化运行,实现企业制造活动中的计算机化、信息化、智能化、集成优化,以达到产品上市快、高质、低耗、服务好、环境清洁,提高企业的柔性、健壮性、敏捷性,使企业在市场竞争中立于不败之地。

2. CIMS 的组成

从系统各功能角度考虑,一般认为 CIMS 是由四个功能分系统和两个支撑系统组成,即管理信息系统、工程设计集成系统、制造自动化系统、质量保证系统,以及数据库与计算机网络。然而这并不意味着任何一个企业在实施 CIMS 时必须同时实现四个分系统,由于每个企业原有的基础不同,各自所处的环境不同,因此应根据企业的具体需求和条件,在 CIMS 思想指导下进行局部实施或分步实施。

3. CIMS 面向功能构成的系统结构

美国制造工程师协会和自动化系统协会在 1993 年提出了 CIMS 的轮图基本结构,如图 5-14 所示,其功能分解为核和内、中、外三层,其中:"核"为集成系统体系结构;内层为

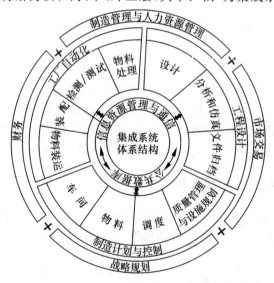

图 5-14   CIMS 的轮图基本结构

支撑分系统,包括公共数据库、信息资源管理和通信;中层可水平分解为工程设计、制造计划与控制以及工厂自动化三个分系统;外层则有市场交易、战略规划、财务及制造管理与人力资源管理等分系统。

4. 计算机集成制造系统的发展应用

进入 21 世纪以来,人们的需求日益多样化,市场竞争空前激烈。市场竞争和计算机技术的发展,引起了企业对 CIMS 的强烈需求。由于 CIMS 对广大制造业企业的生存和发展具有战略意义,而制造业对一个国家的国民经济发展具有举足轻重的作用,因而工业发达国家先后对 CIMS 的发展给予了很大的关注,制订了长期发展规划,并采取切实有效的措施推进其在众多企业中的应用。

美国拨巨款建立 CIMS 工程实验室,并与企业合作,开发 CIMS 设备,例如:通用汽车公司在"前轮驱动轴部件"工厂实现 CIMS;GE 公司在汽轮发电机小件车间、洗碟机装配线上都建立了不同规模、不同水平的 CIMS;英格索尔铣床等公司都建立了 CIMS 车间或分厂。

欧洲共同体成员把工业自动化领域的 CIMS 纳入高科技合作发展计划(即尤里卡计划),并在通信与接口、机器人系统等方面取得许多成果,如西门子公司、MTV 公司、马霍(MAHO)公司等都建成不同规模的 CIMS 工程。

从总体上说,日本制造业的 CIMS 开发比欧美各国的更有计划,开发速度更快,如精工公司、村田机械公司、东芝公司、日本电气、富士电机公司、三菱电机公司、富士通公司等许多企业都不同程度地实施了 CIMS 工程。

我国从 1986 年开始实施"高技术研究和发展计划"(即 863 计划),CIMS 是其中的一个主题,为此,在清华大学建立了 CIMS 实验工程;在五所大学建立了七个技术网点,并规划了四个示范厂,江苏省专门制订了 CIMS 工程计划,等等。1994 年,清华大学国家 CIMS 工程研究中心获得了美国制造工程师学会(SME)的 CIMS"大学领先奖",这标志着我国 CIMS 的研究水平进入了国际先进行列。

CIMS 是现代制造领域中卓有成效的技术,是加快经济、促进企业经济转变的重要技术手段。不难预测,CIMS 这一面向产业界的高新综合技术,将获得越来越广泛的应用。

5.4 先进制造模式与管理技术

5.4.1 敏捷制造

1. 敏捷制造的概念

美国通用汽车公司(GM)和里海(Leigh)大学的雅柯卡(Lacocca)研究所在美国国防部的资助下,经过多方面的努力,于 1988 年在《21 世纪制造企业战略》的报告中首次提出敏捷制造（agile manufacturing，AM）的新概念。敏捷制造目前尚无统一、公认的定义，一般认为敏捷制造是指制造企业采用现代通信手段，通过快速配置各种资源（包括技术、管理和人），以有效和协调的方式响应用户需求，实现制造的敏捷性。敏捷制造的核心是保持企业具备高度的敏捷性。敏捷性意指企业在不断变化、不可预测的经营环境中善于应变的能力，它是企业在市场中生存和处于领先地位的综合表现。

2. 敏捷制造的特征

（1）敏捷虚拟企业　　敏捷虚拟企业组织形式是敏捷制造模式区别于其他制造模式的显著特征之一。敏捷虚拟企业简称虚拟企业（virtual enterprise）或称动态联盟企业（dynamic alliance enterprise）。市场竞争环境快速变化，要求企业必须对市场变化做出快速反应。市场产品越来越复杂，对某些产品已不可能由一个企业快速、经济地独立开发和制造其全部。依据市场需求和具体任务大小，为了迅速完成既定目标，就需要按照资源、技术和人员的最优配置原则，通过信息技术和网络技术，将一个公司内部的一些相关部门或者同一地域的一些相关公司或者不同地域且拥有不同资源与优势的若干相关企业联系在一起，快速组成一个统一指挥的生产与经营动态组织或临时性联合企业，此即虚拟企业。

这种虚拟企业组织方式可以降低企业风险，使生产能力前所未有地提高，从而缩短产品的上市时间，减少相关的开发工作量，降低生产成本。一般的，企业动态联盟或虚拟企业的产生条件是：参与联盟的各个单元企业无法单独地完全靠自身的能力实现超常目标，或者说某目标已经超越某企业运用自身资源可以达到的限度。这样，企业欲突破自身的组织界限，就必须与其他对此目标有共识的企业建立全方位的战略联盟。

虚拟企业具有适应市场能力的高度柔性和灵活性，主要包括五个方面：组织结构的动态性和灵活性；地理位置的分布性；结构的可重构性；资源的互补性；依赖于信息和网络技术。

（2）虚拟制造技术　　这是 AM 模式区别于其他制造模式的另一个显著特征。虚拟制造技术又称拟实制造技术或可视化制造技术，意指综合运用仿真、建模、虚拟现实等技术，提供三维可视交互环境，对从产品概念的产生、设计到制造全过程进行模拟实现，以便在真实制造之前，预估产品的功能及可制造性，获取产品的实现方法，从而加快产品的上市速度，降低产品成本。

3. 敏捷制造的发展

敏捷制造的基本思想和方法可以应用于绝大多数类型的行业和企业，并以制造加工业最为典型，敏捷制造的应用将在世界范围内尤其是发达国家逐步实施。从敏捷制造的发展与应用情况来看，它不是凭空产生的，是工业企业适应经济全球化和先进制造技术及其相关技术发展的必然产物，已有非常深厚的实践基础和基本雏形，世界主要国家的航空航天企业都已在不同的阶段或层次上按照敏捷制造的哲理和思路开展应用。综上所述，随着敏捷制造的研究和实践不断深入,可以预见其应用前景十分广阔,具体体现在以下几个方面。

(1)面向知识和信息网络,建立一套支持敏捷制造数字化、并行化、智能化、集成化的多模态人机交互信息处理与应用理论及方法,根据用户的个性化需求和市场的竞争趋势,从而有效地组织敏捷制造动态联盟,充分利用各种资源进行多模态人机协同的敏捷制造,尽快响应市场需求。

(2)基于知识和信息网络,对定制产品的外观形态、方案布局和多模态环境下人机交互等环节进行支持和加强,以提高敏捷制造系统的可塑性,以及加强在定制产品的美观性等方面运作过程的可视化。

(3)利用多模态人机交互技术改变企业以试制、试验和改进为主的传统制造开发过程,使之转变为在市场需求下以设计、分析和评估为主并基于知识和信息网络迅速组成动态联盟的可视化敏捷制造,从而缩短产品的开发时间,提高市场竞争能力。

5.4.2   虚拟制造

1. 虚拟制造的含义

虚拟制造(virtual manufacturing,VM)是以制造技术和计算机技术支持的系统建模技术和仿真技术为基础,集成现代制造工艺、计算机图形学、并行工程、人工智能、人工现实技术和多媒体技术等多种高新技术为一体,由多学科知识形成的一种综合系统技术。它将现实制造环境及其制造过程通过建立系统模型映射到计算机及相关技术所支撑的虚拟环境中,在虚拟环境下模拟现实制造环境及其制造过程的一切活动和产品的制造全过程,并对产品制造及制造系统的行为进行预测和评价。虚拟制造是对真实产品制造的动态模拟,是一种在计算机上进行而不消耗物理资源的模拟制造软件技术。

2. 虚拟制造的关键技术

(1)建模技术   虚拟制造系统应当建立一个包容 3P 模型的、稳健的信息体系结构。3P 模型是指:① 生产模型,包括静态描述和动态描述两个方面(静态描述是指系统生产能力和生产特性的描述,动态描述是指在已知系统状态和需求特性的基础上预测产品生产的全过程);② 产品模型,不仅包括产品结构明细表、产品形状特征等静态信息,而且能通过映射、抽象等方法提取产品实施中各活动所需的模型;③ 工艺模型,是将工艺参数与影响制造功能的产品设计属性联系起来,以反映生产模型与产品模型间的交互作用,它包括物理和数学模型、统计模型、计算机工艺仿真、制造数据表和制造规划等功能。

(2)仿真技术   仿真就是应用计算机对复杂的现实系统经过抽象和简化形成系统模型,然后在分析的基础上运行此模型,从而得到系统一系列的统计性能。由于仿真是以系统模型为对象的研究方法,因而不干扰实际生产系统,同时,仿真可以利用计算机的快速运算能力,用很短时间模拟实际生产中需要很长时间的生产周期,因此可以缩短决策时间,避免资金、人力和时间的浪费。另外,计算机还可以重复仿真,优化实施方案。

产品制造过程仿真,可归纳为制造系统仿真和加工过程仿真。虚拟制造系统中的系统仿真包括产品建模仿真、设计思维过程和设计交互行为仿真等,以便对设计结果进行评价,实现设计过程早期反馈,减少或避免产品设计错误。加工过程仿真,包括切削过程仿真、装配过程仿真、检验过程仿真以及焊接、压力加工、铸造仿真等。目前上述两类仿真过程是独立发展起来的,尚不能集成,而虚拟制造中应建立面向制造全过程的统一仿真。

（3）虚拟现实技术　虚拟现实技术（virtual reality technology,VRT）是在为改善人与计算机的交互方式、提高计算机可操作性中产生的,它是综合利用计算机图形系统、各种显示和控制等接口设备,为在计算机上生成的可交互的三维环境（称为虚拟环境）提供沉浸感觉的技术。

虚拟现实的系统环境除采用计算机作为中央部件外,还包括头盔式显示装置、数据手套、数据衣、传感装置以及各种现场反馈设备。

由图形系统及各种接口设备组成,用来产生虚拟环境并提供沉浸感觉,以及交互性操作的计算机系统称为虚拟现实系统（virtual reality system,VRS）,虚拟现实系统包括操作者、机器和人机接口三个基本要素。它不仅提高了人与计算机之间的和谐程度,也成为一种有力的仿真工具。利用 VRS 可以对真实世界进行动态模拟,通过用户的交互输入,并及时按输出修改虚拟环境,使人产生身临其境的沉浸感觉。虚拟现实技术是 VM 的关键技术之一。

5.4.3　智能制造

1. 智能制造系统的内涵

在 20 世纪 80 年代末、90 年代初,人们提出了智能制造技术（intelligent manufacturing technology,IMT）和智能制造系统（intelligent manufacturing system,IMS）的概念。但是,智能制造在国际上尚无公认的定义。1988 年,美国的 Wright 和 Bourno 两位学者在其所著的《智能制造》一书中认为:"智能制造的目的是通过集成知识工程、制造软件系统、机器人视觉和机器控制,来对制造技工的技能和专家知识进行建模,以使智能机器人在没有人工干预的情况下进行小批量生产。"

一般来说,智能制造技术是指在制造系统及制造过程的各个环节,通过计算机来实现人类专家的制造智能活动（分析、判断、推理、构思、决策等）的各种制造技术的总称。如果将体现在制造系统各环节中的智能制造技术与制造环境中的人的智能以柔性方式集成起来,并贯穿于制造过程中,这就是智能制造系统。简单地说,智能制造系统是基于智能制造技术实现的制造系统。

2. 智能制造系统的特点

（1）广泛性　智能制造系统涵盖了从产品设计、生产准备、加工与装配、销售与使用、维修服务直至回收再生的整个过程。

（2）自组织能力　　自组织能力是指 IMS 中的各种智能设备能够按照工作任务的要求，自行集结成一种最合适的结构，并按照最优的方式运行的能力。完成任务以后，该结构随即自行解散，以备在下一个任务中集结成新的结构。自组织能力是 IMS 的一个重要标志。

（3）集成性　　智能制造系统是对整个制造环境的智能集成。IMS 在强调各生产环节智能化的同时，更注重整个制造环境的智能集成。这是 IMS 与面向制造过程中的特定环节、特定问题的"智能化孤岛"的根本区别。IMS 将产品的市场、开发、制造、服务与管理等集成为一个整体，系统地加以研究，实现整体的智能化。

（4）系统性　　追求的目标是整个制造系统的智能化。制造系统的智能不是子系统的堆积，而是能驾驭生产过程中的物质流、能量流和信息流的系统工程。同时，人是制造智能的重要来源，只有人与机器有机、高度结合才能实现系统的真正智能化。

（5）动态特性　　智能制造技术的内涵不是绝对的和一成不变的，反映在不同的时期不同的国家和地区，其发展的目标和内容会有所不同。

（6）实用性　　从其发展、应用与制造全过程的范围，特别是达到的目标与效果来看，无不反映出这是一项应用于制造业，且对制造业及国民经济的发展起重大作用的实用技术，它不是以追求技术的高新为目的，而是注重产生最好的实践效果，以提高效益为中心，以提高企业的竞争力和促进国家经济增长和综合实力的提高为目标。

（7）开放性　　要让机器具有较高的智能行为，必须通过人工移植必要的基本知识，使系统具备自我学习、自我积累、自我调整、自我扩展的能力。IMS 能以原有专家知识为基础，完善系统知识库，并删除库中有误的知识，使知识库趋向最优，在实践中不断进行学习，同时，还能对系统故障进行自我诊断、排除和修复。

（8）绿色性　　日趋严格的环境与资源的约束，使绿色制造业显得越来越重要，它将是 21 世纪制造业的重要特征。智能制造技术是 21 世纪的制造技术，因此绿色制造技术也是智能制造技术的一个重要研究内容。

3. 智能制造的关键技术

（1）智能设计技术　　工程设计中的概念设计和工艺设计来源于大量专家的创造性思维活动，需要分析、判断和决策。如果靠人们手工来进行大量的经验总结和分析工作，将需要很长的时间。把专家系统引入设计领域，将使人们从这一繁重的劳动中解脱出来。

（2）智能机器人技术　　智能机器人应具备以下功能特性：视觉功能——机器人能借助其自身所带工业摄像机，像"人眼"一样观察；听觉功能——机器人的听觉功能实际上是话筒，能将人们发出的指令变成计算机接受的电信号，从而控制机器人的动作；触觉功能——机器人携带的各种传感器；语音功能——机器人可以和人们直接对话；分析判断功能——机器人在接受指令后，可以通过对知识库中的资料进行分析、判断、推理，自动找出最佳的工作方案,做出正确的决策。

（3）智能诊断技术　除了计算机的自诊断功能(包括开机诊断和在线诊断)外,还可以进行故障分析、原因查找和故障的自动排除,保证系统在无人的状态下正常工作。

（4）自适应技术　制造系统在工作过程中,由于影响因素很多,如材料的材质、加工余量的不均匀、环境的变化等,都会对加工带来影响。在线的自动检测和自动调整是实现自适应功能的关键技术。

（5）智能管理技术　加工过程仅仅是企业运行的一部分,产品的发展规划、市场调研分析、生产过程的平衡、材料的采购、产品的销售、售后服务,甚至整个产品的生命周期都属于管理的范畴。因此,智能管理技术应解决对生产过程的自动调度,信息的收集、整理与反馈以及企业的各种资料库的有效管理等问题。

（6）虚拟制造技术　虚拟制造是建立在利用计算机完成产品整个开发过程这一构想基础之上的产品开发技术,它综合应用建模、仿真和虚拟现实等技术,提供三维可视交互环境,对从产品概念到制造全过程进行统一建模,并实时、并行地模拟出产品未来制造的全过程,以期在真实执行制造之前,预测产品的性能、可制造性等。

5.4.4　网络化制造

1. 网络化制造的概念

网络化制造(networked manufacturing,NM)是指面对市场需求与机遇,针对某一个特定产品,利用以因特网为标志的信息高速公路,灵活而快速地组织社会制造资源(人力、设备、技术、市场等),按资源优势互补原则,迅速地组成一种跨地域的、靠电子网络联系的、统一指挥的运营实体——网络联盟。网络化制造可定义为:网络化制造是基于网络的制造企业的各种制造活动及其所涉及的制造技术和制造系统的总称。其中:网络包括Internet、Intranet 和 Extranet 等各种网络;制造企业包括单个企业、企业集团以及面向某一市场机遇而组建的虚拟企业等各种制造企业及企业联盟;制造活动包括市场运作、产品设计与开发、物料资源组织、生产加工过程、产品运输与销售和售后服务等企业所涉及的一切相关活动和工作。

具体地说,网络化制造意指企业利用计算机网络实现制造过程以及制造过程与企业中工程设计、管理信息等子系统的集成,包括通过计算机网络远程操纵异地的机器设备进行制造;企业利用计算机网络搜寻产品的市场供应信息、搜寻加工任务、发现合适的产品生产合作伙伴、进行产品的合作开发设计和制造、产品的销售等,即通过计算机网络进行生产经营业务活动各个环节的合作,实现企业间的资源共享和优化组合利用,实现异地制造。它是制造业利用网络技术开展产品设计、制造、销售、采购、管理等一系列活动的总称,涉及企业生产经营活动的各个环节。

2. 网络化制造的特点

网络化制造的基本特征包括敏捷化、分散化、动态化、协作化、集成化、数字化和网络化等七个方面：敏捷化表现为其对市场环境快速变化带来的不确定性做出的快速响应能力；分散化表现为资源的分散性和生产经营管理决策的分散性；动态化表现为依据市场机遇的存在性而决定网络联盟的存在性；协作化表现为动态网络联盟中合作伙伴之间的紧密配合，共同快速响应市场和完成共同的目标；集成化表现为制造系统中各种分散资源能够实时地高效集成；数字化表现为借助信息技术来实现真正完全的无图样化虚拟设计和虚拟制造；网络化表现为依靠电子网络作为支撑环境。

3. 网络化制造的关键技术

网络化制造的关键技术主要包括综合技术、使能技术、基础技术和支撑技术。其中：综合技术主要包括产品全生命周期管理、协同产品商务、大量定制和并行工程等；使能技术主要包括计算机辅助设计（CAD）、计算机辅助制造（CAM）、计算机辅助工程（CAE）、计算机辅助工艺过程设计（CAPP）、客户关系管理（CRM）、供应商关系管理（SRM）、企业资源计划（ERP）、制造执行系统（MES）、供应链管理（SCM）、产品数据管理（PDM）等；基础技术主要包括标准化技术、产品建模技术和知识管理技术等；支撑技术主要包括计算机技术和网络技术等。

5.4.5　绿色制造

1. 绿色制造的内涵

为确保人类的生活质量和社会经济的可持续发展，绿色制造（green manufacturing，GM）成为 20 世纪末、21 世纪初的一个重要话题，并且近年来它的研究发展迅速。关于绿色制造，权威的定义是：绿色制造是一个综合考虑环境影响和资源效率的现代制造模式，其目标是使得产品从设计、制造、包装、运输、使用到报废处理的整个产品生命周期内，对环境的影响（负面作用）为零或者极小，资源消耗尽可能小，并使企业经济效益和社会效益协调优化。按照这一定义，绿色制造已不是刚刚提出时仅限于传统制造业的范围，而是一个大概念，既涵盖了产品的设计、制造工艺，又涵盖了生产包装、运输及报废处理等问题，是一个全新的概念。

因此，绿色制造是指在满足当代人对产品需求的同时又不危及子孙后代对资源和能源的需求，综合考虑环境影响、资源效率的现代制造模式。在绿色制造的过程中要利用先进的工艺、技术、标准和管理方法，提高资源和能源的利用率，降低物耗和能耗，最大限度地减少废物的排放量，减少对人类和环境的危害。

2. 绿色制造的内容

绿色制造技术从内容上应包括"五绿"，即绿色设计、绿色材料、绿色工艺、绿色包装和绿色处理。

（1）绿色设计　绿色设计是在产品及其寿命的全过程的设计中，充分考虑对资源和环境的影响，在充分考虑产品的性能、质量、开发周期和成本的同时，优化各有关设计因素，使得产品及其制造过程对环境的总体负影响减到最小。

（2）绿色材料　绿色材料是指在制备、生产过程中能耗低、噪声小、无毒性并对环境无害的材料和材料制品，也包括那些对人类、环境有危害，但采取适当的措施后就可以减少或消除危害的材料及制成品。绿色制造要求选择材料应遵循以下几个原则：① 优先选用可再生材料，尽量选用可回收材料，提高资源利用率，实现可持续发展；② 尽量选用低能耗、少污染的材料；③ 尽量选择环境兼容性好的材料及零部件，避免选用有毒、有害和有辐射特性的材料。所用、所选择的材料应易于回收、再利用、再制造或易于降解。

（3）绿色工艺　采用绿色工艺是实现绿色制造的重要一环，绿色工艺与清洁生产密不可分。我们所提出的绿色工艺是指清洁工艺，指既能提高经济效益，又能减少环境影响的工艺技术。它要求在提高生产效率的同时必须兼顾削减或消除危险废物及其他有毒化学品的用量，改善劳动条件，减少对操作者的健康威胁，并能生产出安全的与环境兼容的产品。

（4）绿色包装　选择绿色包装材料作为产品的包装已经成为一个研究的热点。产品的包装应摒弃求新、求异的消费理念，简化包装，这样既可减少资源的浪费，又可减少环境的污染和废弃后的处置费用。另外，产品包装应尽量选择无毒、无公害、可回收或易于降解的材料，如纸、可复用产品及可回收材料等。通过改进产品结构、减小质量，也可达到改善包装、降低成本并减小对环境的不利影响。

（5）绿色处理　产品的绿色处理（即回收）在其生命周期中占有重要的位置，正是通过各种回收策略，产品的生命周期形成了一个闭合的回路。寿命终了的产品最终通过回收又进入下一个生命周期的循环之中。它们包括重新使用、继续使用、重新利用和继续利用。只有在产品设计的初始阶段就考虑报废后的拆卸问题，才能实现产品最终的高效回收。

3. 绿色制造的发展

随着全球经济的发展，人们已越来越重视对环境问题的研究，绿色化已成为 21 世纪制造系统的一个重要特征和必然的发展趋势之一。

目前，许多企业纷纷宣称自己的产品是绿色产品，推行绿色营销策略。一些知名企业更是不甘落后。例如，美国福特公司：① 减少汽车生产和制造过程中能量的消耗；② 开发和使用质量小的材料来生产汽车，以减少汽车使用时对能量的消耗；③ 加强产品的可回收性，在产品中使用可回收的材料。近年来，我国在绿色制造及相关问题方面进行了大量的研究，国家自然科学基金和国家"863/CIMS"主题均支持了一定数量的绿色制造方面的研究课题。以清华大学为首的部分高校对绿色制造的理论体系、专题技术等都进行了大量的研究。1997 年我国正式发布了 GB/T 24000 系列标准，将 ISO 已发布的五项环境管理标准转化为国家标准。截至 1999 年 4 月,青岛海尔等 117 家企业通过了环境管理体系认证。

绿色制造是 21 世纪制造业重要的发展方向,也是人类社会得以可持续发展的重要因素之一。我国虽然地大物博,但人口众多,人均资源少。因此,我国的经济发展要从依靠大量地消耗资源换取暂时经济增长的粗放型发展向集约型发展转变,走可持续发展的道路。加入 WTO 后,我国制造业的产品将面临全球化的市场竞争,要消除国际绿色贸易壁垒,占有一定的市场份额,绿色制造是制造业的必经之路。

5.4.6　并行工程

1. 并行工程的定义

依据美国防御分析研究所(IDA)1988 年的报告,并行工程(concurrent engineering, CE)可定义为:CE 是对产品及其相关过程(包括制造过程和支持过程)进行并行、一体化设计的一种系统化工作模式,这种工作模式力图使开发者从一开始就考虑到产品全生命周期中的所有因素,包括质量、成本、进度和用户需求。

CE 可以理解为一种集企业组织、管理、运行等诸多方面于一体的先进设计制造模式。它通过集成企业内的所有相关资源,使产品生产的整个过程在设计阶段就全面展开,旨在设法保证设计与制造的一次性成功、缩短产品开发周期、提高产品质量、降低产品成本,从而增强企业的竞争能力。

CE 运用的主要方法包括:设计质量的改进,即设法使早期生产中工程变更次数减少 50% 以上;产品设计及其相关过程并行,即设法使产品开发周期缩短 40%~60%;产品设计及其制造过程一体化,即设法使制造成本降低 30%~40%。

2. 并行工程的特点

CE 主要有以下四个特点。

(1) 设计人员的团队化　CE 十分强调设计人员的团队工作,因为借助于计算机网络的团队工作是 CE 系统正常运转的前提和关键。

(2) 设计过程的并行性　设计过程的并行性有两方面含义:① 开发者从设计开始便考虑产品全生命周期;② 在产品设计的同时便考虑加工工艺、装配、检测、质量保证、销售、维护等相关过程。

(3) 设计过程的系统性　在 CE 中,设计、制造、管理等过程已不再是分立单元体,而是一个统一体或系统。设计过程不仅仅要出图样和有关设计资料,而且还需进行质量控制、成本核算、产生进度计划表等。

(4) 设计过程的快速反馈　设计过程的快速反馈就是为了最大限度地缩短设计时间,及时地将错误消除在"萌芽"阶段。CE 强调对设计结果及时进行审查并且要求及时地反馈给设计人员。

3. 并行工程的关键技术

CE 的关键技术包括四个方面：① 产品开发的过程建模、分析与集成技术；② 多功能集成产品开发团队；③ 协同工作环境；④ 数字化产品建模。

CE 中的产品开发工作是由多学科小组协同完成的，因此，需要一个专门的协调系统来解决各类设计人员的修改、冲突、信息传递和群体决策等问题。

5.4.7　精益生产

1. 精益生产的概念

美国麻省理工学院的 Daniel Roos 教授于 1995 年出版了《改造世界的机器》(The Machine that Changed the World)一书，提出了精益生产(LP)的概念，并对其管理思想的特点与内涵进行了详细的描述。该书对精益生产定义如下："精益生产的原则是团队作业，交流，有效利用资源并消除一切浪费，不断改进及改善。精益生产与大量生产相比只需要 1/2 的劳动力，1/2 的占地面积，1/2 的投资，1/2 的工程时间，1/2 的新产品开发时间。"

精益生产中的"精"表示精良、精确、精美，"益"包含利益、效益等。精益生产就是及时制造、消灭故障、消除浪费，向零缺陷、零库存进军。精益生产的核心内容是准时制(just in time,JIT)生产方式，该种方式通过看板管理，成功地制止了过量生产，实现了"在必要的时刻生产必要数量的必要产品"，从而彻底消除产品制造过程中的浪费，以及由之衍生出来的种种间接浪费。实现生产过程的合理性、高效性和灵活性。JIT 生产方式是一个完整的技术综合体，包括经营理念、生产组织、物流控制、质量管理、成本控制、库存管理、现场管理等在内的较为完整的生产管理技术与方法体系。

2. 精益生产的特点

(1) 以用户为"上帝"　产品面向用户，与用户保持密切联系，将用户纳入产品开发过程，以多变的产品、尽可能短的交货期来满足用户的需求，真正体现用户是"上帝"的精神。不仅要向用户提供周到的服务，而且要洞悉用户的思想和要求，才能生产出适销对路的产品。产品的适销性、适宜的价格、优良的质量、快捷的交货、优质的服务是面向用户的基本内容。

(2) 以人为中心　人是企业一切活动的主体。因此，应以人为中心，大力推行独立自主的小组化工作方式，充分发挥一线职工的积极性和创造性，使他们积极为改进产品的质量献计献策，使一线工人真正成为"零缺陷"生产的主力军；应对职工进行爱厂如家的教育，并从制度上保证职工的利益与企业的利益挂钩；应下放部分权力，使人人有权利、有责任、有义务随时解决碰到的问题；应满足人们学习新知识和实现自我价值的愿望，形成独特的、具有竞争意识的企业文化。

(3) 以精简为手段　在组织机构方面实行精简化，去掉一切多余的环节和人员。实现纵向减少层次,横向打破部门壁垒,将层次细分工,管理模式转化为分布式平行网络的管理结构。在生产过程中,采用先进的柔性加工设备,减少非直接生产工人的数量,使每个工人都真正对产品实现增值。另外,采用准时生产和看板方式管理物流,大幅度减少甚至实现零库存,也减少了库存管理人员、设备和场所。此外,精益不仅仅是指减少生产过程的复杂性,还包括在减少产品复杂性的同时,提供多样化的产品。

(4) 成组技术　成组技术应用于机械制造系统,则是将多种零件按其相似性归类编组,并以组为基础组织生产,用扩大了的成组批量代替各种零件的单一产品批量,从而实现产品设计、制造工艺和生产管理的合理化,使原中小批生产能获得接近大批量生产的经济效益。

(5) JIT 供货方式　JIT 供货方式可以保证最小的库存和最少的在制品数。为了实现这种供货方式,应与供货商建立起良好的合作关系,相互信任、相互支持、利益共享。

(6) 小组工作和并行设计　精益生产强调以小组工作方式进行产品的并行设计。综合工作组是指由企业各部门专业人员组成的多功能设计组,对产品的开发和生产具有很强的指导和集成能力。综合工作组全面负责一个产品型号的开发和生产,包括产品设计、工艺设计、编制预算、材料购置、生产准备及投产等工作,并根据实际情况调整原有的设计和计划。

(7) 零缺陷工作目标　精益生产所追求的目标不是"尽可能好一些",而是"零缺陷",即最低的成本、最好的质量、无废品、零库存与产品的多样性。当然,这样的境界只是一种理想境界,但应无止境地去追求这一目标,才会使企业永远保持进步,永远走在他人的前头。

3. 精益生产的应用

中国在 20 世纪 70 年代末期和 80 年代初期实行对外开放战略,学习日本等发达国家推动经济发展的经验。在这种宏观背景下,丰田生产方式(精益生产)也于 1981 年被引入中国,政府和不少大中型国有企业不仅聘请丰田汽车公司的专家来中国传授经验,而且还派人员到丰田去取经。1980 年以来,上海汽车行业的一批合资企业开始了准时生产模式的尝试,并在准时供货方面取得了一定的经验,如上海大众汽车公司采用内库与外库相结合的准时供货方式。目前,国内的一些汽车集团如一汽集团、东风集团、跃进集团、天津汽车公司等均通过不同的方式在集团内部实施精益生产方式。

5.4.8　产品数据管理

1. 产品数据管理的概念

先进制造技术特别强调计算机技术、信息技术和现代管理技术在制造中的综合运用,随着企业信息化技术应用的不断深入,有效的管理好产品信息变得日益重要和迫切,在此背景下,产品数据管理(product data management,PDM)应运而生,并在 20 世纪 90 年代初开始在国际市场上形成商品化的软件产品。

目前，对 PDM 技术尚未有严格统一的定义。CIMdata 公司对 PDM 的定义是："PDM 是一门用来管理所有与产品相关信息（包括零件信息、配置、文档、CAD 文件、结构等）和过程（包括过程定义和管理）的技术。"Gartner Group 公司把 PDM 定义为："PDM 是为企业设计和生产构筑一个并行产品艺术环境的关键使能技术。一个成熟的 PDM 系统能够使所有参与创建、交流、维护设计意图的人在整个产品信息生命周期中对信息进行自由共享和传递与产品相关的所有异构数据。"不难看出，二者都认为 PDM 是一门管理所有与产品相关信息和相关过程的技术。一般认为 PDM 的应用范围如图 5-15 所示。

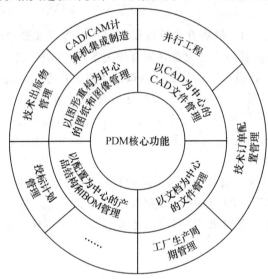

图 5-15　PDM 的应用范围

2．产品数据管理的体系结构

PDM 是以计算机网络环境下的分布数据库系统为技术支撑，采用客户/服务器结构和工作方式，为企业实现产品全生命周期的信息管理、协调工作流程而建立的并行化产品开发协作环境。PDM 的结构从上至下分别为用户层、功能层、管理层和环境层，如图 5-16 所示。

3．产品数据管理系统的功能

PDM 主要包括了以下的功能模块。

（1）电子仓库（vault）　它是 PDM 的核心模块。它保存了管理数据以及指向描述产品的相关信息的物理数据和文件的指针，为用户存取数据提供一种安全的控制机制，并允许用户透明地访问全企业的产品信息，而不用考虑用户或数据的物理位置。

（2）工程文档管理（engineering document management）　PDM 系统以文件和图档

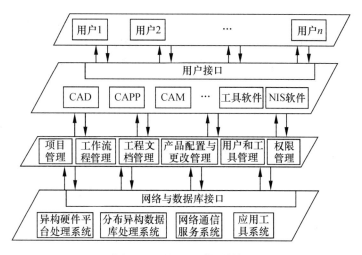

图 5-16　PDM 的体系结构

为管理对象,文档管理对象包括了产品整个生命周期中所涉及的全部数据。这一模块的功能主要将所有文档分成图形文件、数据文件、文本文件、表格文件和多媒体文件进行管理,并完成文档信息定义与编辑、入库与出库、浏览和批注的功能。

（3）工作流程管理（workflow or process management）　在产品设计制造过程中,任何一个环节、任何一个阶段的工作都要遵照一定的流程来进行。工作流程管理的功能就是要以过程控制、过程运行和过程监控来实现对工作流程的建模、控制与协调。

（4）分类和检索（classification and retrieval）　PDM 系统提供了对数据的快速方便的分类技术,使用户能够在分布式环境中高效地查询文档、数据、零件、标准元件、过程等对象。PDM 系统的主要检索功能包括零件数据接口、基于内容的而不是基于分类的检索、构造数据电子仓库码过滤器的功能。检索功能使用户可以利用现有设计创建新的产品。

（5）产品配置管理（product configuration management）　PDM 产品配置管理以电子仓库为底层支持,以物料清单（BOM）为组织核心,把定义最终产品的有关工程数据和文档联系起来,对产品对象及其相互之间的联系进行维护和管理。

（6）项目管理（project management）　它是建立在工作流程管理基础之上的一种管理。项目管理在实施过程中实现其计划、组织、人员及相关数据的管理与配置,进行项目运行状态的监控,完成计划的反馈。

（7）电子协作（e-collaboration）　它用来实现用户与 PDM 数据之间高速、实时的交互功能。较为理想的电子协作技术能够无缝地与 PDM 联合并一起工作,允许交互访问 PDM 对象,采用 CORBA（公用对象请求代理程序体系结构）或 OLE（对象连接与嵌入）消息的发布机制把 PDM 与图像紧密结合起来。

（8）工具和集成件(tools and integrated case)　　为了能够使得不同的应用系统之间能够共享信息,必须形成基于 PDM 的应用集成。该模块的功能有:批处理语言;应用接口;图形界面/客户编程能力;系统/对象编程能力;工具封装能力;集成件(样板集成件、产品化应用集成件、基于规则集成件)。

参 考 文 献

[1] 王庆明.先进制造技术导论[M].上海:华东理工大学出版社,2007.

[2] 王金凤.机械制造工程概论[M].北京:航空工业出版社,2005.

[3] 姚福生.先进制造技术[M].北京:清华大学出版社,2002.

[4] 张世昌.先进制造技术[M].天津:天津大学出版社,2004.

[5] 周会娜,林滨.先进制造技术及其重点发展方向[J].精密制造与自动化,2006(4).

[6] 丁伯慧,张付英.先进制造技术与模式的研究综述[J].机电一体化,2003(3).

[7] 冯显英.机械制造:机械卷[M].济南:山东科学技术出版社,2007.

[8] 徐丽莉.你所不知的"3D 打印"[N].人民日报海外版,2012-09-17(05).

第6章 机电一体化技术

6.1 概 述

以机械工程学和电子工程学为支柱,综合控制工程学、信息工程学、材料学、光学等形成的多学科综合技术,就是机电一体化技术。

6.1.1 传统机械工业的技术革命——机电一体化

20世纪70年代以来,以大规模集成电路和微型电子计算机为代表的微电子技术、信息技术、智能技术,迅速地被应用到机械工业中,出现了种类繁多的计算机控制的机械、仪器和军械装备,以及具有柔性功能的自动化生产线、车间或工厂,一方面极大地提高了机械产品性能和产品竞争能力,另一方面又极大地提高了产品生产系统的生产效率和企业的经济竞争能力,适应了市场对产品多样化的要求,丰富了人类的物质文明,使传统机械工业的生产面貌焕然一新,出现了人类梦想的"机械文明的新时代",即机电一体化时代,推动了机械工业和电子工业相互促进、紧密结合、共同繁荣发展的新局面。

以汽车工业为例,微电子技术和微型计算机技术对汽车及汽车生产系统带来了巨大的影响。20世纪60年代人们开始研究在汽车产品中应用电子技术,70年代前后实现了充电电压调整器和点火装置的电路集成化,并研制成功了燃油喷射的电子控制装置。70年代后期,由于微型计算机的发展,使汽车产品的机电一体化进入实用阶段。1977年和1979年美国GM公司和日本日产公司先后开发了MISAR和ECCS发动机控制系统。该系统由汽车发动机运行状态传感器、电子点火器和微处理器等基本部分组成,微处理器接收各功能传感器发出的曲轴位置、汽缸负压、冷却水温度和发动机转速、吸入空气量、排气中氧浓度及基准时间设置等运行状态信息,计算最佳点火时间,控制执行器点火动作。汽车发动机的微处理器控制系统大大提高了汽车的性能,成为汽车系统控制技术微电子化的开端。进入80年代以来,为进一步解决节能、排气防污、提高功能以及安全和维修等问题,相继开发了电子控制化油器、交流发动机旋转检测装置、电子控制自动变速器、电子刹车控制装置、防滑装置、自动稳速控制装置、电子仪表、电子自动刮水器、排气污染的电子控制器、集中报警系统、发动机诊断系统等。同时,为行车舒适的目的开发了汽车空气净化及调节装置、音响和钟表及调光照明系统等。

微电子技术和微处理机技术彻底改变了汽车产品的面貌,"汽车电子化"被称为汽车技术的又一次革命性飞跃。机电一体化的现代新型汽车在操作性、可靠性、高速度、安全性、低油耗、减少排气污染和维修性、舒适性等各方面性能都有大幅度提高,汽车电子化程度成为汽车产品市场竞争的极重要因素,汽车电子也逐渐发展成为一个新兴产业。

据统计,1981 年美国的汽车电子装置销售额为 20 亿美元,1985 年达 84 亿美元。美国平均每辆汽车装配电子装置的投资,1970 年为 25 美元,1975 年为 60 美元,1980 年为 248 美元,1985 年为 872 美元,以近似指数曲线增长。日本汽车电子化的起步比美国稍晚,但发展速度很快,其逐年增长速度与美国相近。其后,电子导航、电子避撞、太阳能动力、电子自动悬架、电子离合器控制、电子故障诊断显示、电子多路传输等新的汽车电子化技术和产品陆续在汽车系统中广泛应用,电子产品占汽车成本的比重达 30% 以上。

汽车工业的变革,一方面是汽车产品的机电一体化革命,另一方面是汽车的生产制造系统发生了巨大变化。在现代汽车生产中,多使用计算机进行经营和生产管理及产品设计,使用数控机床和柔性生产线进行零部件加工,使用机器人从事喷漆、焊接、组装、搬运等工作。汽车车身通常有 3 000~4 000 个焊点,其中 90% 以上的焊点可由工业机器人完成。意大利菲亚特汽车公司的两条汽车装配线,每条线上都分布有多个机器人,可在平均一分钟内完成一部汽车的焊接工作。数控自动化生产能够节约原材料、动力及其他工厂辅助设备,降低废品率,减轻工人的劳动强度,并使劳动生产率得到极大的提高。现代机电一体化生产系统使得汽车生产的质量和产量迅速地大幅度提高,同时整个生产系统可以通过改变程序适应不同型号汽车的制造,缩短新产品设计生产周期,尽快适应市场需求的变化。

从 20 世纪 70 年代开始,日本注重汽车生产系统的机电一体化改造和更新,以至于1980 年日本在汽车产量上超过传统的汽车王国——美国。日本每个汽车工人平均年生产 70 辆车,而法国仅为 8 辆。日本每辆车成本比美国低 1 000~2 000 美元,这正是日本汽车在国际市场上具有强大竞争力的重要原因之一。

传统产业机电一体化革命所带来的优质、高效、低耗、柔性等特点增强了企业的经济竞争能力,引起各个国家和企业的极人重视。在世界机电产品市场上,高技术产品出口贸易增长速度十分惊人:1970 年仅 500 亿美元,而 1990 年已经达到 3 500 亿美元,年平均增长达 14.8%,约为世界出口贸易总额增长率的四倍。而高新技术出口占世界出口比重,由 1976 年的 5.1% 上升到 1990 年的 11%。2006 年,仅中国高技术产品的出口贸易额就达到了 5 000 多亿美元,约占当年全国商品进出口贸易总额的 30%。机电一体化新型产品将逐步取代大部分传统机械产品,传统的机械装备和生产管理系统将被大规模地改造和更新为机电一体化生产系统,机电一体化产业将占据主导地位,机械工业将以机械电子工业的新面貌得到迅速发展。

6.1.2　机电一体化的定义

"机电一体化"(mechatronics)一词在 20 世纪 70 年代起源于日本。它取英文单词mechanics(机械学)的前半部和 electronics（电子学)的后半部分拼成一个新词,即机械电子学或机电一体化。但是,机电一体化并非是机械技术与电子技术的简单相加,而是机械技术、微电子技术相互交叉、融合的产物，如图 6-1 所示。

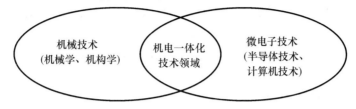

图 6-1　机电一体化的含义

目前，对机电一体化尚无统一的定义，就连最早提出这一新概念的日本也是说法不一。较为普遍的提法是日本机械振兴协会经济研究所对机电一体化概念所作的解释："机电一体化是指在机构的主功能、动力功能、信息处理功能和控制功能上引进电子技术，将机械装置与电子化设计及软件结合起来所构成的系统的总称。"机电一体化是在机械主功能、动力功能、信息功能和控制功能的基础上，并将机械装置与电子装置用相关软件有机结合而构成的系统。

机电一体化发展至今也已成为一门有着自身体系的新型学科，随着科学技术的不断发展，还将被赋予新的内容。但其基本特征可概括为：机电一体化是从系统的观点出发，综合运用机械技术、微电子技术、自动控制技术、计算机技术、信息技术、传感测控技术、电力电子技术、接口技术、信息变换技术以及软件编程技术等群体技术，根据系统功能目标和优化组织目标，合理配置与布局各功能单元，在多功能、高质量、高可靠性、低能耗的意义上实现特定功能价值，并使整个系统最优化的系统工程技术。由此而产生的功能系统，则成为一个机电一体化系统或机电一体化产品。

因此，机电一体化涵盖技术和产品两个方面，机电一体化技术是基于上述群体技术有机融合的一种综合技术，而不是机械技术、微电子技术以及其他新技术的简单组合、拼凑。这是机电一体化与机械加电气所形成的机械电气化在概念上的根本区别。机械工程技术由纯机械发展到机械电气化，仍属传统机械，其主要功能依然是代替和放大的体力。但是发展到机电一体化后，其中的微电子装置除可取代某些机械部件的原有功能外，还能赋予许多新的功能，如自动检测、自动处理信息、自动显示记录、自动调节与控制、自动诊断与保护等，即机电一体化产品不仅是人的手与肢体的延伸，还是人的感官与大脑的延伸。具有智能化的特征是机电一体化与机械电气化在功能上的本质区别。

当今世界，机电一体化技术得到了快速的发展和广泛应用，利用机电一体化概念得到的产品和机械电子装置也随处可见。

（1）原来仅由机械机构实现运动的装置，通过与电子技术相结合来实现同样运动但功能强大的新装置，如石英钟表、自动（微机控制）照相机、电子缝纫机、电动（电子式）游戏机、电子式调速器等。机械缝纫机与电子技术相结合就变成电子缝纫机，它装有大规模集成电路的半导体存储器、控制器以及交直流转换的微型控制系统，能自动操纵几十种装饰性花样。

(2) 原来由人来判断和操作的设备,变为由机器进行判断、能实现无人操作的设备,如自动售货机、自动出纳机(ATM)、自动售票机、自动剪票机、自动分拣机、无人仓库以及船舰和飞机的预防碰撞装置、自动导航装置等。

(3) 按照人类所编制的程序实现灵活运动的设备,如数控(NC)机床、工业机器人、智能机器人等。

机电一体化产品显示出如下的技术特点:

(1) 体积小、质量小、性价比高 由于半导体与集成电路(integrated circuit,IC)技术以及液晶技术的发展,使得控制装置和测量装置可以做成原来质量和体积的几分之一甚至几十分之一,使产品迅速向轻型化和小型化发展,价格越来越便宜。

(2) 速度快、精度高 随着半导体和集成电路的飞速发展,出现了大规模集成电路(large scale integrated circuit,LSI)和超大规模集成电路(very large scale integrated circuit,VLSI)。在电路集成度提高的同时,其处理速度和响应速度也迅速提高,使机电一体化装置总的处理速度能够充分满足实际应用的需要。同时,由于机电一体化技术的应用,推动了超精密加工技术的进步,使其与高精度加工和精密运动控制相适应。

(3) 可靠性高 由于激光和电磁应用技术的发展,传感器和驱动控制器等装置已采用非接触式装置,代替了接触式装置,避免了原来接触式机械存在的漏油、磨损、断裂等问题,使可靠性得到大幅度提高。

(4) 柔性好 从数控机床和各类机器人的发展可以知道,随着计算机及其编程语言和应用技术的发展,利用计算机软件可以设计任意动作。例如,只要改变程序就可以很容易地在特定的运动中增加新的运动,具有很强的可扩展性。

6.1.3 机电一体化的发展状况

机电一体化的发展大体可以分为三个阶段。

20 世纪 60 年代以前为第一阶段,也可称为萌芽阶段。在这一时期,人们自觉不自觉地利用电子技术的初步成果来完善机械产品的性能。特别是在第二次世界大战期间,战争刺激了机械产品与电子技术的结合,这些机电结合的军用技术,战后转为民用,对战后经济的恢复起了积极的作用。那时的研制和开发从总体上看还处于自发状态。由于当时电子技术的发展尚未达到一定水平,机械技术与电子技术的结合还不可能广泛和深入,已经开发的产品也无法大量推广。

20 世纪 70—80 年代为第二阶段,称为蓬勃发展阶段。在这一时期,计算机技术、控制技术、通信技术的发展为机电一体化的发展奠定了技术基础,大规模、超大规模集成电路和微型计算机的迅猛发展为机电一体化的发展提供了充分的物质基础。这个时期的特点是:① "mechatronics"一词首先在日本形成,大约到 20 世纪 80 年代末期在世界范围内得到比较广泛的承认;② 机电一体化技术和产品得到了极大发展;③ 各国均开始对机电一体化技术和产品给以很大的关注和支持。

从 20 世纪 90 年代后期开始为第三阶段,称为智能化阶段。在这一时期,开始了机电一体化技术向智能化方向迈进的新阶段,机电一体化进入深入发展时期。一方面,光学、通信技术等进入了机电一体化,微细加工技术也在机电一体化中崭露头角,出现了光机电一体化和微机电一体化等新分支;另一方面,机电一体化系统的建模设计、分析和集成方法,机电一体化的学科体系和发展趋势都得到了深入研究。同时,由于人工智能技术、神经网络技术及光纤技术等领域的巨大进步,为机电一体化技术开辟了广阔的发展天地。这些研究,又促使机电一体化进一步建立完整的基础并逐渐形成完整的科学体系。

我国是从 20 世纪 80 年代初才开始在这方面进行研究和应用。国务院成立了机电一体化领导小组并将该技术列入"863 计划"中。在制定"九五"规划和 2010 年发展纲要时充分考虑了国际上关于机电一体化技术的发展动向和由此可能带来的影响。许多大专院校、研究机构及一些大中型企业对这一技术的发展及应用做了大量的工作,取得了一定成果,但与日本等先进国家相比仍有相当差距。

6.1.4　机电一体化技术对经济发展的影响

1. 机电一体化技术对传统国民经济的影响

机电一体化技术在传统产业中的应用将大大提高企业的产品竞争力,促进产品的更新换代,对国家经济产生巨大的推动作用。一方面,传统制造业直接拉动了自动化制造装备的整体需求;另一方面,新兴技术的发展刺激了新的技术装备的发展,如信息、材料、生物等领域,以及战略性可持续发展所迫切要求的特种高精尖自动化装备的研究发展,如海陆空资源开发、国防工业精密加工、微机电器件制造等领域。所以,机电一体化技术对传统国民经济的影响是长期的、持久的,甚至是决定性的。

2. 机电一体化技术与产品的应用

机电一体化在机械和电子行业的应用已相当普遍,如数控机床、工业机器人等,此外,机电一体化技术与产品应用于化工部门,能预先报警,减少停车事故造成的损失,减少电能和化工原料消耗,并提高产品质量;应用于电力部门,能提高发电、输电稳定性,优化电力分配并避免重大事故;应用于生活方面,电子化家用器械减少了人们的家务劳动量;应用于现代管理部门,自动化办公机械大大提高了管理效率并辅助人们决策、实施各种战略方案。

3. 机电一体化与企业的技术进步

企业的技术进步表现在生产、管理等各个方面的现代化。由于机电一体化的发展,使得生产方式向柔性转化,并向综合(集成)自动化发展,使信息在生产经营管理中的地位显著提高。机电一体化产品的出现,使得工厂自动化、办公自动化和社会服务自动化成为现实。在企业管理中,机电一体化就是将市场信息供需变化有机地结合起来,成为指导生产的依据,所以把信息的收集、分析、技术经济预测和经营决策结合起来,用于指导生产、强化销售和技术服务是保证企业长盛不衰的重要工作。在未来的企业里,一流的机电一体化设备、机电一体化产品和机电一体化在管理中的应用,将是企业进步和发展的标志。

6.2　机电一体化系统

6.2.1　机电一体化系统的功能构成

机电一体化系统(产品)是由若干相互关联、具有特定功能的机械和电子要素组成的有机整体,具有满足人们某种使用功能的要求。

不管哪类系统(产品),系统内部都必须具备图 6-2 所示的五种内部功能,即主功能、动力功能、计测功能、控制功能和构造功能,其中:主功能是实现系统目的功能所必需的功能,主要是对输入物质、能量、信息进行变换、传递和储存;动力功能是向系统提供动力,使系统得以正常运行;计测功能和控制功能是采集系统内部和外部信息,经交换、运算、输出指令,对整个系统进行控制,实施目的功能;构造功能是将各要素组合起来,进行空间配置,形成一个有机的统一整体。

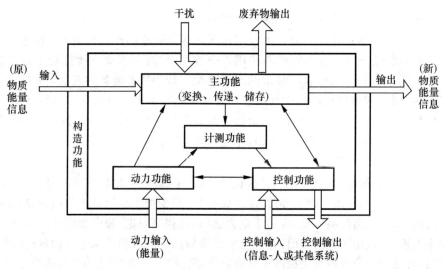

图 6-2　机电一体化系统的功能构成

从系统的输入/输出来看,除有主功能的输入/输出外,还需要有动力输入和计测、控制信息的输入/输出。此外,还有外部环境干扰输入,这种输入通常是有害的,设计系统时,要采取必要的抗干扰措施。

整个系统除了有目的输出外,还可能有无用的废弃物输出(如汽车的废气和噪声),这种废弃物输出有时对环境影响很大,设计系统时应加以注意。

构造功能除了向主功能输入/输出外,还要承担外部干扰输入,废弃物输出,能量输入和计测、控制信息输入/输出的连接任务。

上述五种内部功能,既可由各自独立的子系统来完成,也可由一个子系统来完成多项功能任务。

6.2.2 机电一体化系统的结构要素

尽管机电一体化系统(产品)主功能不同、结构各异,大体说来,一个较完善的机电一体化系统应包括以下几个基本要素:机械本体、动力部分、测试传感部分、执行机构、驱动部分、控制及信息处理单元及接口。各要素和环节之间通过接口相联系。

具有智能功能的机电一体化系统(产品)的一个显著特征是:它的内部功能构成与组成要素像人体的功能构成和组成要素那样完美、协调。图 6-3 为机电一体化系统与人体要素的对照示意图,由此我们可以很容易地看出机电一体化系统组成要素及各要素的功能。

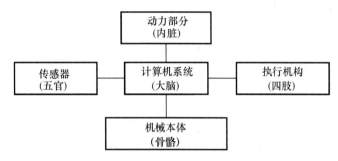

图 6-3 机电一体化系统与人体的功能和要素对照示意图

下面以数控车床为例,简述机电一体化产品各组成部分的作用。

(1)机械本体 机械本体基本上是原机械产品的机械结构部分。机械本体就像人的骨骼一样,是构成系统的最基本要素。如数控车床的机械本体部分就是车床的机械结构部分(床身、主轴箱、尾架等)。

(2)动力部分 机电一体化产品的动力部分,就像人体的内脏产生能量来维持人的生命运动一样,为产品提供能量和动力功能去驱动执行机构。如数控车床的主动力主要来自于电能。

(3)计算机系统 计算机系统在机电一体化产品中的作用正如人的大脑一样,用来进行数值分析、数值计算、数据信息处理,并发出各种控制指令。计算机系统除了计算机外还包括输入/输出设备、外存储器和显示器等。如数控车床中的 CPU 板、CRT 显示器、纸带输入机或键盘及打印机等构成计算机系统。

(4)传感器 传感器在机电一体化产品中的作用相当于人体的五官。它将产品中的某些状态检测出来并送入计算机,或进行状态显示,或进行反馈控制。如数控车床刀具的位置状态是用直线感应同步器进行检测的。

(5)执行机构 执行机构在机电一体化产品中的作用相当于人体中的四肢,用来完成各种动作。执行机构的工作方式有液压、气动、电动三种。如数控车床刀具的走刀运动就是利用步进电动机驱动滚珠丝杠完成的。

6.3　机电一体化产品分类

机电一体化产品种类繁多，目前还在不断扩展，按产品的功能，可以划分为以下几类。

（1）数控机械类　数控机械类的主要产品为数控机床、工业机器人、发动机控制系统和自动洗衣机等。其特点为执行机构是机械装置。

（2）电子设备类　电子设备类的主要产品为电火花加工机床、线切割加工机床等。其特点为执行机构是电子装置。

（3）机电结合类　机电结合类产品的特点为执行机构是机械和电子装置的有机结合。

（4）电液伺服类　电液伺服类的主要产品为机电一体化的伺服装置。特点为执行机构是液压驱动机械装置。

（5）信息控制类　信息控制类的主要产品为电报机、磁盘存储器、磁带录像机、录音机以及复印机、传真机等办公自动化设备。其主要特点为执行机构的动作完全由所接收的信息控制。

机电一体化的应用领域也还在不断地扩展，与之相适应的应用面很广，按其应用领域分类的概况如图6-4所示。

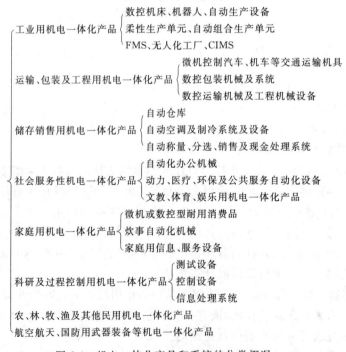

图6-4　机电一体化产品和系统的分类概况

6.4 机电一体化学科与技术

6.4.1 机电一体化的相关学科和技术

机电一体化学科是一门综合、交叉、边缘性学科,它所涉及的主要技术和学科如图6-5所示。

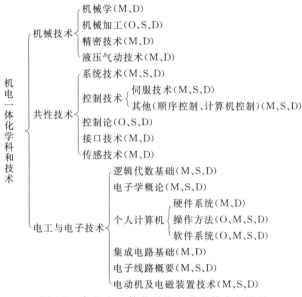

图 6-5 与机电一体化系统有关的技术和学科

O—操作员;M—维修技术员;S—系统工程师;D—开发工程师

机电一体化的应用领域不同,它所涉及的单元技术也略有差别。图 6-6 为一般机电一体化系统所涉及的各单元技术及其相互联系。

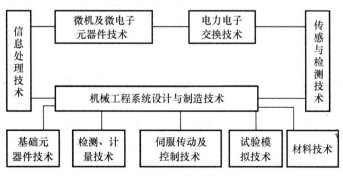

图 6-6 机电一体化系统各单元技术构成

6.4.2　机电一体化的关键技术

以机械为主的产品，如机床、汽车、缝纫机、打字机、照相机等，由于应用了微型计算机等微电子技术，它们的性能都提高了并增添了"头脑"。这种将微型计算机等微电子技术用于机械并给机械以智能的技术革新潮流称为机电一体化技术革命。

机电一体化是一门新兴的边缘学科，它是由多种技术相互交叉、相互渗透而形成的，所涉及的技术领域非常广泛。要掌握机电一体化技术、开发机电一体化产品，就必须了解并掌握这些相关技术。概括起来，机电一体化共性关键技术主要有六大技术。

1. 机械设计与制造技术

机械设计与制造技术是机电一体化的基础。机电一体化产品中的主功能和构造功能，往往是以机械设计与制造技术为主实现的。随着高新技术引入机械行业，机械设计与制造技术面临着挑战和变革。在机电一体化产品中，它不再是单一地完成系统间的连接，而在系统结构、质量、体积、刚度与耐用性方面，机电一体化系统对它们也有着重要的影响。机械设计与制造技术的着眼点在于如何与机电一体化的技术相适应，利用其他高新技术来更新概念，实现结构上、材料上、性能上的变更，满足零部件特别是关键部件如导轨、滚珠丝杠、轴承、传动部件等的减轻质量、缩小体积、提高精度、增强刚度、改善性能的要求。

在制造过程的机电一体化系统中，经典的机械理论与工艺应借助于计算机辅助技术，同时采用人工智能与专家系统等，形成新一代的机械设计与制造技术。机电一体化的目的是使系统（产品）高附加值化，即多功能、高效率、高可靠、省材料、省能源，并使产品结构向轻、薄、短、小、巧等方向发展，不断满足人们生活的多样化需求和生产的省力化、自动化需求。因此，机电一体化的设计方法应该改变过去那种拼拼凑凑的"混合"设计法，应该从系统的角度出发，采用现代设计分析方法，充分发挥边缘学科技术的优势。

机电一体化的机械产品与传统的机械产品相比，结构更简单、功能更强大、性能更优越。现代机械要求产品具有更新颖的结构、更小的体积、更轻的质量，还要求精度更高、刚度更大、动态性能更好。在设计和制造机械系统时除了考虑静态、动态刚度及热变形等问题外，还应考虑采用新型复合材料和新型结构以及新型的制造工艺和工艺装置。

2. 计算机与信息处理技术

信息处理技术包括信息的输入、识别、变换、运算、存储及输出技术，它们大都依靠计算机来进行，因此计算机技术与信息处理技术是密切相关的。信息处理技术包括信息的交换、存取、运算、判断和决策等，实现信息处理的主要工具是计算机。计算机技术包括计算机硬件和软件技术、网络与通信技术、数据库技术等。机电一体化系统中主要采用工业控制机（包括可编程控制器，单、多回路调节器，单片微控器，总线式工业控制机，分布式计算机测控系统等）进行信息处理。信息处理的发展方向是提高信息处理的速度、可靠性和智能化程度。人工智能技术、专家系统技术、神经网络技术等都属于计算机与信息处理技术的范畴。

在机电一体化产品中,计算机与信息处理装置指挥整个产品的运行。信息处理是否正确、及时,直接影响到产品工作的质量和效率。因此,计算机应用及信息处理技术已成为促进机电一体化技术和产品发展的最活跃的要素。

3. 自动控制技术

自动控制技术就是通过控制器使被控对象或过程自动地按照设定的规律运行。自动控制技术范围很广,包括自动控制理论、控制系统设计、系统仿真、现场调试、可靠运行等从理论到实践的整个过程。由于被控对象种类繁多,所以控制技术的内容极其丰富,包括高精度定位控制、速度控制、自适应控制以及自诊断、校正、补偿、检索等控制技术。

机电一体化系统中的自动控制技术主要包括位置控制、速度控制、最优控制、模糊控制、自适应控制等。以传递函数为基础,研究单输入、单输出一类线性自动控制系统分析与设计问题的古典控制技术发展较早,且已日臻成熟。现代控制技术主要以状态空间法为基础,研究多输入、多输出、参变量、非线性、高精度、高效能等控制系统的分析和设计问题。

机电一体化自动控制技术的难点在于自动控制理论的工程化与实用化,这是由于现实世界中的被控对象往往与理论上的控制模型之间存在较大差距,因此从控制设计到控制实施往往要经过多次反复调试与修改,才能获得比较满意的结果。由于微型计算机的广泛应用,自动控制技术越来越多地与计算机控制技术联系在一起,成为机电一体化中十分重要的关键技术。

4. 传感与检测技术

传感与检测装置是系统的感受器官,它与信息系统的输入端相连并将检测到的信号输送到信息处理部分。传感与检测技术是实现自动控制、自动调节的关键环节,它的功能越强,系统的自动化程度就越高。传感与检测的关键元件是传感器。

传感器是将被测量(包括各种物理量、化学量和生物量等)变换成系统可识别的,与被测量有确定对应关系的有用电信号的一种装置。

现代工程技术要求传感器能快速、精确地获取信息,并能经受各种严酷环境的考验。与计算机技术相比,传感器的发展显得缓慢,难以满足技术发展的要求。不少机电一体化装置不能达到满意的效果或无法实现设计目的的关键原因在于没有合适的传感器。因此,大力开展传感器的研究对于机电一体化技术的发展具有十分重要的意义。

5. 伺服传动技术

伺服传动包括电动、气动、液压等各种类型的传动装置,由微型计算机通过接口与这些传动装置相连接,控制它们的运动,带动工作机械做回转、直线以及其他各种复杂的运动。

伺服传动技术是直接执行操作的技术，伺服系统是实现电信号到机械动作的转换装置与部件，对系统的动态性能、控制质量和功能具有决定性的影响。常见的伺服驱动有电液马达、脉冲液压缸、步进电动机、直流伺服电动机和交流伺服电动机。由于变频技术的进步，交流伺服驱动技术取得了突破性进展，为机电一体化系统提供了高质量的伺服驱动单元，极大地促进了机电一体化技术的发展。

伺服传动技术的主要研究对象是执行元件及其驱动装置。执行元件分为电动、气动、液压等多种类型，机电一体化产品中多采用电动式执行元件。驱动装置主要指各种电动机的驱动电源电路，目前多采用电子器件及集成化的功能电路。

执行元件一方面通过电气接口与微型计算机相连，以接收微型计算机的控制指令，另一方面又通过机械接口与机械传动和执行机构相连，以实现规定的动作。因此，伺服驱动技术是直接执行操作的技术，对机电一体化产品的动态性能、稳态精度、控制质量等具有决定性的影响。

伺服传动技术主要是指在控制指令的指挥下控制驱动元件，使机械的执行机构按照指令的要求进行运动并具有良好的动态性能的技术。执行机构主要包括电磁铁、伺服电动机、步进电动机、液压电动机、液压缸与气压缸等。

6. 系统技术

系统技术是一种从整体目标出发，用系统工程的观点和方法，将系统总体分解成相互有机联系的若干功能单元，并以功能单元为子系统继续分解，直至找到可实现的技术方案，经过分析、评价和优选再把功能和技术方案组合成总体设计方案的综合应用技术。深入了解系统内部结构和相互关系，把握系统外部联系，对系统设计和产品开发十分重要。

系统技术所包含的内容很多，接口技术是其重要内容之一，机电一体化产品的各功能单元通过接口连接成一个有机的整体。接口技术是将机电一体化产品的各个部分有机地连接成一体的技术。中央控制器发出的指令必须经过接口设备的转换才能变成机电一体化产品的实际动作。而由外部输入的检测信号也只有先通过接口设备才能为中央控制器所识别。

机电一体化系统是一个技术综合体，利用系统技术将各种有关技术协调配合、综合运用而达到整体系统的最优化。系统技术体现了机电一体化设计的特点，其原理和方法还在不断发展和完善。

6.5　机电一体化发展趋势

机电一体化是机械、电子、光学、控制、计算机、信息等多学科的交叉综合，它的发展和进步依赖并促进相关技术的发展和进步，有一个从自发到自为的过程。早在"机电一体化"这一概念出现之前,世界各国从事机械总体设计、控制功能设计和生产加工的科技工作者,已为机械与电子的有机结合自觉不自觉地做了许多工作,如电子工业领域的自动调谐系统、计算机外围设备和雷达伺服系统、天线系统,机械工业领域的数控机床,以及导弹、人造卫星的导航系统等,都可以说是机电一体化系统。目前,人们已经开始认识到机电一体化并不是机械技术、微电子技术以及其他新技术的简单组合、拼凑,而是它们的有机融合,是有其客观规律的。简言之,机电一体化这一新兴学科有其特有的技术基础、设计理论和研究方法,只有对其有了充分理解,才能正确地进行机电一体化工作。机电一体化的主要发展趋势体现在如下方面。

(1) 智能化 智能化是 21 世纪机电一体化技术发展的一个重要发展方向。人工智能在机电一体化的研究中日益得到重视,机器人与数控机床就是智能化的重要应用。这里所说的"智能化"是对机器行为的描述,是在控制理论的基础上,吸收人工智能、运筹学、计算机科学、模糊数学、心理学、生理学和混沌动力学等新思想、新方法,模拟人类智能,使它具有判断推理、逻辑思维、自主决策等能力,以求得到更高的控制目标。诚然,使机电一体化产品具有与人完全相同的智能是不可能的,也是不必要的。但是,高性能、高速度的微处理器使机电一体化产品具有人的低级或部分智能,则是完全可能而又必要的。

(2) 模块化 模块化是一项重要而艰巨的工程。由于机电一体化产品种类和生产厂家繁多,研制和开发具有标准机械接口、电气接口、动力接口、环境接口的机电一体化产品单元是一项十分复杂但又非常重要的工作,如研制集智能调速和电动机于一体的动力单元,具有视觉、图像处理、识别和测距等功能的控制单元,以及各种能完成典型操作的机械装置。这样,可利用标准单元迅速开发出新产品,同时也可以扩大生产规模。这需要制定各项标准,以便各部件、单元的接口匹配。由于利益冲突,近期很难制定出国际或国内的相关标准,但可以通过组织一些大企业逐渐形成行业规范。显然,从电气产品的标准化、系列化带来的好处可以肯定,无论是生产标准机电一体化单元的企业还是生产机电一体化产品的企业,规模化将给机电一体化企业带来美好的前程。

(3) 网络化 20 世纪 90 年代,计算机技术发展的突出成就是网络技术。网络技术的兴起和飞速发展给科学技术、工业生产、政治、军事、教育以及人们的日常生活都带来了巨大的变化。各种网络将全球经济、生产连成一片,企业间的竞争趋于全球化。机电一体化新产品一旦研制出来,只要其功能独到、质量可靠,很快就会畅销全球。由于网络的普及,基于网络的各种远程控制和监视技术方兴未艾,而远程控制的终端设备本身就是机电一体化产品。现场总线和局域网技术使家用电器网络化已成大势,利用家庭网络(home net)将各种家用电器连接成以计算机为中心的计算机集成家电系统(computer integrated appliance system, CIAS),使人们在家里分享各种高科技带来的便利与快乐。机电一体化产品无疑是朝着网络化方向发展的。

（4）微型化　微型化兴起于20世纪80年代末，指的是机电一体化向微型机器和微观领域发展的趋势，国外称其为微电子机械系统（MEMS），泛指几何尺寸不超过1 cm³的机电一体化产品，并向微米、纳米级发展。微机电一体化产品体积小、耗能少、运动灵活，在生物、医疗、军事、信息等方面具有不可比拟的优势。微机电一体化发展的瓶颈在于微机械技术，微机电一体化产品的加工采用精细加工技术，即超精密技术和微制造。

（5）绿色化　工业的发达给人们的生活带来了巨大变化。一方面，物质丰富，生活舒适；另一方面，资源减少，生态环境受到严重污染。于是，人们呼吁保护环境资源、回归自然，绿色产品的概念在这种背景下应运而生。绿色化是时代的趋势。绿色产品在其设计、制造、使用和销毁的生命过程中，符合特定的环境保护和人类健康的要求，对生态环境无害或危害极小，资源利用率极高。设计绿色的机电一体化产品，具有远大的发展前途。机电一体化产品的绿色化主要是指其使用时不污染生态环境，报废后能回收利用。

（6）人性化　未来的机电一体化更加注重产品与人的关系，机电一体化产品的最终使用对象是人，赋予机电一体化产品以人的智慧、情感、性格变得愈加重要，特别是对家用机器人，其高级境界就是人机一体化。

6.6　典型的机电一体化应用

6.6.1　数控机床

数控技术是利用数字化的信息对机床运动及加工过程进行控制的一种方法。用数控技术实施加工控制的机床，或者说装备了数控系统的机床称为数控（NC）机床。数控系统包括数控装置、可编程控制器、主轴驱动器及进给装置等部分。数控机床是机、电、液、气、光高度一体化的产品。要实现对机床的控制，需要用几何信息描述刀具和工件间的相对运动以及用工艺信息来描述机床加工必须具备的一些工艺参数，例如进给速度、主轴转速、主轴正反转、换刀、冷却液的开关等。这些信息按一定的格式形成加工文件（即数控加工程序）并存放在信息载体上（如磁盘、穿孔纸带、磁带等），然后由机床上的数控系统读入（或直接通过数控系统的键盘输入，或通过通信方式输入），通过对其译码，从而使机床动作并加工零件。现代数控机床是机电一体化的典型产品，是新一代生产技术、计算机集成制造系统等的技术基础。

现代数控机床的发展趋向是高速化、高精度化、高可靠性、多功能、复合化、智能化和开放式，其主要发展动向是研制开发软、硬件都具有开放式结构的智能化、全功能、通用的数控装置。数控技术是机械加工自动化的基础，是数控机床的核心技术，其水平高低关系到国家战略地位和国家综合实力水平,伴随着信息技术、微电子技术、自动化技术和检测技术的发展而发展。数控加工中心是一种带有刀具库并能自动更换刀具,对工件能够在一定的范围内进行多种加工操作的数控机床。加工中心按主轴在空间的位置可分为立式加工中心与卧式加工中心。在加工中心上加工零件的特点是:被加工零件经过一次装夹后,数控系统能控制机床按不同的工序自动选择和更换刀具,自动改变机床主轴转速、进给量和刀具相对工件的运动轨迹及其他辅助功能,连续地对工件各加工面自动地进行钻孔、扩孔、铰孔、锉孔、攻螺纹、铣削等多工序加工。由于加工中心能集中地、自动地完成多种工序,避免了人为的操作误差,减少了工件装夹、测量和机床的调整时间及工件周转、搬运和存放时间,大大提高了加工效率和加工精度,所以具有良好的经济效益。

数控机床是用计算机控制的全自动加工设备,它有下述优点。

(1)能加工一般机床难以加工或者不能加工的复杂型面零件。数控机床首先应用于航空航天等领域,在复杂型面模具、整体涡轮、发动机叶片等加工中得到了广泛的应用。

(2)采用数控机床可以提高零件的加工精度,稳定产品的质量。数控机床通常设计精度较高,而且加工精度还可以利用软件进行校正及补偿,因此可以获得比机床本身精度高的加工精度。

(3)数控机床的生产率比普通机床的生产率高两到三倍,对复杂零件的加工生产率可提高十几倍甚至几十倍。

(4)可以实现一机多用。数控机床是按照预定的程序自动加工,一些加工中心都配有刀具库,可以自动换刀,一次装夹定位后,几乎能够完成零件的全部加工工序,可以替代多台普通机床,节省了厂房面积。

(5)促进了单件、小批量生产自动化的发展,实现了柔性自动化生产。由于不需要专用的工艺设备,采用通用工、夹具,只要更换程序,就可适用于不同品种及尺寸规格零件的自动生产。

(6)可以减少在制品,从而加速资金的周转,提高经济效益。

(7)能够大大减轻操作者的劳动强度,改善生产环境。

对于单件或中小批量生产、形状复杂、精度要求高的零件加工,产品更新频繁、生产周期紧的任务采用数控机床生产,可以提高产品质量,降低生产成本,获得较高的经济效益。

6.6.2 工业机器人

工业机器人(industrial robot)是一种能模拟人的手、臂的部分动作,按照预定的程序、轨迹及其他要求,实现抓取、搬运工件或操纵工具的自动化装置,它综合了精密机械技术、微电子技术、检测传感技术、自动控制技术等领域的最新成果。机器人应用情况是一个国家工业自动化水平的重要标志。机器人并不是在简单意义上代替人工的劳动,而是综合了人的特长和机器特长的一种拟人的电子机械装置，既有人对环境状态的快速反应和分析判断能力，又有机器可长时间持续工作、精度高、抗恶劣环境的能力。从某种意义上说它也是机器进化过程的产物，是工业以及非产业界的重要生产和服务性设备，也是先进制造技术领域不可缺少的自动化设备。

工业机器人由操作机（机械本体）、控制器、伺服驱动系统和检测传感装置构成，是一种仿人操作、自动控制、可重复编程、能在三维空间完成各种作业的机电一体化、自动化生产设备，特别适合多品种、变批量的柔性生产。它对稳定和提高产品质量，提高生产效率，改善劳动条件和产品的快速更新换代起着十分重要的作用。

第一代工业机器人：通常是指目前国际上商品化与实用化的"示教再现型机器人"，即为了让机器人完成某项作业，首先由操作者将完成该作业所需的各种知识（如运动轨迹、作业条件、作业顺序、作业时间等），通过直接或间接手段，对机器人进行"示教"，机器人将这些知识记忆下来，然后根据"再现"指令，在一定精度范围内忠实地重复再现各种被示教的动作。

第二代工业机器人：通常是指具有某种智能（如触觉、力觉、视觉等）的"智能机器人"，即由传感器得到的触觉、力觉、视觉等信息经计算机处理后，控制机器人完成相应的适应性操作。这一代机器人尚处于研制试用阶段。

第三代工业机器人：通常是指具有较高级智能的机器人，其特点应是具有"自学习和逻辑判断"能力，可以通过各类传感器获取信息，并经过"思考"做出"决策"以完成更复杂的操作，还可将学到的知识记忆下来做适应性应用。这一代工业机器人还处于实验开发研究阶段。

国外机器人领域发展近几年有如下几个趋势。

（1）工业机器人性能不断提高（高速度、高精度、高可靠性、便于操作和维修），单机价格不断下降。平均单机价格从1991年的10.3万美元降至2003年的4.5万美元。

（2）机械结构向模块化、可重构化方向发展。例如，关节模块中的伺服电动机、减速机、检测系统三位一体化，由关节模块、连杆模块用重组方式构造的机器人整机。国外已有模块化装配机器人产品问世。

（3）工业机器人控制系统向基于个人计算机的开放型控制器方向发展，使之标准化、网络化。器件集成度提高，控制柜日趋小巧，且采用模块化结构，大大提高了系统的可靠性、易操作性和可维修性。

（4）机器人中的传感器作用日益重要，除采用传统的位置、速度、加速度等传感器外，装配、焊接机器人还应用了视觉、力觉等传感器，而遥控机器人则采用视觉、听觉、触觉等多传感器的融合技术来进行环境建模及决策控制。多传感器融合配置技术在产品化系统中已有成熟应用。

（5）虚拟现实技术在机器人中的作用已从仿真、预演发展到用于过程控制。例如使遥控机器人操作者产生置身于远端作业环境中的感觉来操纵机器人。

（6）当代遥控机器人系统的发展特点不是追求全自主系统,而是致力于操作者与机器人的人机交互控制,即遥控加局部自主系统构成完整的监控、遥控操作系统,使智能机器人走出实验室进入实用阶段。美国发射到火星上的机器人"索杰纳"就是这种系统成功应用的最著名实例。

（7）机器人化机械开始兴起。从1994年美国开发出"虚拟轴机床"以来,这种新型装置已成为国际研究的热点之一。

6.6.3　数码相机

数码相机也称为数字相机,它融光学技术、传感技术、微电子技术以及计算机技术和机械技术于一体,是一个典型的光机电一体化产品。随着计算机技术的不断发展,数码相机已经风靡了整个世界,成为最热门的数字化产品之一。

1.数码相机的组成

数码相机是由镜头、图像传感器、模/数转换器(A/D转换器)、微处理器(MPU)、内置存储器、液晶显示器(LCD)、可移动存储器(PC卡)和接口(计算机接口、电视机接口)等部分组成(见图6-7)。

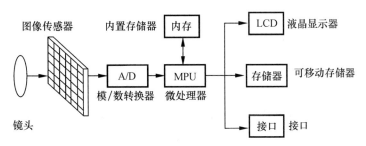

图6-7　数码相机结构示意图

2.基本工作原理

数码相机的基本原理如图6-8所示,镜头将被摄景物的光学影像成像在图像传感器CCD或CMOS的表面上,图像传感器把光信号转变为电信号,它代替了普通相机中胶卷的作用,这样就得到了对应于拍摄景物的电信息图像。图像信号经过模/数转换器转换成数字图像信号,通过微处理器可对数字信号进行压缩并进行转化和处理,再转换成特定的图像格式。最后,图像以文件的形式存储在内置存储器中或可移动存储卡中。从液晶显示器的显示屏上可观察到拍摄的图像,经过数码相机的输出接口,如USB接口,可将数字图像文件传送到计算机中由显示器显示,也可以经过图像处理软件处理,最后用打印机打印成图片。

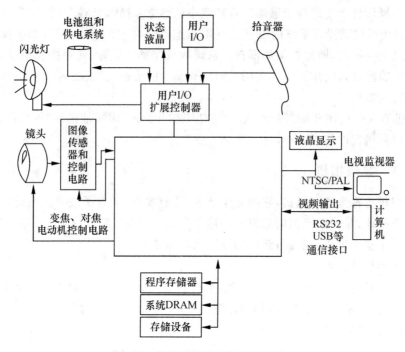

图 6-8　数码相机的工作原理框图

6.6.4　全自动洗衣机

全自动洗衣机是在性能良好的波轮式结构（见图 6-9）上加上搅拌功能形成的一种洗衣机，主要分为一般全自动洗衣机和模糊控制全自动洗衣机两大类。

模糊控制全自动洗衣机，用 M0805R3 单片机进行控制，采用了模糊控制技术。该自动洗衣机能自动识别被洗涤物的肮脏程度、衣量、布质以及投入洗涤剂的多少，从而使整个过程实现全部自动化。

在模糊推理中，要考虑推理的前件和后件，即推理的输入条件和输出结果。图 6-10 所示为模糊洗衣机的推理框图。从图中可看出，在模糊洗衣机中要考虑的有布质、衣量、水温和浑浊度四个条件，以及由这些条件来求取水位、洗涤时间、水流、洗涤方式和脱水时间。

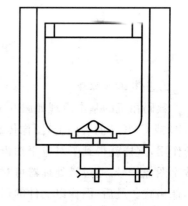

图 6-9　波轮式洗衣机结构示意图

模糊推理分为两个部分：洗涤剂浓度推理、洗衣推理。

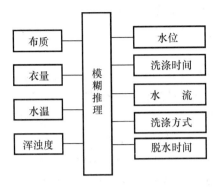

图 6-10　模糊洗衣机的推理框图

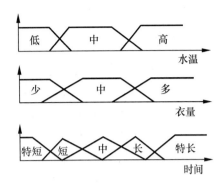

图 6-11　水温、时间与衣量的模糊量分类

（1）洗涤剂浓度推理规则　衣物的肮脏程度直接反映为水的浑浊度。若水的浑浊度低，则洗涤剂放入量少；若水的浑浊度高，则洗涤剂放入量大。

（2）洗衣推理规则　若衣量少、化纤布质偏多、水温比较高，则水流非常弱、洗涤时间非常短；若衣量多、棉布布质偏多、水温较低，则水流应为特强、洗涤时间为特长。

由上面的规则可知，前件有三个因素，后件有两个因素，所以它们是一种多输入/多输出的推理。前件各个因素模糊量定义彼此不同。布质的模糊量分为特强、强、中、弱、特弱；衣量的模糊量分为多、中、少；时间的模糊量分为特长、长、中、短、特短；水温的模糊量分为高、中、低。水温、时间与衣量的模糊量分类，如图 6-11 所示。

6.6.5　微机电系统

微机电系统（micro-electro-mechanical systems，MEMS）是一种必须同时考虑多种物理场混合作用的研发领域，相对于传统的机械，它们的尺寸更小，最大的不超过 1 cm，甚至仅为几微米，其厚度就更加微小。MEMS 采用以硅为主的材料，电气性能优良。硅的强度、硬度和杨氏模量与铁相当，密度与铝类似，热导率接近铝和钨。采用与集成电路（IC）类似的生成技术，大量利用 IC 生产中的成熟技术、工艺，进行大批量、低成本生产，使其性价比相对于传统机械制造技术可大幅度提高。

完整的 MEMS 是由微传感器、微执行器、信号处理和控制电路、通信接口和电源等部件组成的一体化的微型器件系统，其目标是把信息的获取、处理和执行集成在一起，组成具有多功能的微型系统，集成于微小尺寸系统中，从而大幅度地提高系统的自动化、智能化和可靠性。

MEMS 主要有以下三个特点。

（1）微型化　MEMS 器件体积小、质量小、耗能低、惯性小、谐振频率高、响应时间短。

（2）集成化　可以把不同功能、不同敏感方向和制动方向的多个传感器或执行器集成于一体,形成微传感器阵列或微执行器阵列,甚至可以把多种器件集成在一起以形成更为复杂的微系统。微传感器、微执行器和 IC 集成在一起可以制造出高可靠性和高稳定性的智能化 MEMS。

(3)多学科交叉　MEMS 的制造涉及电子、机械、材料、信息与自动控制、物理、化学和生物等多种学科,同时 MEMS 也为上述学科的进一步研究和发展提供了有力的工具。

MEMS 在工业、信息和通信、国防、航空航天、航海、医疗和生物工程、农业、环境和家庭服务等领域有着潜在的巨大应用前景。目前,MEMS 具体应用于如下方面。

(1)微型传感器　微型传感器是 MEMS 的一个重要组成部分。1962 年第一个硅微型传感器问世,开 MEMS 之先河。现在已经形成产品和正在研究中的微型传感器有压力、力、力矩、加速度、速度、位置、流量、电量、磁场、温度、气体成分、湿度、pH 值、离子浓度和生物浓度、微陀螺、触觉传感器等。微型传感器正朝着集成化和智能化的方向发展。

(2)微型执行器　微型电动机是一种典型的微型执行器,可分为旋转式和直线式两类。其他的微型执行器还有微型开关、微型谐振器、微型阀、微型泵等。把微型执行器分布成阵列可以收到意想不到的效果,如可用于物体的报送、定位,也可用于飞机的灵巧蒙皮。微型执行器的驱动方式主要有静电驱动、压电驱动、电磁驱动、形状记忆合金驱动、热双金属驱动、热气驱动等。

(3)微型光机电器件和系统　随着信息技术、光通信技术的发展,宽带的多波段光纤网络将成为信息时代的主流,光通信中光器件的微小型化和大批量生产成为迫切的需求。MEMS 技术与光器件的结合恰好能满足这一要求。由 MEMS 与光器件融合为一体的微型光机电系统将成为 MEMS 领域中一个重要研究方向。

(4)微型生物化学芯片　微型生物化学芯片是利用微细加工工艺,在几平方厘米的硅片或玻璃等材料上集成样品预处理器、微反应器、微分离管道、微检测器等微型生物化学功能器件、电子器件和微流量器件的微型生物化学分析系统。与传统的分析仪器相比,微型生物化学分析系统除了体积小以外,还具有分析时间短、样品消耗少、能耗低、效率高等优点,可广泛用于临床、环境监测、工业实时控制。芯片上的生物化学分析系统还使分析的并行处理成为可能,即同时分析数十种甚至上百种的样品,这将大大缩短基因测序过程。

(5)微型机器人　随着电子器件的不断缩小,组装时要求的精密度也在不断增加。现在,科学家正在研制能在桌面大小的地方上组装像硬盘驱动器之类的精密小巧产品的微型机器人。军队也对这种微型机器人表现出浓厚的兴趣。他们设想制造出大到鞋盒子、小到硬币大小的机器人,它们会爬行、跳跃,到达敌军后方,为不远处的部队或千里之外的总部搜集情报。这些机器人是廉价的,可以大量部署,它们可以替代人进入人类难以进入或危险的地区,进行侦察、排雷和探测生化武器。

（6）微型飞行器 微型飞行器（micro air vehicle，MAV）一般是指长、宽、高均小于15 cm，质量不超过120 g，并能以可接受的成本执行某一有价值的军事任务的飞行器。这种飞行器的设计目标是半径为16 km的巡航范围，并能以30～60 km/h的速度连续飞行20～30 min。美国陆军计划把这种微型飞行器装备到陆军，将它广泛地用于战场侦察、通信中继和反恐怖活动中。

微型飞行器并不是传统飞机的简单缩小。尺寸的缩小带来了许多新的技术挑战。由于尺寸的缩小和速度的降低，要求在常规飞机上使用的固定翼设计能够产生足够的升力。而且，要在一个尺寸如此微小的飞行器上实现如此复杂的功能，靠常规的机电技术是难以实现的。微电子技术和微机电技术的发展，为微型飞行器的实现奠定了基础。例如，利用MEMS技术在机械上制作微结构阵列，使其具有提供升力、控制飞行的功能，同时还能作为天线或探测器。美国麻省理工学院设计的微型飞行器，预计其飞行速度为30～50 km/h，可在空中停留，有侦察及导航能力。

（7）微型动力系统 微型动力系统以电、热、动能或机械能的输出为目的。它的尺寸为毫米到厘米级，能够产生1～10 W的功率。美国麻省理工学院从1996年开始了微型涡轮发动机的研究，该微型涡轮发动机利用MEMS加工技术制作，主要包括一个空气压缩机、涡轮机、燃烧室、燃料控制系统（包括泵、阀、传感器等）以及电启动马达。美国麻省理工学院已在硅片上制作出涡轮机模型，其目标是使直径1 cm的发动机产生10～20 W的电力或0.05～0.1 N的推力，最终达到100 W的功率。

MEMS作为一个新兴的技术领域，可能像当年的微电子技术一样，成为一门重大的产业。但现在它还处在初级阶段，因而中国在这一领域的机遇和挑战并存。从研究开发的情况来看，中国在该领域的技术水平与世界先进水平的差距并不太大，某些方面甚至已达到世界先进水平。但是，中国在MEMS技术的产业化方面，却远远落后于世界先进水平。MEMS在21世纪将会有更大的发展。我们应该正视在高技术领域中的激烈竞争，争取在不远的将来在国际上占有一席之地，迎接21世纪技术与产业革命的挑战。

科学技术的进步，尤其是机械技术和微电子技术的进步是机电一体化的产生和发展的基本条件，人们对社会需求的不断增长，尤其是对产品的种类和功能要求的不断提高是它的发展动力。机电一体化的发展又不断促进科学技术的进步和社会需求。机电一体化综合利用现代高新技术的优势，在提高精度和增强功能、改善操作性和实用性、提高生产率和降低成本、节约能源和降低消耗、减轻劳动强度和改善劳动条件、提高安全性和可靠性、简化结构和减轻质量、增强柔性和智能化程度、降低价格等诸多方面都取得了显著的技术经济效益和社会效益，促使社会和科学技术又向前大大迈进了一步。

参 考 文 献

[1] 袁中凡. 机电一体化技术[M]. 北京：电子工业出版社，2006.

[2] 万遇良. 机电一体化概述[M]. 北京：北京工业大学出版社，1999.

[3] 补家武. 机电一体化技术与系统设计[M]. 北京：中国地质大学出版社，2001.

[4] 张兰训. 机电一体化技术对我国经济发展的影响[J]. 商场现代化，2008(7)，546：15-16.

[5] 刘极峰. 机器人技术基础[M]. 北京：高等教育出版社，2006.

[6] 罗阳. 现代制造系统概论[M]. 北京：北京邮电大学，2004.

[7] 赵松年. 机电一体化系统设计[M]. 北京：机械工业出版社，1996.

[8] 徐元昌. 机械电子技术[M]. 上海：同济大学出版社，1995.

第7章 新材料及其工程应用

7.1 新材料及其工程应用概述

新材料一般指那些新近研制成功或正在研制的、具有比传统材料更加优异的特性和功能，能够满足高新技术发展需要的一类新材料。它具有多学科交叉和知识密集、技术密集的特点，是一类品种繁多、结构特性好、功能性强、附加值高、更新换代快的材料。目前全世界已经注册的新材料约有 30 万种，并且还以每年大约 5% 的速度迅速增长，其中相当一部分具有发展成为新型材料产业的潜力。

材料是机械制造的基础，新材料在现代机械制造中占据重要地位。每一种新材料的发明和应用，都促使某一新兴工业的产生和发展，并使人类的生活更加丰富多彩。例如，支撑微电子工业的集成电路近十年来发展迅速，更新换代快，集成度遵循著名的摩尔定律，每 18 个月翻一番，线宽以 70% 的比例递降：1992—1994 年为 0.5 μm，1995—1997 年为 0.35 μm，1998—2000 年则为 0.25 μm。采用现有的材料和加工技术，集成度将很快达到极限，若要继续提高集成度必须另辟蹊径。在众多的材料和加工技术中，纳米材料和纳米加工技术是最有希望的。利用纳米材料和纳米加工技术可实现集成电路的三维集成和加工，实现在原子和分子尺度上的集成。

众所周知，切削刀具是机械制造中的重要工具。19 世纪 80 年代普遍使用的是合金钢制作的车刀、铣刀，切削速度为 10 m/min；到 20 世纪 40 年代采用硬质合金，刀具也改成负前角，切削速度提高至 60～70 m/min；而进入 90 年代以来，采用陶瓷刀具，由 Si_2O_3、Si_3N_4 到立方氮化硼，切削速度由 200 m/min 提高至 500 m/min；而刀具表面强化处理更是锦上添花，高速钢表面经 PVD 或 CVD 制成 TiC、TiN 的复合涂层，可制备形状复杂、精度要求高的耐冲击、耐磨刀具，使钻头寿命提高 5 倍以上。

在汽车工业材料生产与开发管理等费用分布中，材料占 53%。在降低汽车能耗的途径中，减小车体的质量即轻量化占 37% 的权重。而宇航材料除比强度和比刚度外，还有特殊要求，如超高温、烧蚀、超高真空、耐粒子云、原子氧侵蚀等。航空发动机最重要的是提高涡轮前温度，涡轮前温度提高 100 ℃，推力提高 20%，这使得高温材料及冷却技术成为关键技术。目前，主要是高温合金、金属间化合物、陶瓷及 C/C 复合材料等，涡轮前温度已达到 2 000 ℃。另有数字表明，飞行器的速度越高，减小质量时的收益越大，飞机性能 2/3 是靠材料来实现的，如长征火箭由铝合金改为 C/C 复合材料后，射程增加 1 476 km。A380 飞机大量使用碳纤维增强塑料（CFRP），应用于中央翼盒、垂尾翼盒、方向舵、水平尾翼和升降舵的制造，与铝合金相比减重 1.5 t，使 A380 成为更高效节能的飞机。

在航空航天领域要求材料能经受恶劣环境的考验，同时能对自身状况进行自我诊断，并能阻止损坏和退化，能自动加固或自动修补裂纹，从而防止许多灾难性事故的发生。美国一家大学的光纤智能结构实验室研制机翼，使用智能材料的方法之一是在高性能的复合材料中加嵌入细小的光纤材料，这些细小的光纤能像神经那样感受到机翼上承受的不同压力，在极端严重的情况下光纤会断裂，光传输就会中断，于是就能发出即将出现事故的警告。美国密歇根州立大学的一位教授研究出一种自动加固的直升机水平旋转叶片，当叶片在飞行中遇到疾风作用而猛烈振动时，分布在叶片中的微小液滴就会变成固体自动加固叶片。

在机械工业中，机电一体化的进程正在加快，机械设备多功能化、智能化和自动化程度也在迅速提高，因此对材料性能的要求也愈来愈多样化。除了高强度、高硬度等力学性能外，要求材料具有良好的耐热性、耐蚀性、耐疲劳性、耐老化性，有些领域则要求材料具有压电效应、热电效应、光电效应等物理性能。尤其是在轻工业领域，功能材料的开发具有十分重大的意义，是产品升级换代的重要条件。兵器工业、航天工业、核能工业等特殊工业部门，更需要有大量具有某种特殊性能的新材料。从现在至下世纪初，材料的研制、生产和应用将发生重大变化，钢铁材料的应用比例将逐步减少，非金属材料的应用比例将增加，对材料性能的要求将向综合性和功能化发展。可以预见，在不远的将来，将有大量新材料问世，那时整个工业领域乃至人类生活将更加五彩斑斓。

目前，新材料种类繁多，分类标准也有多种。材料按性能可分为结构材料和功能材料；按化学成分可分为金属材料、非金属材料、高分子材料和复合材料四大类。金属材料绝大部分都是结构材料，但近来也出现　些功能材料，如形状记忆合金、储氢合金、金属超导材料等。陶瓷材料有的作为结构材料，有的作为功能材料。材料的其他分类见表 7-1 所述。

表 7-1　材料的分类

分 类 标 准	材 料 种 类
材料使用性能或用途	结构材料：以强度为主要功能的材料（强调材料的力学性能）； 功能材料：以物理、化学、生物性能为主要功能的材料（强调材料的特殊物理、化学、生物功能）。这类材料具有优良的电、磁、声、光、热、化学、生物等性能，是高技术材料
材料的成分、特性	金属材料，无机非金属材料，聚合物材料，复合材料
应用对象	结构材料，电子材料，航空航天材料，汽车材料，核材料，建筑材料，包装材料，能源材料，生物医学材料，信息材料

续表

分 类 标 准	材 料 种 类
材料的某种特殊功能	超导材料,储氢材料,形状记忆材料,信息材料,非晶态材料,磁性材料,生物医学材料,机敏材料,智能材料
材料的结晶状态	单晶材料,多晶材料,非晶材料,准晶材料,液晶材料
材料的物理性能	高强度材料,高温材料,超硬材料,导电材料,绝缘材料
材料发生的物理效应	压电材料,热电材料,铁电材料,光电材料,激光材料,磁光材料,声光材料
按材料的性质	无机材料:金属材料;无机非金属材料 有机材料:高分子材料

由于材料无法整齐划一地进行分类,本章简要介绍智能材料、新能源材料、磁性材料、半导体材料、特种陶瓷以及新型聚合物材料、超导材料等在机械制造中性能独特、意义较大、应用较广的新材料。

7.2　新型金属材料

7.2.1　新型金属材料概述

金属材料特别是钢铁材料具有资源丰富、生产简单、加工容易、成本低廉、性能多样等特点,自工业革命到现在一直是人类使用的主要结构材料,已经成为现代工业、农业、军事装备及各种科学技术中不可缺少的物质基础。自 20 世纪 60 年代起,高新技术、新型材料不断涌现,无机非金属材料与有机聚合物材料等非金属材料取得了很大进展,向传统的金属材料发出了挑战,金属材料尤其是钢铁在材料中的地位受到了严重威胁,美国有人甚至一度把钢铁工业视为"夕阳工业",但是钢铁材料迄今仍然在工程材料中占据主导地位。近年来先进设备与仪器的广泛采用、先进热模拟技术以及计算机控制与模拟技术为金属材料设计和生产提供了先进的控制手段。在这种背景下,金属材料经过不断研究、改进和开发,加快了发展速度,出现了一系列新型金属材料和新型加工技术。从 20 世纪 60 年代开始,人们逐步认识到微合金元素在钢中的作用,开始了钢的控制轧制和微合金化技术的研究。到 70—80 年代,以控制冷却设备的开发为支撑,以细晶强化为中心,进行了控制轧制和控制冷却技术(TMCP)的研究,将微合金化技术的效果发挥到了新的水平。20 世纪 90 年代,以超轻车开发(ULSAB)为目标,利用相变强化等手段,开发出可以满足不同使用要求的各类高强钢(AHSS),钢材的复相化得到了人们的重视。20 世纪 90 年代后期,日本、韩国、中国相继提出超细晶粒钢开发计划,将晶粒细化的作用提高到更加显著的地位。可以说今天的金属材料无论是品种还是质量已经完全不同于以前的金属材料。新型金属材料在大跨度重载桥梁、高性能舰船、长距离油气输送管线、深井采油管、轻型节能汽车、高速铁路、超临界发电机组和高强工程机械等众多领域发挥着越来越巨大的作用，极大地促进了社会发展。金属材料，尤其是先进钢铁材料，仍然是当前社会发展的重要的物质基础。

国内各钢铁公司都十分重视先进金属材料的研发工作，许多金属材料的品种质量达到了世界先进水平，如宝钢的汽车薄板、鞍钢的造船钢板、莱钢和马钢的 H 型钢、太钢的不锈钢薄板、武钢的电工钢、舞钢的高强度建筑钢板、天管的无缝钢管、兴澄特钢的轴承钢等。限于篇幅，本章主要介绍超细晶粒钢、工模具钢和不锈钢的最新进展。

7.2.2　超细晶粒钢（超级钢）

提高钢铁材料强度的途径主要有 4 条：

(1) 通过合金元素溶解于基体组织产生固溶强化，属于点缺陷强化作用；

(2) 通过加工变形增加位错密度，造成钢材承载时位错运动困难（位错强化），属于线缺陷强化作用；

(3) 通过晶粒细化使位错穿过晶界受阻产生细晶强化，属于面缺陷强化作用；

(4) 通过第二相（一般为 $M_x(CN)_y$ 析出相或弥散相）使位错发生弓弯（奥罗万机制）和受阻产生析出强化，属于体缺陷强化作用。

这 4 种强化作用中，细晶强化的效果最显著，也是唯一的强度与韧性同时提高的机制，其他 3 种强化机制在强度增加的同时塑性（有时韧性）会下降，图 7-1 是各种强化机制的强化效果比较。分析钢材显微组织可以发现：晶粒越细小，晶粒内部的空位数目和位错均减少，位错与空位以及位错间的弹性交互作用减小，位错容易运动，即表现出较好的塑性；位错数目减少，使位错塞积数目下降，只产生轻微的应力场，从而推迟微孔和微裂纹的萌发，使断裂应变增加。此外，细晶粒能让更多的晶粒同时开动位错和增值位错，即细晶粒使塑性变形更加均匀，呈现出较高的塑性变形。研究结果表明，当晶粒小于 $0.1~\mu m$ 时，应力集中消失，变形均匀，材料具有很高的塑性和韧性，同时强度也较理想。

晶粒越细小，细晶强化作用越显著，因此，超细晶粒钢成为当今世界钢铁材料技术领域的研发热点。值得注意的是超细晶粒钢作为 21 世纪代表性的先进高性能结构材料，其强化思路与过去相比有其鲜明的特点，即通过晶粒的超细化同时实现强韧化，以此充分挖掘材料潜力，使其获得最佳的综合使用性能，实现传统钢铁材料性能的全面升级，这完全不同于传统的以合金元素添加以及热处理为主要手段的强化思路。

从 20 世纪 90 年代末开始，日本、韩国、中国和欧盟等国家和地区先后投入巨资进行超细晶粒钢的研发。1997 年 4 月，日本正式启动了 STX-21"超级钢材料计划"，即面向 21 世纪的结构材料计划，投资 1 000 亿日元，在十年内使钢材实用强度提高一倍，结构体寿命增加一倍，总成本降低，环境负担度减少，最终开发出一种具有均匀的多相组织、晶粒直

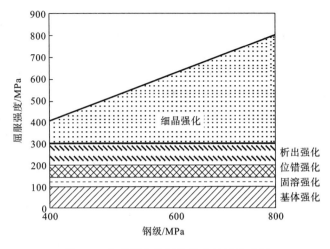

图 7-1 各种强化机制的强化效果示意图

径在 1 μm 以下、板厚在 1 mm 以上的超细晶粒钢的生产技术,用于道路、桥梁、高层建筑等基础设施建材的更新换代。通过采用低温大变形和多轴压下技术,在实验室已能将铁素体晶粒细化到 0.5～1 μm。韩国在 1997 年也开始了"HIPER-21"的开发项目,采用应变诱导动态相变(strain induced dynamic transformation)技术来细化晶粒的超细晶粒钢研究也取得了重大进展,主要研究开发 800 MPa 级结构钢、600 MPa 级耐候钢和 1500 MPa 级螺栓钢。他们研制的超细晶粒钢的平均粒径在钢板表面已达到 2～3 μm,在钢板中心部位为 5 μm。我国于 1998 年启动了 973 项目"新一代钢铁材料的重大基础研究",主要研究内容是将占我国钢产量 60% 以上的碳素钢、低合金钢和合金结构钢等的强度和寿命提高 1 倍,即将碳素结构钢的屈服强度由 200 MPa 级提高到 400 MPa 级,低合金高强度钢的屈服强度由 400 MPa 级提高到 800 MPa 级,合金结构钢的屈服强度由 800 MPa 级提高到 1500 MPa 级。据测算,如果这 3 类传统钢材的一半被新一代钢铁材料取代,则每年可少用 1500 t 成品钢材,直接经济效益达 450 亿元。

新一代钢铁材料的特征是超细晶、高洁净和高均质,这是先进钢铁结构材料应同时满足的组织结构和工艺制造基础的要求,同时制造成本基本不增加,少用合金资源和能源,塑性和韧性基本不降低,但是强度翻番、使用寿命翻番。它的核心理论和技术是实现钢材的超细晶或超细组织。

超细晶粒是指将目前细晶钢的基体组织细化至微米、亚微米级,甚至纳米级的数量级。钢材的晶粒度标准是:1～3 级晶粒度(直径为 250～125 μm)为粗晶,4～6 级(直径为 88～44 μm)为中等晶粒,7～8 级(直径为 31～22 μm)为细晶。根据 Hall-Petch 关系,如果将铁素体晶粒尺寸细化至 3～5 μm,低碳钢的屈服强度就可从目前的 235 MPa 级提高到 400 MPa 级。具有低碳贝氏体或针状铁素体的钢材若显微组织细化至 2 μm 以下,强度就能翻番。

高洁净度钢材是指钢的五大杂质元素，即磷、硫、氮、氧、氢的含量要低于 0.01% 的钢材，国外一些先进钢厂的杂质总含量已控制在 0.005% 以下，而一般冶炼技术所得杂质元素含量在 0.05% 左右。这些杂质元素容易造成钢材冷脆、热脆、白点和氧化物等缺陷，大大降低了钢材的塑性和韧性。如非金属夹杂物会破坏基体组织的连续性和均匀性，引发应力集中，造成材料的早期失效。因此，提高材料的纯净度是钢铁工业发展的必然趋势。

高均匀性是指成分、组织和性能的高度均匀。已有试验表明，材料微区结构越均匀，抗冲击性能就越高。因此，要尽可能地减少钢在凝固过程中的偏析。

超细晶粒钢的制造技术有形变诱导相变细化晶粒、热处理细化晶粒、微合金化细化晶粒、大塑性变形细化晶粒等。

形变诱导相变细化晶粒是将低碳钢加热到稍高于奥氏体相变温度（A_{c3}），然后以较高的变形速率、足够的变形量对奥氏体进行连续快速变形、再急冷，从而获得超细铁素体晶粒的工艺。由于相变是在变形过程中，而不是在变形之后的冷却过程中发生的，因而又称为动态相变。形变诱导相变是目前唯一可在现有工业化生产设备上实现的超细晶材料制备方法，可以大幅度提高钢材的综合性能，而不需要增加合金元素含量。研究发现，通过形变诱导铁素体相变，可在碳素结构钢中获得晶粒尺寸小于 $5\ \mu m$ 的超细晶粒，对于微合金钢应用形变诱导相变技术可得到晶粒尺寸约 $1\ \mu m$、厚度为 $2\ mm$ 的超细晶粒钢带。所以，形变诱导相变细化晶粒已成为晶粒细化的主要方法之一。形变诱导相变细化晶粒技术也有一定的局限性，主要适用于在相变过程中可发生奥氏体与铁素体相变的低碳低合金钢。

热处理细化晶粒方法主要是对钢材进行快速加热和冷却，以达到抑制晶核长大的目的的一种热处理工艺，包括循环加热淬火细化和形变热处理细化技术。循环加热淬火细化技术是将钢由室温加热至稍高于 A_{c3} 的温度（常规淬火温度下限），在此温度下短时间保温进行奥氏体化，然后快速淬火冷却至室温，再重复此过程。由于再结晶奥氏体晶粒细化作用以及快速加热情况下铁素体晶粒有转变为多个奥氏体晶粒的倾向，使晶粒显著细化，而且每循环 1 次，奥氏体晶粒就得到一定程度的细化，从而获得细小的奥氏体晶粒组织。研究结果表明，循环淬火 2～3 次可以使奥氏体晶粒细化到 12 级以上，一般循环 3～4 次的细化效果最佳，当循环 6～7 次，其细化程度最大。形变热处理是在金属材料上综合利用形变强化（加工硬化）及相变强化，将压力加工与热处理操作相结合，使成形工艺与获得最终性能统一起来的一种工艺方法。它能够获得一般加工处理达不到的高强度与高塑性（韧性）的良好配合，而且可以大大简化零件或钢材的生产流程，降低成本，带来好的经济效益，但形变热处理细化的晶粒有一极限尺寸，为 $5\ \mu m$。

微合金化细化晶粒是在炼钢过程中向钢液添加微合金元素（Nb、V、Ti、B、N 等）进行变质处理，以提供大量的弥散质点促进非均质形核，从而使钢液凝固后获得更多的细晶粒。同时,在微合金钢中,由于有 M(C,N) 析出相存在,既可阻止晶粒长大,又可促进相变形核,也有利于获得超细晶。大塑性变形细化晶粒的技术有叠轧法、等通道挤压法及高压旋转法等。用大塑性变形技术生产超细晶的最大优点是:① 无污染;② 制备的超细晶材料内部无残留孔;③ 超细晶材料内部组织均匀;④ 无机械损伤和裂纹。

此外,还有新型机械控制轧制技术细化晶粒和磁场或电场处理细化晶粒等方法可以生产出超细晶粒钢。

我国已实现系列超级钢的大批量工业生产。400 MPa 级超级钢热轧带钢首先在上海宝钢 2050 热连轧生产线上实现工业生产。本钢、鞍钢、珠钢和武钢等厂家也分别实现了 400 MPa 级和 500 MPa 级超级钢带钢的大批量生产。400 MPa 级超级钢棒线材在鞍钢线材厂首先实现批量生产。江西萍钢、山东济钢也成功轧制出超级钢螺纹钢。宝钢与东北大学等合作采用 0.11% C-0.23% Si-1.10% Mn 成分的钢生产出显微组织为铁素体＋珠光体＋贝氏体的超细晶粒钢,其力学性能如表 7-2 所示。武钢采用 Q235 成分,用热轧方法轧制厚度为 3.5 mm 和 4.0 mm 的 400 MPa 级超细晶粒热轧钢板。钢板的显微组织为铁素体＋少量珠光体,铁素体平均晶粒尺寸为 4.35～4.71 μm,钢板的屈服强度达到了 400 MPa 级以上,抗拉强度为 515～525 MPa。

表 7-2　宝钢生产的超细晶粒热轧钢板的力学性能

编号	屈服强度/MPa	抗拉强度/MPa	伸长率/(%)	冷弯 $D=0.5a$, $B=35$ mm
1	400	520	34	完好
2	400	565	30	完好

超级钢已经在国民经济各领域广泛使用,创造出巨大的经济效益。在汽车制造业,用超级钢制造的零部件可以减轻车身自重、减少油耗,是企业急需的新材料。上海宝钢生产的 400 MPa 级超级钢用于一汽集团卡车底盘发动机前置横梁,各项指标全部满足要求,且吨钢成本较原来节省 200～300 元。一汽集团已将超级钢横梁列为企业标准。宝钢、鞍钢生产的超级钢已向一汽持续批量供货。卡车纵梁是关键承重件,500 MPa 级超级钢在这方面的经济效益更加明显。本钢生产的 500 MPa 级超级钢已为辽宁金州车架厂、吉林辉南车架厂供货,武钢、珠钢的超级钢也已向二汽集团供货。

在建筑行业中,应用超级钢替代传统Ⅱ级钢筋具有良好前景,可以扭转我国混凝土用钢水平落后的局面。建设部新修订的混凝土结构设计规范已将屈服强度为 400 MPa 级的Ⅲ级钢筋作为主导受力钢筋。可以预见,普通的 200 MPa 级钢筋将逐渐被 400～500 MPa 级的钢筋取代,低成本高强度的超级钢棒线材将为建筑业提供有力的支撑。在经济高速发展的大背景下,建筑业的繁荣将为超级钢棒线材提供广阔的市场空间。2003 年,首钢生产了 1 000 多吨超级钢钢筋用于国家大剧院建设,图 7-2 是国家大剧院建设初期的超级钢钢架结构。

图 7-2　国家大剧院建设初期的超级钢钢架

　　过去依靠添加微合金元素来改善性能的造船用钢、桥梁用钢、容器用钢等均可通过细化晶粒来提高钢材强度、改善韧性，既可保证使用性能和工艺性能，又可降低成本。2005年宝钢梅山超级钢桥梁钢板、钢管研发成功，用壁厚 6 mm 的超级钢钢管替代壁厚 8 mm 的低合金钢管，抗撞击性能大大优于普通结构钢，直接应用于国家重点工程上海东海大桥，降低了大桥整体自重，经济与社会效益相当可观。

　　超级钢的研发、生产及应用将成为世界钢铁工业的新亮点。超级钢将成为未来主流钢材品种，在全球资源日益匮乏的情况下，促使钢铁工业焕发新的生机，走上良性可持续发展之路。作为发展中国家的中国，超级钢的发展更符合中国的国情。超级钢的发展将促使现有钢材品种全面升级换代，产品结构将得到根本优化，将达到"普钢超级化、特钢更优化"，从而提升钢铁企业市场竞争力，奠定中国钢铁强国的地位，超级钢也必将在未来的建设中发挥不可替代的作用。

7.2.3　工模具钢

　　现代工业，模具先行，模具是工业生产的基础工艺装备。在电子、汽车、电机、电器、仪器仪表、家电和通信等产品中，60％～80％的零部件都要依靠模具成形。模具使用性能好坏，寿命长短，直接影响一个企业的产品质量、更新换代的速度，以及经济效益和产品在市场上的竞争力。模具生产技术水平已成为衡量一个国家制造业水平高低的重要标志。近年来，随着汽车和 IT 工业的发展，我国模具工业得到快速发展，2005 年模具销售额达 610亿元，名列世界第三，模具出口达 7.38 亿美元，同比增长达 25％和 50.3％，我国已成为一个模具制造大国。

　　模具制造的首要问题是模具材料。我国的模具钢生产经历从无到有，从仿制到自己开发，近年来我国模具钢每年以 15％的速度增长，产量已跃居世界前列。经过几次钢种标准修订，目前 GB/T 1299—2000《合金工具钢》标准中包含了 37 个钢种，基本形成了具有我国特色的模具钢系列。随着我国模具工业的持续发展，对于高档模具用钢进口量不断攀升,尤其是大型、复杂、精密、高寿命模具钢严重供不应求,中、高档模具钢(包括耐腐蚀塑料模具钢)仍需大量进口。进口模具用钢主要来自日本、德国、瑞典、韩国和奥地利等国家,进口总量每年约 6 万吨。国外模具钢的品质主要体现在组织纯净、均匀、细小、尺寸精确,而我国的冷作模具钢韧性不足、耐磨性低,热作模具钢的高温强度和热疲劳性能低,使国产模具钢制造的模具寿命较进口钢的模具寿命明显降低。如铝合金的压铸模是汽车工业一个很重要的模具,日本产品可以用 11 万次,瑞典 Udeholm 公司的产品可以超过 20 万次,而中国原来生产的 H13,却只能使用 6 万次。

我国模具钢按使用状态主要分为以下三种。

(1) 塑料模具钢　如 S50C、S45C、3Cr2Mo(P20)、3Cr2NiMnMo(718)和 10Ni3MnCuAl 等,占模具钢总产量的 62%,占合金模具钢总量的 24%。

(2) 热作模具钢　如 4Cr5MoSiVl(H13)、3Cr2W8V、5CrNiMo 和 5CrMnMo 等 4 个钢种,占模具钢总产量的 21%,占合金模具钢总量的 42%。在热作模具钢中主要是以美国 AST2MA681 标准的通用型钢 H13 (4Cr5MoSiVl)为主,总产量近 30 000 t,占热作模具钢总产量的 54.2%,已占主导地位。3Cr2W8V 钢国外已较少用,在我国的产量逐年减少,但仍占很大比例(14 573 t),达 26.4%。

(3) 冷作模具钢　Cr12(D3)、Cr2WMn(01)、Crl2MoV 和 Crl2MolVl(D2)等,占模具钢总量的 17%,占合金模具钢总量的 34%。

我国模具钢存在品种规格少、产品结构不尽合理、冶金质量不高、模具新材料、热处理新工艺和表面强化新工艺应用偏少等不足。不过近几年我国模具钢制造水平取得了很大进步,新开发了许多模具钢。部分新增工模具钢的性能特点及用途如表 7-3 至表 7-6 所示。

表 7-3　部分新增热作模具钢的性能特点及用途

牌　　号	性　能　特　点	用　　途
4Cr5Mo2V	良好的淬透性、韧性、热强性、热疲劳性能,热处理变形小	制造铝铸件用的压铸模、热挤压模、穿孔用的工具、芯棒。主要应用铜及其合金的压铸模具
5CrNi2MoV	良好的淬透性和韧性	大型锻压模具和热剪模
5Cr2NiMoVSi	良好的淬透性,钢加热时的晶粒长大倾向小,热稳定性好	制造各种大型热锻模
4Cr2MoNiV	较高的室温强度及韧性、高的回火稳定性、良好的淬透性及热疲劳特性	通常用于制造热锻模
3Cr3Mo3V	较高热强性、韧性良好的抗回火稳定性和疲劳性能	镦锻模、热挤压模和压铸模

表 7-4　部分新增冷作模具钢的性能特点及用途

牌　号	结构特点	性能特点	用　途
Cr12W	碳高铬冷作模具钢，属于莱氏体类型	很高的耐磨性和较好的淬透性，但塑性、韧性较低	用于制造高强度、高耐磨性的工模具，也可以制造受热在300～400℃之间但仍能保持其使用性能的工模具，如钢板深拉伸模、拉丝模、螺纹搓丝板、冷冲模、剪切刀、锯条等
MnCrWV	国际广泛采用的高碳低合金油淬工具钢	具有较高的淬透性，热处理变形小，硬度高，耐磨性较好	适宜制造钢板冲裁模、剪切刀、落料模、量具和热固性塑料成形模等
W6Mo5Cr4V2	钨钼系通用高速钢	在高速钢钢种系列中，该钢的碳化物较细小，分布也较均匀，其韧性较高，热塑性好，耐磨性、红硬性高	用于制造各种类型的工具，大型热塑成形的刀具，还可以制造高负荷下耐磨性零件，如冷挤压模具、温挤压模具等
7Cr7Mo2V2Si	高强度和韧性的冷作模具钢	具有更高的强度和韧性，该钢耐磨性也很好，冷热加工的工艺性能优良，热处理变形小，通用性强	适宜制造承受高负荷的冷挤压模具、冷镦模具、冷冲模具等
Cr8	新型含铬的高碳冷作模具钢	具有较好的淬透性和高的耐磨性	适宜制造要求耐磨性较高的各类冷作模具钢，与Cr12相比具有较好的韧性

表 7-5　部分新增工具钢的性能特点及用途

牌　号	结构特点	性能特点	用　途
6CrW2V	中碳油淬型耐冲击冷作工具钢	具有良好的耐冲击和耐磨损性能，同时具有良好的抗疲劳性能和高的尺寸稳定性	用于刀片、冷成形工具和精密冲裁模以及热冲孔工具等
5Cr5WMoSi	良好淬透性的空冷工具钢	良好的韧性、热处理尺寸稳定性和中等的耐磨性	适合于制造硬度在55～60HRC之间的凸模和冷作模具。另外，由于具有良好的硬度、耐磨性及韧性的配合，适合于制造非金属刀具材料

续表

牌　　号	结 构 特 点	性 能 特 点	用　　途
5Cr8MoVSi	A8 钢 的 改良钢	良好的淬透性、韧性、热处理尺寸稳定性	适 合 于 制 造 硬 度 在 55 ～ 60HRC 之间的凸模和冷锻模具。另外,由于具有良好的硬度、耐磨性及韧性的配合,适合于制造非金属刀具材料
7CrMn2Mo	空淬冷作模具钢	热处理变形小	修边模、塑料模、压弯工具、冲切模和精压模等
9Cr2Mo	冷轧辊用钢,高碳含量保证轧辊有高硬度,加铬、钼可增加钢的淬透性和耐磨性	锻造性能良好,控制较低的终锻温度与合适的变形量可细化晶粒,消除沿晶界分布的网状碳化物,并使其均匀分布	制造冷轧工作辊、支承辊和矫正辊

表 7-6　部分新增特殊用途模具钢的性能特点及用途

牌　　号	结 构 特 点	性 能 特 点	用　　途
2Cr25Ni20Si2	奥氏体型耐热钢	耐蚀性较好,最高使用温度可达 1 200 ℃,连续使用最高温度为 1 150 ℃,间歇使用最高温度为 1 050～1 100 ℃	制造加热炉的各种构件,制造玻璃模具等
0Cr17Ni4Cu4Nb	马氏体沉淀硬化不锈钢(马氏体转变强化和通过时效处理进一步强化,含碳量低,其抗腐蚀性和可焊性都比一般马氏体不锈钢好)	耐酸性能好、切削性好、热处理工艺简单。在 400 ℃ 以上长期使用有脆化倾向	在 400 ℃ 以下工作,要求耐酸蚀性高,同时要求强度高的部件。也适宜制造在腐蚀介质作用下要求高性能、高精度的塑料模具
Ni25Cr15Ti2MoMn (GH2132B)	Fe-25Ni-15Cr 基时效强化型高温合金,加入钼、钛、铝、钒和微量硼综合强化	高温耐磨性好,高温抗变形能力强,高温抗氧化性能优良,无缺口敏感性,热疲劳性能优良	650 ℃ 以下长期工作的高温承力部件和热作模具,如铜排模、热挤压模和内筒

续表

牌　号	结构特点	性能特点	用　途
Ni53Cr19Mo3TiNb (IN718)合金	体心四方的 γ'' 相和面心立方的 γ' 相沉淀强化的镍基高温合金，在合金中加入铝、钛形成金属间化合物进行 γ'（Ni3AlTi）相沉淀强化	高温强度高，高温稳定性好，抗氧化性好，冷热疲劳性能及冲击韧性优异	600 ℃以上使用的热锻模、凸模、热挤压模、压铸模

　　工业发达国家的模具钢种类齐全，已形成系列产品。如美国的冷作模具钢有 O 系列、A 系列、D 系列，热作模具钢有 H 系列，塑料模具钢有 B 系列。虽然模具材料种类多，不过常用的主要集中在几个钢号，用量较大的有 O1（CrWMnV）、V2（Cr5SM01V）、D3（Cr12）、H2（Cr12Mo1V1）、H13（4Cr5MoV1Si）、H11（4CrMoVSi）、H10（4Cr3Mo3V）、P20（3Cr2Mo）等。由于这些钢使用性能较好，具有一定的先进性和代表性，在国际上信誉度较高，被世界各国广泛采用。

　　近年来模具制造业快速发展，对模具钢从冶金质量、数量、性能上提出了更高要求。在国外，模具钢呈现出高合金、高质、优化、低级材料强化及扩充材料领域等趋势，模具材料由低级向高级发展，发展方向是由碳素工具钢到低合金工具钢，再到高合金工具钢，相继出现一系列新型模具材料，模具钢的合金化程度日趋提高。例如，美国 15 种热作模具钢合金元素含量全部大于 5%，而合金元素含量大于 10% 的有 10 种，用量占 80%。

　　国外也在不断研制新钢种，以满足模具工业不断发展的需求。国外相继开发的新型热作模具钢有：高淬透性特大型锻压模具钢，如国际标准中的 40NiCrMoV7，法国 NF 标准中的 40NCD16 等；高热强性模具钢，如美国的 H10A，日本日立金属公司的 YHD3；高温热作模具钢，如美国的 T2M、T2C，日本的 Nimowal 等。各国发展的新型冷作模具钢有：高韧性、高耐磨模具钢，如美国钒合金钢公司的 8Cr8Mo2VSi 钢，日本大同特殊钢公司的 SLDB、DC53 钢等；低合金空淬微变形钢，如美国 ASTM 标准钢号 A14、A16，日本的 G04 和 ACD37 等；火焰淬火模具钢，粉末冶金冷作模具钢，如美国的 CPM10V，德国的 320CrVMo13.5 等；高速钢基体钢，如美国的 VASCOMA；时效模具钢，如日本的 NAK55 等；热作模具钢，如瑞典的 QR080M 等；塑料模具钢，如日本的 S-STAR 及法国的 SP60 等。下面介绍国外开发的一些代表性的模具钢。

　　1. H13 钢热作模具钢

　　在美国，热作模具钢分为三种：铬热作模具钢、钨热作模具钢和钼热作模具钢，全部以 H 命名。分别为 H10～H19，H21～H26 和 H42、H43。热作模具钢的碳含量为 0.35%～0.45%（中碳，质量分数），另含 Cr、W、Mo 和 V 合金元素，合金含量在 6%～25%。H13

钢属于铬热作模具钢,其碳含量< 0.5%,最大淬火硬度在 55HRC 左右。H13 钢是一种强韧的空冷硬化型热作模具钢,在我国制定压铸模国家标准时,曾作为重点推广钢种。迄今为止,该钢种和近似钢号在国际上应用极其普遍。H13 钢的主要特征有:

(1) 具有高的淬透性和韧性;

(2) 具有优良的抗热裂能力,在工作场合可水冷;

(3) 具有中等耐磨能力,还可以采用渗碳或渗氮工艺来提高其表面硬度,但要略微降低抗热裂能力;

(4) 因含碳量较低,回火时二次硬化能力较差;

(5) 在较高温度下具有抗软化能力,但使用温度高于 540 ℃时,硬度会迅速下降(即最高工作温度为 540 ℃);

(6) 热处理变形小;

(7) 高的切削加工性;

(8) 中等抗脱碳能力。

我国也从美国引进 H13 钢技术进行生产,但是与进口 H13 相比,国产 H13 的夹杂物和一次碳化物较多,退火组织中碳化物有明显沿晶界分布现象,心部横向冲击韧度只有纵向的 20%~30%。

2. Tenasteel 冷作模具钢

Tenasteel 是法国阿赛洛集团新发展的冷作模具钢,含 1.0% C,0.35% Mn,7.5% Cr,2.6% Mo,0.3% V,余量为 Ti,是一种新型通用工具钢,具有高的强度、韧性和耐磨性,较好的机加工和抗热氧化性。Tenasteel 降低了 C 和 Cr 的含量,加入 Ti 和 Nb 使碳化物细小均匀,加入 Mo 以保持其耐磨性能。通过电炉和真空精炼技术,Tenasteel 钢材具有相当低的杂质含量,洁净度有所提高。

Tenasteel 的退火硬度小于 255 HB。在 1 050 ℃奥氏体化后淬火冷却,经二次回火后,韧度指标接近于 X160CrMoV12(相当于 Cr12MoV)的两倍,能让刀具使用寿命延长 25%以上。淬火冷却最好是真空气淬,或在 250~350 ℃的盐浴炉中进行,形状简单的工件才采用油淬。淬火后立即缓冷至-80 ℃,待完全均温后缓慢加热至室温,可使残余奥氏体数量减少,硬度提高,这种冷处理可适用于简单形状的工件。

3. S-Star 塑料模具钢

S-Star 是具有超镜面、高硬度和耐腐蚀的塑料模具钢,也是马氏体型不锈钢,由大同特殊钢株式会社开发,其化学成分是 0.38C-0.9Si-13.5Cr-0.1Mo-0.3V,交货硬度可在 229HB 以下或在 30~34HRC 预硬状态下。经机加工后的最终热处理为经 500 ℃和 800 ℃两次预热后加热至 1 020~1 070 ℃奥氏体化,然后经油冷、空冷或气淬,淬火硬度可达 56HRC,回火视耐蚀性或硬度要求在 200~400 ℃或 490~510 ℃的条件下进行,一般要求 2 次,回火后空冷,达 53HRC 左右,也可进行冷处理。适合制造照相机机身、唱片、透镜和表壳的塑料模具。

4. HPM38 塑料模具钢

HPM38 是 13Cr 系含 Mo 不锈钢，是日立金属株式会社生产的塑料模具钢。HPM38 的特点主要有镜面加工性优良，具有较好的耐蚀性，可以不镀铬使用，热处理变形极小，适用于精密模具；在预硬状态下（29～33HRC）下供货，可以直接使用。塑料模具钢可分为预硬系和淬火回火系两类。预硬系材料是生产厂商将材料经调质热处理至 30HRC 和 40HRC 的硬度，由模具制造商将其加工成塑料模具后直接使用。

HPM38 的热处理步骤是：淬火加热温度为 1 000～1 050 ℃，然后空冷；200～500 ℃ 回火，空冷。硬度可达 50～55HRC。在 52HRC 条件下，屈服强度为 1 618 MPa、抗拉强度为 1 912 MPa、延伸率为 13%、断面收缩率为 35%。

HPM38 可以用来制造一般的透明制品用模具，如透镜、化妆品外壳；添加阻燃剂的树脂模具，如家电用品、办公用品、通信器件的模具；不能镀铬的模具，如食品容器和医疗器械的模具。

7.2.4　不锈钢

不锈钢（见图 7-3）作为一种重要的金属材料，虽然只有一百多年的历史，但其具有高强度、可焊接性、耐蚀性、易加工性和表面具有光泽等许多优异的特性，在航空航天、化工、汽车、食品机械、医药、仪器仪表、能源等工业及建筑装饰方面得到广泛应用。2005 年，我国不锈钢表观消费量达到 522 万吨，是 1998 年的 6 倍，呈现快速发展的势头。不锈钢按组织类别（加热到高温、空冷后得到的组织）可分为马氏体钢、铁素体钢、奥氏体钢及奥氏体-铁素体双相钢。随着石油化工工业、军事工业及海洋开发的迅速发展，对不锈钢提出了更高的要求，传统的不锈钢已经不能满足特殊行业和特殊功能领域的使用要求，因此，不锈钢材料也向功能性和特殊性方向发展，出现了超级不锈钢和满足各种特殊功能要求的功能性不锈钢。

图 7-3　不锈钢材料

超级不锈钢是综合考虑合金化、洁净度、组织均匀性、晶粒尺寸、表面质量、钝化膜与夹杂物（类型、形态、大小、分布、数量等）控制技术等方面开发出来的，具有耐苛刻介质局部腐蚀性能的，工艺制造技术性能良好的，性价比高的特殊不锈钢。超级不锈钢的性能受到冶金因素、工艺过程和制造方法的影响，必须制订严格的技术规程，实行全面的质量控制，方能获得最佳性能。根据不锈钢材料的显微组织特点，超级不锈钢分为以下几个类型：超级铁素体不锈钢、超级奥氏体不锈钢、超级马氏体不锈钢和超级双相不锈钢。

1. 超级铁素体不锈钢

超级铁素体不锈钢通常指含 $18\%\sim30\%$ Cr、$2\%\sim4\%$ Mo、$C+N\leqslant0.025\%$，以及含适量稳定化元素、具有超高洁净度的铁素体不锈钢。超级铁素体不锈钢继承了普通铁素体不锈钢强度高、抗氧化性好、抗应力腐蚀性能优良等特点，同时改善了铁素体不锈钢的延性脆性转变、475℃脆性、对晶间腐蚀较敏感和焊态的低韧性等局限性。超级铁素体不锈钢通过采用精炼技术，降低碳和氮到超低含量，高铬、高钼，并进一步增加稳定化和焊缝金属韧化元素，使该类钢在热的氯离子溶液中具有极高的耐局部腐蚀性能、低的韧脆转变温度、足够的焊接性，使其在耐苛刻介质局部腐蚀、耐氯化物的点蚀和缝隙腐蚀等方面达到了新的水平。代表钢种有 00Cr30Mo2、00Cr29Ni2Mo4、00Cr25Ni4Mo4Ti、000Cr18Mo2Ti 等。

按照低的间隙元素（C、N）含量，可将超级铁素体不锈钢分为如下几类。

当 $C+N>0.03\%$ 时，为常规铁素体不锈钢；

$C+N\leqslant0.03\%$ 时，为超低碳氮铁素体不锈钢，用 00Cr 表示；

$C+N\leqslant0.02\%$ 时，为高纯铁素体不锈钢，用 000Cr 表示；

$C+N\leqslant0.01\%$ 时，为超纯铁素体不锈钢，用 0000Cr 表示。

低的间隙元素（C、N）含量有利于避免铁素体不锈钢产生晶间腐蚀。对含 29%Cr-4%Mo 的合金，$(C+N)$ 总量必须不大于 0.01%，对另一些钢可能容许的 $(C+N)$ 总量必须不大于 0.025%。由于现有的 AOD 精炼技术也不容易达到这样低的间隙元素含量，因此采取高纯和加稳定化元素相结合的方式，用 Ti 或 Nb 来固定多余的 C 和 N，可以收到良好的效果。

此外，超级铁素体不锈钢还要求非常低的杂质含量。在常规铁素体不锈钢中，$P\leqslant0.035\%$，$S\leqslant0.03\%$；在超级铁素体不锈钢中，P、S 含量皆应低于上述值。

2. 超级奥氏体不锈钢

超级奥氏体不锈钢通常指含 $20\%\sim26\%$ Cr、$20\%\sim30\%$ Ni，$3\%\sim7\%$ Mo、$2\%\sim4\%$ Cu、$N\leqslant0.5\%$、超低碳、超高洁净度的高合金奥氏体不锈钢。传统的奥氏体不锈钢具有良好的加工性能、耐蚀性能、焊接性能和力学性能，是不锈钢中最重要的钢种，但其缺点也很突出：强度较低、不能通过相变强化，具有冷加工硬化和局部腐蚀敏感的特点，这使其应用受到了限制。超级奥氏体不锈钢是在普通奥氏体不锈钢的基础上，通过提高合金的纯度；

提高有益元素（N,Cr,Mo）的数量，主要是高铬、高钼，尤其是钼，含量显著高于常规不锈钢；降低碳含量，防止 $Cr_{23}C_6$ 析出造成晶间腐蚀，使此类钢耐苛刻介质局部腐蚀性接近镍基耐蚀合金，具有满意的工艺制造性能，而成本比镍基耐蚀合金低，因此性价比较高。典型钢种有 00Cr25Ni20Mo6CuN、00Cr21Ni25Mo6CuN 和 00Cr25Ni25Mo6CuN 等。

3. 超级双相不锈钢

双相不锈钢是在其固溶组织中铁素体相与奥氏体相各占一部分，一般最少相的含量也需要达到 30% 的不锈钢，该钢种兼有奥氏体不锈钢和铁素体不锈钢的特点。超级双相不锈钢通常指含 25%～27%Cr、7%～7.5%Ni、3.5%～4%Mo，N≤0.3%，含适量 Cu、W、Si 等元素，成分及相比例精细控制的超低碳双相不锈钢，是在 20 世纪 80 年代后期发展起来的，牌号主要有 SAF2507、UR52N＋、Zeron100 等。和常规双相不锈钢相比，超级双相不锈钢含碳量低（0.01%～0.02%），含有高钼和高氮（Mo<4%，N<0.3%），钢中铁素体相含量占 40%～45%，PI>40，而常规含钼双相钢 PI 值一般在 30～36 之间。

双相不锈钢有三个显著特点：高屈服强度；优良的耐应力腐蚀开裂、晶间腐蚀、点蚀和缝隙腐蚀性能；较高的经济效益。双相不锈钢的耐点蚀和缝隙腐蚀性能与相当合金元素含量的奥氏体类似，但是双相钢通常具有优越的耐应力腐蚀开裂和耐有机酸腐蚀性能。当两相各占一半时应力腐蚀抗力最大。Zeron100 的耐局部腐蚀抗力是常规双相钢的两倍，甚至优于超级奥氏体不锈钢 254SMo。双相不锈钢的 Ni 含量虽然低于奥氏体不锈钢，但具有更优良的耐蚀性，合金的承载能力更高，延长了在强腐蚀环境中的使用寿命。

超级双相不锈钢在苛刻介质中的耐局部腐蚀性能优良、具有较高强度与满意的焊接性。超级双相不锈钢在各行业都得到广泛应用，如 UR52N＋用于油田的集油、集气和水混合物的输送管线以及海岸设施，SAF2507 用于阿拉斯加、墨西哥湾等地区的油井生产及海上平台设施等。

4. 超级马氏体不锈钢

马氏体不锈钢属于可硬化的不锈钢，具有高的硬度、强度和耐磨性能，但韧性和焊接性较差。普通马氏体不锈钢缺乏足够的延展性，在变形过程中对应力十分敏感，冷加工成形比较困难。通过降低含碳量，增加镍含量，及含适量钼、铜等，可获得超级马氏体不锈钢。超级马氏体不锈钢通常指软马氏体不锈钢，实际上是低强度级别的马氏体时效不锈钢，钢种有 00Cr12Ni6.5Mo2.5Cu、00Cr13Ni6Mo2.5Ti、00Cr13Ni6Mo2Cu1.5、00Cr16Ni5Mo1 等。超级马氏体不锈钢的典型组织为低碳回火马氏体组织，具有很高的强度和良好的韧性，能焊接。随镍含量和热处理工艺的变化，在某些超级马氏体不锈钢的显微组织中可能会有 10%～40% 的细小弥散状残余奥氏体，含铬量为 16% 的超级马氏体不锈钢中可能会出现少量的 δ 铁素体。通过细化回火马氏体的晶粒，可进一步改善超级马氏体不锈钢的性能。超级马氏体不锈钢现已在石油和天然气开采、储运设备、水力发电、化工及高温纸浆生产设备上得到广泛应用。

5. 功能性不锈钢的发展

不锈钢不仅是具有优良耐蚀性、强韧性和耐磨性的结构材料,也可以是具有特殊物理性能的功能材料。所谓功能不锈钢是指耐蚀性与特殊物理性能兼备的不锈钢。钢铁结构材料功能化是 21 世纪钢铁材料的发展趋势,也是不锈钢的发展趋势之一。

1) 高氮不锈钢

氮是强烈的奥氏体形成和稳定化元素,在奥氏体不锈钢中利用氮来部分取代或与锰元素结合来完全取代贵金属镍,可以更加稳定奥氏体组织,在显著提高不锈钢强度的同时不损害其塑性,而且能够提高不锈钢的耐局部腐蚀能力(如晶间腐蚀、点腐蚀和缝隙腐蚀等)。氮在自然界大量存在,成本低廉。由于常压下氮在液态铁中的溶解度很低,采用传统的常压冶炼和加工技术无法获得所需的高氮含量,因此含氮不锈钢在很长时间内没有实现工业化生产和应用。合金加压冶炼与加工技术的发展以及有关氮合金化热力学知识的积累推动了含氮低镍奥氏体不锈钢的开发。现在,高氮奥氏体不锈钢因其高强度和耐蚀性、无磁性等优点在石油、化工、钟表、汽车、生物医学领域得到广泛应用,特别是在医学外科方面用作人体植入体可以解决镍过敏问题,已受到研究人员的广泛关注。

2) 新型医用无镍奥氏体不锈钢

目前医用植入不锈钢材料主要为铬镍奥氏体不锈钢(如 316L 和 317L 等),奥氏体不锈钢具有极好的抗腐蚀性和生物相容性。但这类钢也存在明显的不足:硬度偏低,耐磨性较差。奥氏体不锈钢中的镍会以离子形式被人体的汗水、唾液等体液浸出,当镍离子在植入体附近组织中富集时,可诱发毒性效应,发生细胞破坏和发炎等不良反应,对部分人群产生人体过敏反应,导致肿胀、发红、瘙痒等多种并发症。中科院沈阳金属研究所开发的铬锰氮型医用无镍奥氏体不锈钢,通过加入氮和锰使不锈钢保持单一的奥氏体结构,采用真空感应熔炼设备,通过控制氮化物的加入时间和保护气氛,成功熔炼出具有良好质量的无镍高氮不锈钢,氮含量达到 0.43% 以上。经过生物相容性试验,其性能优于目前临床使用的铬镍奥氏体不锈钢(316L)。同时美国的 0Cr21Mn22Mo1CuN1、德国的 Cr18Mn18Mo2N1、瑞士的 Cr16.5Mn11Mo4.5N1、日本的 Cr23Mo2N1.4 和 Cr2.4N1 也已投放市场。

3) 抗菌不锈钢

随着人们生活水平的提高,人们对所处的环境和自身的健康越来越重视,因而促进了抗菌材料的研究与开发。日新制钢株式会社和川崎钢铁公司分别研制出含 Cu 和含 Ag 抗菌不锈钢。含 Cu 抗菌不锈钢是在不锈钢中加入 0.5%~1.5%Cu,并采取特殊热处理,使不锈钢自表面到内部均匀弥散析出 ε-Cu,起到抗菌作用,对黄葡萄球菌、大肠杆菌等的杀菌率达 90%~99%。在其使用一段时间后,表面的 ε-Cu 相枯竭时,可用抛光等加工方法在表面重新形成 ε-Cu 相,恢复原有的抗菌性能。含 0.04%Ag 的 430、430LN 抗菌不锈钢不需要抗菌处理且杀菌性高于含铜不锈钢。

4) 形状记忆不锈钢

能显示出形状记忆效应的不锈钢，如 Cr13Ni6Mn8Si6Co12、Cr12Ni5Mn14Si6 等，形状恢复量约为 4%，用于一般连接器、紧固件，可部分代替 Ni-Ti 系形状记忆合金。

7.3　智能材料

7.3.1　智能材料概述

智能材料是近年来在世界上兴起并迅速发展起来的新型材料。设想如果大型结构和建筑物可以在全寿命期内实时监测自身健康状况和损伤；玻璃能根据环境光强的变化而自行改变透光率，使进入室内的阳光变暗或变亮；墙纸可以变化颜色以适应不同环境；如果在空中飞行的飞机能根据飞行条件的不同，改变机翼的形状，始终保持最佳巡航效率，那么这就给这些材料、结构赋予了仿生功能，使它们具有了"智能"，这种类型的材料就被称为智能材料。

智能材料又称机敏材料，其设计思路来源于仿生。不同于结构材料和功能材料，智能材料能通过自身的感知而获取外界信息，做出判断和处理，发出指令，继而调整自身的状态以适应外界环境的变化，从而实现自检测、自诊断、自调节、自适应、自修复等类似于生物系统的各种特殊功能。智能材料是一门交叉的前沿学科，所涉及的专业领域非常广泛，如力学、材料科学、物理学、生物学、电子学、控制科学、计算机科学与技术等。智能材料具有四种主要功能：对环境参数的敏感；对敏感信息的传输；对敏感信息的分析、判断；智能反应。但是现有的材料一般比较单一，难以满足智能材料的要求，所以智能材料一般由两种或两种以上的材料复合构成一个智能材料系统。

智能材料的概念是由美国和日本科学家首先提出的，1988 年 9 月美国弗吉尼亚工业学院和州立大学 C. Rogers 教授组织了首次关于机敏材料、结构和数学问题讨论会，R. E. Newnhain教授提出了灵巧材料的概念，这种材料具有传感和执行功能，他将灵巧材料分为被动灵巧材料、主动灵巧材料和很灵巧材料三类，并于 1989 年创办了《智能材料系统和结构》期刊。1989 年 3 月日本在筑波举办了关于智能材料的国际研讨会，会上高木俊宜教授做了关于智能材料概念的报告，他将信息科学融于材料的特性和功能，提出智能材料的概念，指出智能材料是对环境具有可感知、可响应等功能的新型材料。1990 年 5 月日本设立了智能材料研究会（简称 IMF）作为智能材料研究和情报交流的中心。随后英、意、澳等国也开展了智能材料的研究。我国对智能材料的研究也很重视，从 1991 年起把智能材料列为国家自然科学基金和国家"863 计划"的研究项目，并已取得相当进展。

智能材料按功能来分可以分为光导纤维、形状记忆合金、电流变体和电（磁）致伸缩材料等。若按来源来分，可以分为金属系智能材料、无机非金属系智能材料和高分子系智能材料。金属系智能材料目前所研究开发的主要有形状记忆合金和形状记忆复合材料两大类;无机非金属系智能材料在电流变体、压电陶瓷、光致变色和电致变色材料等方面发展较快;高分子系智能材料的范围很广泛,有高分子凝胶、智能高分子膜材、智能型药物释放体系和智能高分子基复合材料等。

作为一种新兴技术材料,智能材料的应用日益引起人们的广泛兴趣,在军事、医学、建筑和纺织服装等领域都有着广阔的发展前景。

1. 智能蒙皮

美空军莱特实验室把一个承载天线结合到表层结构中,有效提高了飞行器的空气动力性能,减轻了飞行器结构质量、减小了体积,在气动特性、信息传输、结构质量与体积方面都优于普通天线。美国弹道导弹防御局研究了在复合材料蒙皮中植入光纤传感器、射频天线等多种传感器的智能蒙皮,安装在防御平台的表面,对来自敌方的多种威胁进行实时监视和预警。美国海军则重点研究军用舰船智能表层的电磁隐身问题。美国国家航空航天局军用飞机部也在从事智能蒙皮的原理、结构、材料等方面的研究。图 7-4 所示是覆盖了智能蒙皮的美国新型 F-35 战机正在试飞。

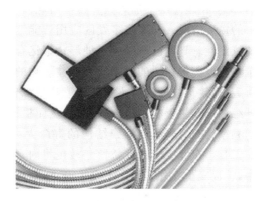

图 7-4　覆盖了智能蒙皮的美国 F-35 战机　　　　图 7-5　光纤传感器

2. 结构检测和寿命预测

智能结构可以对构件内部的应变、温度、裂纹进行实时测量,探测其疲劳和受损伤情况,从而实现结构监测和寿命预测。光纤具有尺寸小、质量轻、可挠曲、耐腐蚀、不受电磁干扰、与复合材料有良好相容性等特点,且灵敏度高、耐高温、易实现远距离测量而受到人们的青睐。目前一些先进国家采用光纤智能材料与结构进行复合材料的状态检测与损伤估计,即在材料或结构的关键部位埋置光纤传感器或其阵列进行全寿命期实时监测、损伤评估和寿命预测,图 7-5 所示是智能结构中使用的光纤传感器。空间站等大型在轨系统采用光纤智能结构,可实时探测由于交会对接碰撞、陨石撞击或其他原因引起的损伤,对损伤进行评估，实施自诊断。压电元件由于既可作传感器又可作驱动器，频响高，处理电路简单，近年来基于压电元件的结构损伤实时在线检测成为国际上的热点。美国斯坦福大学采用分布式压电传感器、驱动器进行了复合材料结构受冲击机冲击损伤情况的研究，荷兰国家宇航实验室、美国波音公司、美国 Los Alamos 国家实验室等研究机构也都在进行这方面的研究。

3. 人造皮肤

科学家们已经在实验室里开发出了人造骨、人造血管、人造角膜、人造皮肤等人造器官，但安全性一直受到质疑。1994 年，意大利比萨大学的科研人员研制成功一种人造皮肤智能材料，这种材料能够感知到温度、热流的变化以及各种应力的大小，并具有良好的空间分辨力。2004 年，日本北里大学黑柳能光教授研制出一种新型人造皮肤，为重度烧伤及褥疮患者带来了福音。该人造皮肤是一层由胶原和透明质酸制成的特殊海绵，海绵上附有志愿者提供的皮肤细胞。随着科技的发展，学科的交叉渗透，相信这种人造皮肤智能材料会得到进一步的开发和利用。

4. 智能建筑

1994 年，德国的 Calgary 市建成了第一座由预应力碳纤维复合材料和钢筋结构组成的桥梁，在碳纤维中加入光纤布拉格光栅应变传感器构成了智能结构，以检测碳纤维预应力的损失情况。在地震多发区应用智能结构的建筑物通过振动控制，将大大提高建筑物的抗震性。日本已研制成一种形状记忆合金，通过对合金加热收缩来防止裂纹的扩展，用于防止地震等造成的桥梁或大型建筑物的建筑、土木结构的突发性破坏。美国人则通过研究，在建筑物的合成梁中埋入形状记忆合金纤维，在热电控制下，该纤维能像人的肌肉纤维一样产生形状和张力的变化，从而根据建筑物受到的振动改变梁固有刚性和固有振动频率，减小振幅，使框架结构的寿命大大延长。自修复行为是智能材料的一项重要功能。日本东北大学的三桥博三教授将内含黏结剂的空心胶囊或玻璃纤维渗入混凝土材料中，若混凝土在外力作用下发生开裂，则部分胶囊或空心纤维会破裂，黏结剂流出后深入裂纹，可使混凝土裂纹重新愈合。

7.3.2　形状记忆合金智能材料

1. 形状记忆合金特性

形状记忆效应（SME）是指具有一定形状的合金材料在一定条件下经一定塑性变形后，当加热至一定温度时又完全恢复到原来形状的现象，即它能记忆母相的形状。它是美国科学家在 20 世纪 50 年代偶然发现的。具有 SME 的合金材料，称为形状记忆合金（SMA）；而具有 SME 的陶瓷与聚合物材料则分别称为形状记忆陶瓷与形状记忆聚合物（SMP）材料。

现以图 7-6 所示的一个铆钉为实例，进一步说明形状记忆合金的特性。这个铆钉是用 SMA 制作的,首先在较高温度下($T>M_s$)把铆钉做成铆接以后的形状,然后把它降温至 M_f 以下的温度,并在此温度下把铆钉的两脚扳直(产生形变),然后顺利地插入铆钉孔,最后把温度回升至工作温度($T>A_f$),这时,铆钉会自动地恢复到第一种形状,即完成铆接的程序。显然这个铆钉可以用在手或工具无法直接去操作的场合。M_s 表示冷却时开始产生热弹性马氏体的转变温度,M_f 表示冷却时转变终了的温度,A_s 表示升温时开始逆转变的温度,A_f 表示逆转变完成的温度。

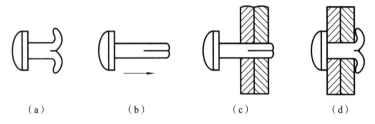

图 7-6   形状记忆铆钉的工作过程

(a) 成形($T>M_s$);(b) 扳直两脚($T<M_f$);(c) 插入($T<A_s$);(d) 加热($T>A_f$)

为什么形状记忆合金不"忘记"自己的"原形"呢? 原来,这些合金和陶瓷材料都有一个特殊的转变温度。在转变温度之上,它具有一种组织结构;而在转变温度之下,它又具有另一种组织结构。结构不同其性能各异,不同温度下的组织结构使大批原子协调运动,使之具有记忆特性。美国航天飞机上的自展天线,就是用镍钛 SMA 做成的。这种合金在转变温度以上时,坚硬结实,强度很高,敲起来铿锵作响;而低于转变温度时,它却十分柔软,易于冷加工。科学家先把这种合金做成所需的大半球形展开天线,然后冷却到一定温度下,使它变软,再施加外力,把它弯曲折叠成一个小球,使之在航天飞机上只占很小的空间。投入到太空后,利用阳光照射的温度,使天线重新张开,恢复成原来大半球的形状。图 7-7 所示是使用形状记忆合金制造的天线。

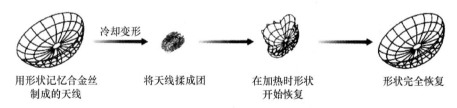

用形状记忆合金丝   将天线揉成团   在加热时形状   形状完全恢复
制成的天线   开始恢复

图 7-7   使用形状记忆合金制造的天线

形状记忆合金材料目前已有 50 余种。大致可分为两类:一类是以过渡族金属为基体的合金,另一类是贵金属的 β 相合金。但最引人注目的是 Ni-Ti 基合金、Cu-Zn-Al 合金、Fe-Mn-Si 合金和 Cu-Al-Ni 合金等。

Ni-Ti 基合金具有优异的形状记忆合金特性,高的耐热性、耐蚀性,高的强度,以及其他材料无可比拟的耐热疲劳性与良好的生物相容性。但 Ni-Ti 基合金存在原材料价格昂贵、制造工艺困难、切削加工性不良等不足。研究人员在 Ni-Ti 合金中添加微量的 Fe 或 Cr，可使记忆合金的转变温度降到 $-100\ ℃$，适合在低温下工作。

Cu 基合金价格便宜、生产过程简单、电阻率小、导热性好、加工成形性能好，但长期或反复使用时，形状恢复率会减小，是尚需探索解决的问题。Cu 基合金可在很宽的温度范围（$-100\sim300\ ℃$）内调节。

铁基合金具有强度高、塑性好、价格便宜等优点，正逐渐受到人们的重视并获得开发，如 Fe-Pt，Fe-Pd，Fe-Co-Ni-Ti，Fe-Mn-Si，Fe-Mn-Si-Cr 等。从价格上看，铁系形状记忆合金比 Ni-Ti 系和 Cu 系低得多，且易于加工、强度高、刚度高，所以是很有竞争力的新合金系。

2. 形状记忆合金的应用

记忆合金在临床医学和医疗器械等方面广泛应用。如介入医疗，将各类人体腔内支架经过预压缩变形后，能够经过很小的腔隙安放到人体血管、消化道、呼吸道、前列腺腔道以及尿道等各种狭窄部位，支架扩展后，在人体腔内支撑起狭小的腔道，图 7-8 所示的是使用 Ni-Ti 形状记忆合金制造的食道支架，它具有疗效可靠、使用方便、可大大缩短治疗时间和减少费用等优点。在骨外科治疗领域，形状记忆合金同样有不凡的表现。传统的骨伤手术器械包括接骨钢板、螺钉、钢丝等，手术时医生要进行钻孔、楔入、捆扎等复杂操作，对患者的机体不可避免地造成人为损伤。用形状记忆合金骨科器械手术时，医生先用低温（$0\sim5\ ℃$）消毒盐水冷却记忆合金器械，然后根据需要改变其抱合部位的形状，安装于患者骨伤部位。待患者体温将其"加热"到设定的温度时，器械的变形部分便恢复到原来设计的

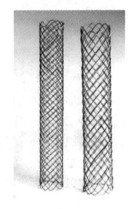

图 7-8　支撑性与柔韧性完美协调的 Ni-Ti 记忆合金食道支架

形状，从而将伤骨紧紧抱合，起到固定与支撑的作用。用形状记忆合金器械做手术，不仅具有手术操作简便、缩短手术时间和伤口愈合周期、生物相容性优良、降低人为性损伤等优点，而且其强度是不锈钢的 4 倍，不会发生弯曲与断裂。

形状记忆合金在工业上最早应用是在管接头和紧固件上，在机械零件的连接、管道的连接，飞机的空中加油的接口处，用形状记忆合金加工成内径比欲连接管的外径小 4% 的套管，然后在液氮温度下将套管扩径约 8%，装配时将这种套管从液氮中取出，把欲连接的管子从两端插入。当温度升高至常温时，利用电加热改变温度，接口处记忆合金变形，套管收缩即形成紧固密封，使接口紧密、滴水（油）不漏，远胜于焊接，特别适合用于航空航天、核工业及船舰和海底输油管道等。在一些施工不便的部位，用记忆合金制成销钉，装入孔内加热，其尾端自动分开卷曲实现紧固。利用记忆合金的感温驱动双重功能制作机

器人、机械手,体型微小,结构紧凑。在建筑领域,利用形状记忆合金制成阻尼耗能装置、隔震装置、结构加固元件。

形状记忆合金在日常生活中可控制浴室水管的水温,在热水温度过高时通过"记忆"功能,调节或关闭供水管道。还可以放在暖气的阀门内,用以保持室内的温度,当温度过低或过高时,自动开启或关闭暖气的阀门。失火时,消防报警灭火器中的记忆合金变形,使阀门开启、喷水救火。还可以制成超弹性眼镜架,如果眼镜架不小心被碰弯曲了,只要将其放在热水中加热就可以恢复原状。

7.4 半导体材料

7.4.1 半导体材料简介

半导体材料是具有优异特性的微电子和光电子材料,从导电的能力划分,电阻率在金属电阻率($10^{-5}\ \Omega \cdot cm$ 以下)和绝缘体电阻率($10^{10}\ \Omega \cdot cm$ 以上)之间。半导体材料的电阻率约为 $2 \times 10^5\ \Omega \cdot cm$。以硅、锗、砷和镓为代表的半导体材料目前被广泛应用于微电子和光电子领域。

当光照射半导体材料时,半导体材料的电阻立即变小,在相同电压下,半导体中的电流变大,这个现象称为光电导效应。利用光电导效应可以制作各种光敏器件和光电器件,广泛用于自动测光和光电遥控系统,为工业自动化、安全报警系统提供了灵敏的器件。

本征半导体材料通过掺入杂质,可以形成一边为 P 型半导体、另一边为 N 型半导体、中间有一个分界线这样结构的半导体,称为 PN 结,如图 7-9 所示。若在材料外部两端面上各制作一个电极,那就形成一个二极管,在光的照射下,在 PN 结两端将产生稳定的电势差,称为光生伏特效应。如果有太阳光照射,那就是太阳能发电了,这种器件称为太阳能电池。利用太阳能发电是人类梦寐以求的目标。

当半导体材料两端的温度不同时,载流子就从高温端流向低温端,结果半导体材料的

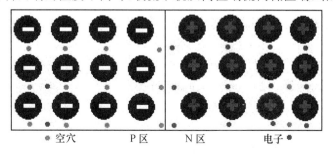

图 7-9 PN 结示意图

两端产生了电势差，称这种现象为温差电效应，在技术上做成器件，就是温差发电堆；或反之成为半导体温差制冷器。由于半导体制冷器具有体积小、可自动控制、操作方便等优点，在医疗、军事和工业领域显示了独特的优越性。许多电子元件要在低温或恒温条件下才具有优良的性能。如某些计算机需要在恒温下使用，半导体激光和航空仪表需要在低温下工作，使用半导体温差制冷器就十分方便。在医疗技术方面，装置半导体温差制冷器的冷疗器械用于白内障的摘出、皮肤冷疗和冷冻止血等。在组织切片技术上，利用半导体温差制冷器可提高切片的质量，其原因是其冷冻速度特别快。

半导体材料对压力也很敏感，对半导体材料施加压力，其电阻会立即发生变化，称为压阻效应。利用半导体压阻效应，可以将力学量转变为电信号，这就是压力传感器或加速度传感器。利用它可以测量很多物理量，广泛应用于航天航空、医学、化工等众多领域。特别是在军事上的导航、制导和兵器控制系统都十分需要这种灵敏的传感器。

7.4.2　硅材料

硅在自然界的蕴藏量十分丰富，它以石英砂和硅酸盐形式存在于广袤的地壳，含量约占地壳的 2.6%。但是石英砂和硅酸盐不具备半导体的性质，这主要是由于自然界中的硅以化合物的形式存在着，除硅以外还有其他元素和杂质存在，所以要得到我们所需要的半导体硅材料，必须经过提纯和拉制成晶体，这样的硅晶体才具有半导体的性质。当今，95%以上的半导体元器件和集成电路（IC）是用半导体硅制造的，半导体硅材料已成为半导体材料的主体。半导体硅材料分为多晶硅、单晶硅、硅外延片等。目前全世界每年消耗18 000～25 000 t 半导体多晶硅，消耗 6 000～7 000 t 单晶硅。

熔融的单质硅在凝固时，硅原子以金刚石晶格排列成许多晶核，如果这些晶核长成晶面取向相同的晶粒，则这些晶粒平行结合起来便结晶成单晶硅。单晶硅具有准金属的物理性质，有较弱的导电性，其电导率随温度的升高而增加，有显著的半导电性。目前，硅单晶材料的纯度可以达到 99.99999%，人们称这样的纯度为 7 个 9，其含义就是在 1 000 万个硅原子中只有 1 个杂质原子，具有这样纯度的半导体单晶硅材料为电子级纯材料。超纯的单晶硅是本征半导体。在超纯单晶硅中掺入微量的ⅢA族元素，如硼，可提高其导电程度，形成 P 型硅半导体；如掺入微量的ⅤA族元素，如磷或砷，也可提高导电程度，形成 N 型硅半导体。

生长单晶硅的工艺可分为区熔（FZ）和直拉（CZ）两种。图 7-10 所示为气相掺杂区熔单晶硅（FZ-Si）。区熔单晶硅可用于制作各类半导体功率器件、功率集成器件、半导体集成电路、多种探测器和特殊器件，主要应用领域为：绿色照明设施（节能灯、电子镇流器）；大、小及重型电力拖动装置（机车、战车及舰船）的高频调速；高频、中频炉的大功率振荡管的固态化；大型工业用鼓风机的驱动电动机调速；巨型水力、火力发电站的远距离、超高压交/直流输变电；用于国防尖端领域的 PIN 管、红外光学器件；汽车电子领域；高效太阳能电池领域等。

直拉单晶硅(CZ-Si)主要用于制作大规模集成电路(LSI)、晶体管、传感器及硅光电池等。图 7-11 所示为直拉单晶硅产品。

图 7-10　气相掺杂区熔单晶硅

图 7-11　直拉单晶硅

单晶硅材料则是半导体工业最重要的主体功能材料,是第一大功能电子材料,集成电路(IC)芯片及各类半导体器件的 95％以上是用硅片制造的。目前,硅片主流产品是 ϕ200 mm,逐渐向 ϕ300 mm 过渡,研制水平达到 ϕ400～500 mm。

多晶硅是单质硅的另一种形态,具有灰色金属光泽。熔融的单质硅在过冷条件下凝固时,硅原子以金刚石晶格形态排列成许多晶核,如这些晶核长成晶面取向不同的晶粒,则这些晶粒结合起来,就结晶成多晶硅。多晶硅可作拉制单晶硅的原料,多晶硅与单晶硅的主要差异表现在物理性质方面。例如:在力学性质、光学性质和热学性质的各向异性方面,远不如单晶硅明显;在电学性质方面,多晶硅晶体的导电性也远不如单晶硅显著,甚至于几乎没有导电性;在化学活性方面,两者的差异极小。多晶硅和单晶硅可从外观上加以区别,但真正的鉴别须通过分析测定晶体的晶面方向、导电类型和电阻率等。

半导体多晶硅的生产工艺主要有改良西门子法和硅烷热分解法,主要产品有棒状和粒状两种,主要是用作制备单晶硅以及太阳能电池等。未来多晶硅的发展方向是进一步降低各种杂质含量,提高多晶硅纯度并保持其均匀性,稳定提高多晶硅整体质量和扩大供给量,以缓解供需矛盾。另外,在大直径化的发展过程中,增大直径是有一定限度的。对此,未来粒状多晶硅将可能逐步扩大供需量。

多晶硅的需求主要来自于半导体和太阳能电池。图 7-12 所示是使用硅材料制造太阳能电池的流程图。多晶硅按纯度要求不同,分为电子级和太阳能级。其中,用于电子级多晶硅的占 55％左右,太阳能级多晶硅的占 45％,随着光伏产业的迅猛发展,太阳能电池对多晶硅需求量的增长速度高于半导体多晶硅需求量的增长速度,预计到 2008 年太阳能多晶硅的需求量将超过电子级多晶硅。

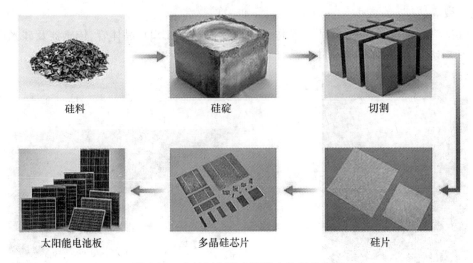

图 7-12　硅材料制造太阳能电池板的过程

7.4.3　砷化镓半导体材料

砷化镓单晶材料的研制成功,使得微电子技术又有新的进展。砷化镓具有许多优于硅的特性,单晶硅材料中电子的有效质量是自由电子质量的 1/5,而砷化镓单晶材料中电子的有效质量仅为自由电子质量的 1/15。因为砷化镓中电子的有效质量只有硅的 1/3,所以电子在砷化镓中的运动速度比在硅中快。利用砷化镓做成的晶体管,其开关速度比硅晶体管快 1～4 倍。利用砷化镓晶体管建造的计算机运算速度更快,功能更高。此外,在高频通信信号放大、光探测和半导体激光技术等方面的应用,砷化镓都具有独特的优越性。

砷化镓是一种化合物半导体。镓(Ga)是化学元素周期表中的Ⅲ族元素,而砷(As)是Ⅴ族元素,所以也称砷化镓为Ⅲ-Ⅴ族化合物半导体。此外,磷化镓(GaP)、磷化铟(InP)和锑化铟(InSb)等也是Ⅲ-Ⅴ族化合物半导体。由两族元素相间组成的Ⅲ-Ⅴ族化合物半导体,有着与单晶硅不同的结构特点,使得这些材料具有许多优良特性。例如砷化镓单晶材料中电子的迁移率,即电子在电场作用下的迁移速度比单晶硅材料中电子迁移率大 6～7 倍。因此,可以用来制造工作频率很高(10^{10} Hz)的微波器件。这种砷化镓微波器件是微波通信、军事电子技术和卫星数据传输系统的关键器件。

Ⅲ-Ⅴ族化合物的最大特点是优异的光电特性。当外部施加光线照射,或外部施加电场时,Ⅲ-Ⅴ族化合物半导体材料会产生光发射,而且光发射的效率比其他材料高。这一可贵的特性很快被科学家所利用,制成发光二极管、光探测器和半导体激光器。这些新型半导体器件在光通信、光计算机和空间技术领域有广泛的应用。所以以砷化镓为代表的

Ⅲ-Ⅴ族化合物半导体材料是当代光电子产业的关键材料。图 7-13 所示的是使用Ⅲ-Ⅴ族化合物半导体材料制作的发光二极管,可用于 LED 显示屏、交通信号灯、广告灯箱、汽车灯、背光源、灯饰、手电筒,以及舞台灯光设计等诸多领域。

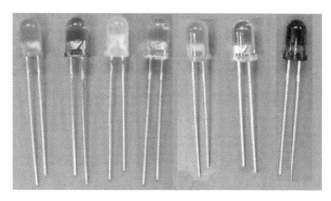

图 7-13 使用Ⅲ-Ⅴ族化合物半导体材料制作的发光二极管

砷化镓单晶材料非常适合用来制造高速度集成电路,其响应速度可以达到皮秒(10^{-12} s)级。它与硅集成电路相比,速度提高了 1 000 倍,功耗降低了一个数量级。砷化镓集成电路非常适用于国防电子对抗系统,以及高温条件下电子仪器系统的需要。目前,小规模和中规模砷化镓集成电路已达到实用化阶段,在卫星、光通信、移动通信和计算机上的应用已开始崭露头角。

7.5 新能源材料

能源是推动社会发展和经济进步的重要物质基础,每次能源技术的进步都会带来能源结构的演变和人类社会的进步。18 世纪末期蒸汽机的出现,带来了世界第一次工业革命,煤炭作为蒸汽机的原动力,成为当时的主要能源。20 世纪 40 年代,由于石油的大量开采,石油作为优质能源逐渐取代了煤炭,推动内燃机、燃气轮机的发展。当前石油以及天然气的开采与消费开始大幅度增加,并以每年 2 亿吨的速度持续增长。现在世界能源消费以石油换算约为每年 80 亿吨,按 40 亿人计算,平均消费量为每人每年 2 吨。以这种消费速度,到 2040 年,石油将首先出现枯竭;到 2060 年,核能及天然气也将终结。地球的能源已经无法提供近 116 亿人口的能源需求。而随着世界人口的不断增加,能源紧缺的时期将会提前到来。21 世纪新能源的开发与利用是关系人类子孙后代命运、刻不容缓的一件大事。

新能源材料是实现新能源的转化和利用以及发展新能源技术中所要用到的关键材料。主要包括以储氢电极合金材料为代表的镍氢电池材料、以嵌锂碳负极和 $LiCoO_2$

正极为代表的锂离子电池材料、燃料电池材料、以硅半导体材料为代表的太阳能电池材料以及以铀、氘、氚为代表的反应堆核能材料等。新能源材料的作用主要有以下四点。

（1）新材料把原来习用已久的能源变成新能源。例如从古代起，人类就使用太阳能取暖、烘干等，现在利用半导体材料才把太阳能有效地直接转变为电能。再有，过去人类利用氢气燃烧来获得高温，现在靠燃料电池中的触媒、电解质，使氢与氧反应而直接产生电能，并有望在电动汽车中得到应用。

（2）一些新材料可提高储能和能量转化效果。如储氢合金可以改善氢的存储条件，并使化学能转化为电能，金属氢化物镍电池、锂离子电池等都是靠电极材料的储能效果和能量转化功能而发展起来的新型二次电池。

（3）新材料决定着核反应堆的性能与安全性。新型反应堆需要新型的耐腐蚀、耐辐照材料。这些材料的组成与可靠性对反应堆的安全运行和环境污染起决定性作用。

（4）材料的组成、结构、制作与加工工艺决定着新能源的投资与运行成本。例如，太阳能电池所用的材料决定着光电转换效率，燃料电池及蓄电池的电极材料及电解质的质量决定着电池的性能与寿命，而这些材料的制备工艺与设备又决定着能源的成本。因此，这些因素是决定该种新能源能否得到大规模应用的关键。

7.5.1　氢能与储氢合金

氢能是目前国际上十分重视的新能源。冰岛计划用 40 年时间建成"氢社会"。美国总统布什在 2003 年 2 月发表演讲，为发展氢能源做动员，目的是将美国对石油矿物能源的依赖减少到最低程度。一旦美国的氢能开发进入商业化，就能在 2040 年以前至少使每天的石油消耗量减少 1100 万桶。据美国能源部下属新能源开发中心的调查，过去 5 年，工业化国家在氢能开发领域的投入年均递增 20.5％，而此前 5 年为 11％左右。氢作为能源有以下几大优点：

（1）氢是宇宙中最丰富的元素，覆盖地球表面 3/4 的海洋中的水就含有氢。由于每个水分子含有两个氢分子，由此计算，地球上平均每 100 个原子中就有 17 个氢原子。所以氢能是取之不尽，用之不竭的。

（2）氢在燃烧时不产生污染物，是理想的绿色能源。如果使氢在燃料电池中燃烧，则不产生任何污染，只产生水。

（3）氢是元素周期表中质量最轻的元素，与其他物质相比，氢的燃烧热值高（1.21×10^5 kJ/kg），具有最大的能量质量比，而汽油仅为 0.54×10^5 kJ/kg，甲烷为 0.55×10^5 kJ/kg，喷气飞机用燃料为 0.51×10^5 kJ/kg，煤和生物质能仅为 0.20×10^5 kJ/kg。一辆小汽车行驶 500 km，才消耗 3 kg 的氢。所以，氢在未来的能源中必将扮演一个很重要的角色。同时，氢气的分子结构最简单，在进行能量转化时，破坏和形成的化学键较其他物质要少得多,因而释放能量快,具有高的反应速率常数,可以作为复合固体推进剂的燃料使用。

氢能虽然是一种理想的能源,但要充分利用氢能,必须解决两个问题,即储运问题和安全性问题。常规的存储氢的方式有液态氢和压缩气态氢。经过压缩的氢能存储在压缩气瓶内,这与天然气驱动车辆相似。但是与使用汽油和柴油液态燃料的车辆相比,单位体积气态氢所含的能量相对较少,而所占的体积较大。当温度很低时,氢可以被压缩成液态,以液态方式储藏氢更有效、更经济,这是因为同体积的液态氢所含能量远大于气态氢所含能量,但是这种存储方法需要特殊制造的存储瓶,以保证氢始终处于低温。国外已经设计出专为轿车和公共汽车使用的小型真空绝缘存储瓶,其存储氢的体积为 100 L,由 30 层铝箔层组成,并由塑料箔分隔。最新设计的氢存储瓶容量达到了 600 L,它由 20～30 层绝缘铝箔构成。这两种氢存储瓶能够保证液态氢的蒸发速率低于 1%,从而防止液态氢蒸发变成气态氢,减少挥发损失。

高压气储运及液态氢储运方式存在着不安全、能耗高、储量小、经济性差等缺陷,与之相比,合金储氢技术将氢以原子态储存于合金中,当它们重新放出来时,经历扩散、相变、化合等过程,不易爆炸,安全程度高。作为一种安全、灵活和有效的氢能储运方法,合金储氢技术已日益受到重视。例如,日本的“日光-月光计划”和“千年计划”,美国的“先进技术发展计划”,欧洲的“尤里卡计划”和“创新计划”等都包括了合金储氢的研究内容。采用储氢合金储氢,有以下特点:① 体积储氢密度高;② 不需要高压容器和隔热容器;③ 安全性好,没有爆炸危险;④ 可得到高纯度氢,氢气的纯度可达 99.999 9%。

储氢合金包括稀土系、钛系、镁系、锆系等合金系列。稀土系合金的储氢能力在 1.4%～1.6%(质量分数)之间;钛系合金为 1.6%～2.0%(质量分数),镁系合金为 3.6%～7.6%(质量分数)。稀土系与钛系合金大都可在室温下进行吸放氢操作。镁系合金虽有很高的储氢密度,成本也较低,但存在着吸放氢温度高(280 ℃)、吸放氢速度慢的缺点。由于合金储氢比较安全,可作为潜在的轻质车和潜艇载氢源。德国和俄罗斯等的燃料电池动力潜艇都用合金储氢系统。日本丰田公司将合金储氢系统用于新型 PEMFC 电动车。

7.5.2　锂离子电池材料

锂是自然界金属中标准电位最负(−3.045 V)、相对原子质量最轻(6.941 g/mol)、比容量最高(3 860 mAh/g)的金属。锂离子电池的研究最早开始于 20 世纪 60—70 年代的石油危机时期,锂离子电池的发展很快,到 80 年代中期,逐渐形成以金属锂为负极,以含锂盐的有机溶剂为电解液,以 MoS_2、TiS_2、V_2O_5 为正极的锂二次电池体系。但由于负极锂在多次充放电后,锂表面容易形成多孔结构和锂枝晶,有可能穿破绝缘隔膜,引起锂离子二次电池内部短路,以至于发生爆炸或起火,安全性能差。

1987年，日本索尼（Sony）公司选用嵌锂焦炭作为 Li_xC_6 负极取代金属锂，得到结构为 $Li_xC_6/LiClO_4+PC+EC/Li_{1-x}MO_2$（$M=Co,Ni,Mn$）的电池体系，其成功之处在于选用价格便宜且可以可逆嵌脱锂的碳材料作负极，很好地解决了锂离子二次电池循环寿命低、安全性能差的缺陷，同时又保持了较高的电压和比能量。1990年2月，Sony公司正式向市场推出了第一个商品锂离子电池，并首次提出"锂离子电池"这一概念。该电池体系的正负极材料分别为 $LiCoO_2$ 和焦炭，电池放电初始电压为 4.1 V，放电终止电压为 2.75 V，AA型电池的比能量达 190 Wh/L（80 Wh/kg），循环寿命达1 200次，可1小时快充，月自放电不超过12%。同年，Moli，Sony两大电池公司相继宣称今后推出的民用二次电池将是以碳为负极、以 $LiNiO_2$ 和 $LiCoO_2$ 为正极的电池。自此，碳负极锂离子电池引起世界范围极大关注，锂离子电池研究进入一个崭新的时代。

近十几年来，锂离子电池迅速成为了便携式摄像机、移动电话、笔记本电脑和电动工具等便携式电子产品的首选电源。2008年北京奥运会使用了以锂离子电池作为动力的电动公交车，如图7-14所示，把北京奥运会打造成清洁无污染的模范。

图 7-14　使用锂离子电池作为动力的北京奥运会电动公交车

锂离子电池实际上是一种锂离子浓度差电池，电极由两种不同锂离子嵌入化合物组成。充电时，锂离子从正极脱嵌，通过电解质和隔膜，嵌入负极中，从而使负极处于富锂态，正极处于贫锂态。放电时，锂离子从负极脱嵌经过电解质进入正极。由于在充放电过程中锂离子在正负极之间往返嵌入和脱嵌，因此锂离子电池又被称为"摇椅电池"。表7-7列出了普通的 Ni/MH 电池、锂离子电池及 Ni/Cd 电池的性能比较，可以看出锂离子电池突出的优点是比能量高、循环寿命长、工作电压高。与 Ni/Cd 电池相比，锂离子电池无记忆效应，不需要将电放尽后再充电；锂离子电池自放电小，每月在10%以下，而 Ni/MH 电池自放电一般为30%~40%。

表 7-7　Ni/MH 电池、锂离子电池及 Ni/Cd 电池性能比较

技术参数	Ni/Cd 电池	Ni/MH 电池	锂离子电池
工作电压/V	1.2	1.2	3.7
质量比能量/(Wh/kg)	30～50	50～70	100～150
体积比能量/(Wh/kg)	150	200	270
充放电寿命/次	500	500	1 000

锂离子电池负极材料经历了由金属锂到锂合金、碳材料、氧化物再回到纳米合金的演变过程。最早使用金属锂作负极,曾投入批量生产,但由于此种电池在对讲机中突发短路,使用户烧伤,因而被迫停产并收回出售的电池。这是由于金属锂在充放电过程中形成树枝状沉积造成的。为了克服金属锂负极的安全性,曾研究了许多合金体系。虽然一些锂合金可以避免枝晶生长,但经过多次充放电,由于体积的变化致使负极粉化,造成电池性能变坏。现在实用化的电池是用碳负极材料,靠锂离子的嵌入或脱嵌而实现充放电,从而避免了上述不安全问题。性能优良的碳材料有充放电可逆性好、容量大和放电平台低等特点。近年来研究的碳材料有石墨、碳纤维和有机裂解碳等。如日本索尼公司使用的是硬碳,三洋公司使用的是天然石墨。

锂离子电池正极材料不仅作为电极材料参与电化学反应,而且可以作为锂离子源。大多数正极材料是含锂的过渡族金属化合物,目前使用较多的正极材料为 $LiCoO_2$。许多学者对此种化合物的晶体结构、化学组成、粉末粒度及粒度分布等因素对电池性能的影响进行了深入研究,在此基础上使电池性能得到改善。为了降低成本,提高电池的性能,还研究用一些金属取代金属钴。研究较多的是 $LiMn_2O_4$,目前正针对其高温下性能差的缺点进行改进。现在研究的还有双离子传递型聚合物正极材料。

7.5.3　太阳能电池

太阳每秒钟辐射到地球表面的能量约为 1.7×10^{11} MW。相当于目前全世界一年能源总消耗量的 3.5 万倍。太阳能作为一种分布广泛、取之不尽、用之不竭的无污染清洁能源,大大优于风能、水能、生物能等其他可再生能源,是人类社会可持续发展的首选能源。

地面上接收到的太阳能,受气候、昼夜、季节的影响,具有间断性和不稳定性。因此,太阳能储存十分必要,尤其对于大规模利用太阳能的设备更为必要。太阳能不能直接储存,必须转换成其他形式的能量才能储存。大容量、长时间、经济地储存太阳能,在技术上比较困难。20 世纪初建造的太阳能装置几乎都不考虑太阳能储存问题。为了充分有效地利用太阳能,开发了多种太阳能材料。按性能和用途大体上可分为光热转换材料、光电转换材料、光化学能转换材料和光能调控变色材料等。

太阳能电池是把光能直接转换为电能的一种器件,称为光伏发电,其原理是基于太阳

光的光量子与半导体材料相互作用而产生电动势。按照化学组成及产生电能的方式，太阳能电池分为无机太阳能电池、有机太阳能电池和光化学太阳能电池等。无机太阳能电池包括硅太阳能电池、化合物太阳能电池及级联电池等。硅太阳能电池包括晶体硅太阳能电池和非晶硅太阳能电池等，化合物包括Ⅱ到Ⅵ族化合物太阳能电池和Ⅲ到Ⅵ族化合物太阳能电池等。有机太阳能电池主要是指燃料敏化太阳能电池。

太阳能电池材料主要有单晶硅、多晶硅、非晶硅薄膜、铜铟硒（CIS）薄膜、碲化镉（CdTe）薄膜、砷化镓薄膜等。一般对太阳能电池材料有如下一些要求：要充分利用太阳能辐射，即半导体材料的禁带不能太宽，否则太阳能辐射利用率太低；有较高的光电转换效率；材料本身对环境不造成污染；材料便于工业化生产且材料性能稳定。硅、砷化镓等是理想的电池材料，而锑化镉由于镉是有毒元素，其应用受到一定限制。再从原料资源、生产工艺和性能稳定性等方面综合考虑，硅是最合适最理想的太阳能电池材料，目前太阳能电池主要以硅材料为主。由于薄膜电池被认为是未来大幅度降低成本的根本出路，因此，成为太阳能电池研发的重点方向和主流，在技术上得到快速发展，如多晶硅薄膜电池在 20 世纪 90 年代中后期开始成为薄膜电池的研发热点。

目前，占太阳能电池主导市场的是单晶硅电池和多晶硅电池。估计不久之后，多晶硅薄膜电池和非晶硅薄膜电池会逐步占领市场，并有可能最终取代晶硅电池的主导地位。近年来，随着材料科学的发展，不断有新材料、新工艺出现，像铜铟硒电池，因其成本低、性能稳定，具有很好的发展前景。此外，作为近年来太阳能电池发展的最新成果，纳米晶太阳化学能电池更展现了太阳能电池的一个新的发展方向。

在欧美一些先进国家，目前正在广泛开展"光电玻璃幕墙制品"的应用，这是一种将太阳能转换硅片密封在夹层玻璃（如双层钢化玻璃）中，安全地实现将太阳能转换为电能的一种新型生态建材。美国的"光伏建筑计划"、欧洲的"百万屋顶光伏计划"、日本的"朝日计划"以及我国已开展的"光明工程"将在建筑领域掀起节能环保生态建材的开发应用热潮，极大地促进了太阳能在新型建材产品中的应用。

我国目前还有约 4 000 万无电人口，大部分集中在我国西部地区。西部地区人口密度小，阳光资源充足，光伏发电是最经济、最容易建设的供电方式之一，光伏发电的潜在市场非常巨大。就目前阶段来说，太阳能光伏发电技术成为我国西部边远地区能源的一种补充。其应用也逐渐扩展到边远地区微波通信站、气象站、边远地区居民供电等领域。应用范围也由小功率供电用户逐步向较大规模的电源、小型电站发展。特别是正在兴起的光伏发电与建筑相结合的"光伏-建筑集成"及"并网发电"已成为光伏应用的重要发展方向。建筑物产生能源这一新概念，"零耗能房屋和蓄能房屋向太阳免费索取电和热"变成现实，这标志着太阳光伏发电从补充能源的地位向替代能源过渡，代表了太阳光伏发电在应用上进入了一个新的历史阶段。图 7-15 所示为使用大面积染料敏化纳米薄膜太阳能电池建成的 500 W 示范电站，它是由多块 15 cm×20 cm 的电池板组装出的 1.44 m² 的

图 7-15　利用大面积染料敏化纳米薄膜太阳能电池建成的 500 W 示范电站

电池方阵,为居民提供生活用电,光电转换效率达到 5%。

7.5.4　燃料电池

燃料电池的工作过程实际上是电解水的逆过程,其基本原理早在 1839 年由英国律师兼物理学家威廉·罗伯特·格鲁夫(William Robert Grove)提出,他是世界上第一位实现电解水逆反应并产生电流的科学家。近十几年来,随着人们对环境保护、节约能源、保护有限自然资源的意识的加强,燃料电池开始得到重视和发展。

燃料电池(FC)按照不同的分类标准,有不同的名称。如以工作温度来划分,有低温、中温、高温和超高温燃料电池。但目前最常用的方法还是以燃料电池中最重要的组成部分即电解质来划分。电解质的类型决定了燃料电池的工作温度、电极上所采用的催化剂以及发生反应的化学物质。按电解质划分,燃料电池大致可分为五类:碱性燃料电池(AFC)、磷酸型燃料电池(PAFC)、固体氧化物燃料电池(SOFC)、熔融碳酸盐燃料电池(MCFC)和质子交换膜燃料电池(PEMFC)。

燃料电池最早使用在宇宙飞船领域,飞行员把燃料电池所排放出的水作为饮料水使用。此外,燃料电池也使用在潜水艇及船舶上,但由于成本高,仅限于一些特殊用途。近年来,随着环境和能源问题的深刻化,世界各国政府、大学、企业等都在对它进行加速开发。被称为第一代燃料电池的 PAFC 已商品化,但其因价格等问题,现仅使用在特定条件下。第二代、第三代燃料电池 MCFC 和 SOFC 的开发也在加速进行。如果以发电为目的,低价的石油、天然气等当然是最好的燃料。如果要把这些燃料所具有的化学能以最高的效率转换为电能,就需要燃料电池的高温操作,这样 MCFC 和 SOFC 受到格外重视。如果以使用在汽车上为目的,PEMFC 是有利的候选者,其基本结构如图 7-16 所示。质子交换膜燃料电池以质子交换膜为电解质，其特点是工作温度低（70～800 ℃），启动速度快，特别适于用作动力电池。电池内化学反应温度一般不超过80°，故称为"冷燃烧"。

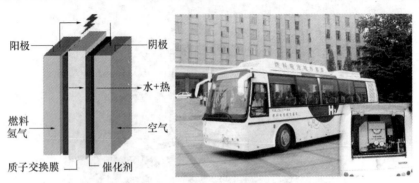

图 7-16　质子交换膜型燃料电池示意图及其应用

质子交换膜燃料电池一是用作便携电源、小型移动电源、车载电源、备用电源、不间断电源等，PEMFC电源的功率最小的只有几瓦，如手机电池。据报道，PEMFC手机电池的连续待机时间可达1 000小时，一次填充燃料的通话时间可达100小时（摩托罗拉）。

二是可用作助动车、摩托车、汽车、火车、船舶等交通工具动力，以满足环保对车辆船舶排放的要求。PEMFC的工作温度低，启动速度较快，功率密度较高（体积较小），很适于用作新一代交通工具动力。从目前发展情况看，PEMFC是技术最成熟的电动车动力源，PEMFC电动车被业内公认为是电动车的未来发展方向。燃料电池将会成为继蒸汽机和内燃机之后的第三代动力系统。PEMFC可以实现零排放或低排放；其输出功率密度比目前的汽油发动机输出功率密度高得多，可达1.4 kW/kg或1.6 kW/L。PEMFC用作潜艇动力源时，与斯特林发动机及闭式循环柴油机相比，具有效率高、噪声低和低红外辐射等优点，对提高潜艇隐蔽性、灵活性和作战能力有重要意义。美国、加拿大、德国、澳大利亚等国海军都已经装备了以PEMFC为动力的潜艇，这种潜艇可在水下连续潜行一个月之久。

三是可用作分散型电站。PEMFC电站可以与电网供电系统共用，主要用于调峰；也可作为分散型主供电源，独立供电，适于用作海岛、山区、边远地区或新开发地区的电站。与集中供电方式相比，分散供电方式有较多的优点：

（1）可省去电网线路及配电调度控制系统；

（2）有利于热电联供（由于PEMFC电站无噪声，可以就近安装，PEMFC发电所产生的热可以进入供热系统），可使燃料总利用率高达80%以上；

（3）通过天然气、煤气重整制氢，使得可利用现有天然气、煤气供气系统等基础设施为PEMFC提供燃料，通过生物制氢、太阳能电解制氢方法则可形成循环利用系统（这种循环系统特别适用于广大的农村地区和边远地区），使系统建设成本和运行成本大大降低。

因此,PEMFC 电站的经济性和环保性均很好。国际上普遍认为,随着燃料电池的推广应用,发展分散型电站将是一个趋势。

7.6　磁　性　材　料

磁性材料是应用广泛、品类繁多的一类功能材料。人们对物质磁性的认识源远流长,古时的磁石为天然的磁铁矿,其主要成分为 Fe_3O_4,古代取名为"慈石",所谓"慈石吸铁,母子相恋"十分形象地表征磁性物体间的相互作用。磁性材料的进展大致上分几个历史阶段。

(1) 人类进入铁器时代　意味着金属磁性材料的开端,直到 18 世纪金属镍、钴相继被提炼成功,这一漫长的历史时期是 3d 过渡族金属磁性材料生产与原始应用的阶段。

(2) 20 世纪初期(1900 年—1932 年)　FeSi、FeNi、FeCoNi 磁性合金人工制备成功,并广泛地应用于电力工业、电机工业等行业,成为 3d 过渡族金属磁性材料的鼎盛时期,从此以后,电与磁开始了不解之缘。

(3) 20 世纪中后期　从 50 年代开始,3d 过渡族的磁性氧化物(铁氧体)逐步进入生产旺盛期,由于铁氧体具有高电阻率,高频损耗低,从而为当时兴起的无线电、雷达等工业的发展提供了所必需的磁性材料,标志着磁性材料进入到铁氧体的历史阶段。1967 年,SmCo 合金问世,这是磁性材料进入稀土-3d 过渡族化合物领域的历史性开端。1983 年,高磁能积的钕铁硼(NdFeB)稀土永磁材料研制成功,现已誉为当代永磁王。$TbFe_2$ 巨磁致伸缩材料与稀土磁光材料的问世更丰富了稀土-3d 过渡族化合物磁性材料的内涵。1972 年的非晶磁性材料与 1988 年的纳米微晶材料的呈现,更添磁性材料新风采。1988年,磁电阻效应的发现揭开了自旋电子学的序幕。

(4) 从 20 世纪后期延续至今　磁性材料进入了前所未有的兴旺发达时期,并融入到信息行业,成为信息时代重要的基础性材料之一。

7.6.1　永磁材料

永磁材料又称硬磁材料,这类材料经过外加磁场磁化再去掉外磁场以后能长时期保留较高的剩余磁性,并能经受不太强的外加磁场和其他环境因素的干扰。这类材料能长期保留其剩磁,故称永磁材料;又因具有较高的矫顽力(使磁性材料失去磁性所加的反向外磁场力称为矫顽力),能经受外加不太强的磁场的干扰,故又称硬磁材料。

永磁材料是发现和使用都最早的一类磁性材料。我国最早发明的指南器(古称司南)便是利用天然永磁材料磁铁矿制成的。现在的永磁材料不但种类很多,而且用途也十分广泛。常用的永磁材料主要具有四种磁特性。

（1）高的最大磁能积。最大磁能积 $(BH)_m$ 是永磁材料单位体积存储和可利用的最大磁能量密度的量度。

（2）高的矫顽力。矫顽力 H_c 是永磁材料抵抗磁的和非磁的干扰而保持其永磁性的量度。

（3）高的剩余磁通密度 B_r 和高的剩余磁化强度 M_r。它们是具有空气隙的永磁材料的气隙中磁场强度的量度。

（4）高的稳定性，即对外加干扰磁场和温度、振动等环境因素变化的高稳定性。

磁化曲线和磁滞回线是磁性材料的重要特征，它们之间的关系如图 7-17 所示。

当前常用的永磁材料主要有以下三种。

（1）金属永磁材料。这是一类发展和应用都较早的以铁和铁族元素（如镍、钴等）为主要组元的合金型永磁材料，主要有铝镍钴（Al-Ni-Co）系和铁铬钴（Fe-Cr-Co）系两大类永磁合金。铝镍钴系合金永磁性能和成本属于中等，发展较早，性能随化学成分和制造工艺而变化的范围较

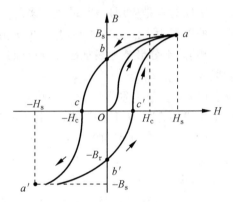

图 7-17　磁性材料的磁化曲线和磁滞回线

宽，故应用范围也较广。铁铬钴系永磁合金的特点是永磁性能中等，但其力学性能可进行各种机械加工及冷或热的塑性变形，可以制成管状、片状或线状永磁材料而供多种特殊应用。

（2）铁氧体永磁材料。这是以 Fe_2O_3 为主要组元的复合氧化物强磁材料（狭义）和磁有序材料如反铁磁材料（广义）。其特点是电阻率高，特别有利于在高频和微波中应用，如钡铁氧体（$BaFe_{12}O_{19}$）和锶铁氧体（$SrFe_{12}O_{19}$）等都有很多应用。永磁铁氧体自 20 世纪 50 年代进入规模生产以来，基本上取代了金属永磁材料，与铝镍钴系金属永磁材料相比较，可谓价廉物美，风靡环球，至 20 世纪末雄踞顶峰。其主要缺点是温度稳定性不如铝镍钴系，由于其具有亚铁磁性，饱和磁化强度不高，因此在磁性能上远低于新兴的稀土永磁材料。21 世纪以来，其产值已低于稀土永磁材料，但因其价格低廉，产量依然居首位。

（3）稀土永磁材料。这是当前已知的综合性能最高的一种永磁材料，是以稀土元素和铁族元素为主要成分的金属间化合物。稀土永磁材料的发展经历了三个历史阶段：1967 年的 $SmCo_5$，1975 年的 Sm_2Co_{17} 以及 1983 年的 $Nd_2Fe_{14}B$。NdFeB 系永磁体被称为"永磁王"，是目前磁性最高的永磁材料。图 7-18 所示是钕铁硼系稀土永磁材料制造的各类零部件。

稀土永磁材料比 19 世纪使用的磁钢的磁性能高 100 多倍，比铁氧体、铝镍钴合金性能优越得多，比昂贵的铂钴合金的磁性能还高 1 倍。由于稀土永磁材料的使用，不仅促进

了永磁器件向小型化发展,提高了产品的性能,而且促使了某些特殊器件的产生,所以稀土永磁材料一出现,立即引起各国的极大重视,发展极为迅速。现在稀土永磁材料已成为电子技术通信中的重要材料,用在人造卫星、雷达等方面的行波管和环行器中,以及微型电动机、微型录音机、航空仪器、电子手表、地震仪和其他一些电子仪器上。目前稀土永磁应用已渗透到汽车、家用电器、电子仪表、核磁共振成像仪、音响设备、微特电机、移动电话等方面。在医疗方面,运用稀土永磁材料进行"磁穴疗法",使得疗效大为提高,从而促进了"磁穴疗法"的迅速推广。

图 7-18   用钕铁硼系稀土永磁材料制造的各类零部件

稀土永磁体的出现,意味着将引起电动机领域革命性的变化。稀土永磁电动机没有激磁线圈与铁芯,磁体体积较原来磁场极所占空间小,没有损耗,不发热,因此同样输出功率整机的体积、质量可减小 30% 以上,或者同样体积、质量的整机输出功率增加 50% 以上。永磁电动机,尤其是微型电动机,每年世界产量约几亿台之多,主要用在汽车、办公自动化设备和家用电器中,所使用的多为高性能的铁氧体和稀土永磁材料,如用钕铁硼系稀土永磁材料制造汽车启动电动机。

核磁共振成像仪可对人体内部组织拍摄各种不同角度的相片,因此能构成立体图像,确定病变的性质与形态,对确定初期肿瘤病变很有帮助。过去是用超导磁体,缺点是造价高、运转费用高。一台核磁共振仪如果用永磁铁氧体来做,需永磁铁氧体 100 t,而如果改用钕铁硼磁体来做,每台只需 0.5 t。

7.6.2   软磁材料

软磁材料只要加很小的充磁磁场即可使之达到饱和磁化,当撤除外磁场时,很快失去磁性或只要加很小的反向磁场(矫顽力)就可以使之失去磁性。软磁材料在工业中的应用始于 19 世纪末。随着电力工业及通信技术的兴起,开始使用低碳钢制造电动机和变压器,在电话线路中的电感线圈的磁芯中使用了细小的铁粉、氧化铁、细铁丝等。到 20 世纪初,研制出了硅钢片代替低碳钢,提高了变压器的效率,降低了损耗。直至现在硅钢片在电力工业用软磁材料中仍居首位。到 20 世纪 20 年代,无线电技术的兴起,促进了高导磁材料的发展,出现了坡莫合金及坡莫合金磁粉芯等。40 年代到 60 年代,是科学技术飞速发展的时期,雷达、电视广播、集成电路的发明等,对软磁材料的要求也更高,软磁合金薄带及软磁铁氧体材料应运而生。进入 70 年代,随着通信、自动控制、计算机等行业的发展,研制出了磁头用软磁合金,除了传统的晶态软磁合金外,又兴起了另一类材料——非晶态软磁合金。

(1) 铁硅(Fe-Si)系软磁材料 常称硅钢片,是指含硅量在3％左右、其他主要是铁的硅铁合金。硅钢片大量用于中低频变压器和电动机铁芯,尤其是工频变压器。硅钢的特点是具有常用软磁材料中最高的饱和磁感应强度(2.0 T以上),因此作为变压器铁芯使用时可以在很高的工作点工作(如工作磁感应强度为1.5 T)。但是,硅钢在常用的软磁材料中的铁损也是很大的,为了防止铁芯因损耗太大而发热,它的使用频率不高,一般只能工作在20 kHz以下。硅钢通常是薄片状的,这是为了在制造变压器铁芯时减小铁芯的涡流损失。目前硅钢片主要分热轧和冷轧两大类。

(2) 坡莫合金 即铁镍合金,其含镍量的范围很广,在35％～90％之间。坡莫合金的最大特点是具有很高的弱磁场导磁率,饱和磁感应强度一般在0.6～1.0 T之间。最简单的坡莫合金是铁镍两种元素组成的合金,通过适当的轧制和热处理,它们能够具备高导磁率,同时也可以合理搭配铁和镍的含量,获得比较高的饱和磁感应强度。但是,坡莫合金的电阻率低,力学性能不好,所以实际应用并不很多。目前大量应用的坡莫合金是在铁镍的基础上添加一些其他元素,例如钼、铜等。添加这些元素的目的是增加材料的电阻率,以减小做成铁芯后的涡流损失。同时,添加元素也可以提高材料的硬度,这尤其有利于作为磁头等有磨损场合的应用。具有面心立方晶体结构的坡莫合金具有很好的塑性,可以加工成1 μm的超薄带及各种使用形态。

(3) 软磁铁氧体材料 铁氧体是一系列含有氧化铁的复合氧化物材料(或者称为陶瓷材料)。软磁铁氧体的特点是饱和磁感应强度很低(0.5 T以下),但导磁率比较高,而且电阻率很高(这是因为铁氧体是由很小的颗粒压制成的,颗粒之间的接触不好,所以导电性不佳),因此非常有利于降低涡流损耗。正因为如此,铁氧体能够在很高的频率下(可以达到几兆赫兹甚至更高)使用,而它的饱和磁感应强度低,因此不适合在低频下使用。铁氧体最广泛的用途是制作高频变压器铁芯和各种电感铁芯。

(4) 非晶软磁材料和纳米晶软磁材料 非晶态金属与合金的制备技术完全不同于传统的方法,是采用了冷却速度大约为10^6℃/s的超急冷凝固技术,从钢液到薄带成品一次成形,比一般冷轧金属薄带制造工艺减少了许多中间工序,这种新工艺被称为对传统冶金工艺的一项革命。由于超急冷凝固,合金凝固时原子来不及有序排列结晶,得到的固态合金是长程无序结构,没有晶态合金的晶粒、晶界存在,称为非晶合金。这种非晶合金具有许多独特的性能,如优异的磁性、耐蚀性、耐磨性,高的强度、硬度和韧度,高的电阻率和机电耦合性能等。由于它的性能优异、工艺简单,成为国内外材料科学界的研究开发重点。目前美国、日本、德国已具有完善的生产规模,并且大量的非晶合金产品逐渐取代硅钢和坡莫合金及铁氧体产品。

(5) 其他软磁材料 选择适当的化学成分和适当的制造工艺,可以得到具有特定软磁性能的软磁材料。例如:具有高能和磁化强度的铁钴(Fe-Co)系软磁合金,具有较高电阻率的铁铝(Fe-Al)系软磁合金,具有磁晶各向异性和磁致伸缩都趋近于零的铁硅铝(Fe-Si-Al)合金等。

7.6.3 信息磁性材料

在信息技术中获得应用的磁性材料统称信息磁性材料。目前在电子计算机、微波通信和光通信等高新技术研究和应用的信息磁性材料有磁记录材料、磁存储材料、磁微波材料和磁光效应材料等。

磁记录材料是磁记录技术所用的磁性材料,包括磁记录介质材料和磁记录头材料(简称磁头材料)。在磁记录(称为写入)过程中,首先将声音、图像、数字等信息转变为电信号,再通过记录磁头转变为磁信号,记录磁头便将磁信号保存(记录)在磁记录介质材料中。在需要取出记录在磁记录介质材料中的信息时,只要经过同磁记录(写入)过程相反的过程(称为读出过程),即将磁记录介质材料中的磁信号通过读出磁头,将磁信号转变为电信号,再将电信号转变为声音(类似电话)、图像(类似电视)或数字(类似计算机)。目前应用的磁记录介质材料主要有:铁氧体磁记录材料,如 γ 型三氧化二铁(γ-Fe_2O_3)等;金属磁膜磁记录材料,如铁钴(Fe-Co)合金膜等;钡铁氧体($BaFe_{12}O_{19}$)等垂直磁记录材料。

磁存储材料是电子计算机存储器所用的磁性材料。较早用的是矩磁材料,利用其两个剩磁态 $+B_r$ 和 $-B_r$ 表示计算机中的"1"和"0"状态,再利用两个电流重合便可以"写入"(W_x,W_y)和"读出"(R_x,R_y)二进位制的"1"和"0"。目前应用的矩磁材料有:铁氧体磁芯材料,如锰镁铁氧体$(Mn,Mg)Fe_2O_4$ 系统等;金属磁膜材料,如铁镍(Fe-Ni)系金属磁膜等。

巨磁电阻材料是正在研究和试验的一类新型磁存储器材料。磁电阻效应是指某些铁磁性材料在受到外加磁场作用时引起电阻变化的现象,不论磁场与电流方向平行还是垂直,都将产生磁电阻效应。用巨磁电阻材料制造的随机存储器断电后数据依然保存,不会消失。巨磁电阻材料能使硬盘的存储能力得到大幅度的提高。1994 年,IBM 公司研制成功了巨磁电阻效应的读出磁头,将磁盘记录密度提高了 17 倍。1995 年,IBM 公司宣布制成 3 GB/in² 硬盘面密度所用的读出磁头,1997 年第一个商业化生产的数据读取磁头由 IBM 公司投放市场,硬盘的容量从 4 GB 提升到了 600 GB 或更高。正是依靠巨磁电阻材料,才使得存储密度在最近几年内每年的增长速度达到 3~4 倍。到目前为止,巨磁电阻技术已经成为全世界几乎所有电脑、数码相机、MP3 播放器的标准技术,图 7-19 是采用巨磁电阻材料制造的小巧的硬盘。瑞典皇家科学院将 2007 年诺贝尔物理学奖授予法国科学家阿尔贝·费尔和德国科学家彼得·格林贝格尔,以表彰他们发现了巨磁电阻效应。瑞典皇家科学院说:"今年的物理学奖授予用于读取硬盘数据的技术,得益于这项技术,硬盘在近年来变得越来越小。"

图 7-19　采用巨磁电阻材料制造的硬盘

　　磁微波材料是微波电子学技术中常用的材料，主要是微波铁氧体材料。从它在第二次世界大战中被发现开始就具有极强的应用性，是对雷达技术的一次革命。磁微波材料大量地用于微波技术领域则是 1952 年以后的事，至今已有 60 多年的发展历程，其技术已相当成熟，产品形成了几大系列并广泛用于各类器件，在雷达、通信等领域里起着重要作用。一部先进雷达的天线馈线和收发各大微波系统的关键部位上均有微波铁氧体器件承担着不同的功能与作用。在天线馈线系统中，利用铁氧体的旋磁性和磁（电）控制性，可有效地控制天线微波信号的相位、幅度和极化状态；控制相位能有效地操纵天线波瓣的快速扫描以获取有用的方位信息；改变其幅度大小能控制信号的正、反方向和衰减特性；控制雷达波的极化状态便能有效地探测目标姿态及其他物理特性。在收发系统里不少地方装有由微波铁氧体制成的隔离器、环行器、开关等器件，起着系统匹配、级间隔离、保护发射机等作用。

　　磁光材料是指在紫外到红外波段具有磁光效应的光信息功能材料。光通向磁场或磁矩作用下的物质时，其传输特性发生变化，称为磁光效应。当前应用的磁光材料有三大类：金属磁光材料，如锰铋（Mn-Bi）系合金等；铁氧体磁光材料，如石榴石型铋钆铁镓氧（Bi-Gd-Fe-Ga-O）系铁氧体等；非晶磁光材料，如钆钴（Gd-Co）系非晶合金等。虽然 1845 年法拉第就发现了磁光效应，但在其后一百多年中，并未获得应用。直到 20 世纪 60 年代初，由于激光和光电子技术的开发，才使得磁光效应的研究向应用领域发展，出现了新型的光信号功能器件——磁光器件，如调制器、隔离器、环行器、开关、偏转器、光信息处理机、显示器、存储器、激光陀螺偏频磁镜、磁强计、磁光传感器、印刷机等。

　　磁光记录是近十几年迅速发展起来的高新技术，兼有磁盘和光盘两者的优点。磁光盘是以稀土元素（RE）铽、镝、钆等与过渡族金属（TM）铁、钴的非晶合金薄膜为记录介质。这种磁光记录薄膜是用 Tb-FeCo 等 RE-TM 合金靶材通过真空溅射沉积而成的，RE-TM

合金靶材是制造磁光盘的关键材料。磁光盘记录密度是硬磁盘的 50 倍,是普通微机软磁盘的 800～1000 倍以上,由于其写、读皆通过材料的磁光效应,与盘无机械接触,故寿命长,反复擦、写可达上百万次(寿命大于 10 年以上,而一般光盘约为 2 年)。

7.7　其他新型材料

7.7.1　超导材料

1911 年,荷兰科学家翁涅斯(H. K. Onnes)发现超导体。1986 年,缪勒(K. A. Muler)和贝德诺茨(J. G. Bednorz)研制成功超导转变温度为 35 K 的氧化物超导体——这是一个划时代的事件,为此他们获得了 1987 年诺贝尔物理学奖。

有些材料当温度下降至某一临界温度时,其电阻完全消失,这种现象称为超导电性,具有这种现象的材料称为超导材料。超导体的另外一个特征是:当电阻消失时,磁感应线将不能通过超导体,这种现象称为抗磁性。超导电性和抗磁性是超导体的两个重要特性。

使超导体电阻为零的温度称为临界温度(T_C)。超导材料研究的难题是突破"温度障碍",即寻找高温超导材料。1973 年美国西屋实验室格瓦勒(T. R. Gavaler)利用溅射制备测得 Nb_3Ge 薄膜中的临界温度高达 23.2 K,这个结果是在超导电性发现 62 年后取得的最好结果。1986 年 4 月研制成功钡镧铜体系金属氧化物,实验观测到超导转变温度为 35 K。1986 年,美国休斯敦大学朱经武报道超导体转变温度高达 52 K。1987 年 3 月,德国报道超导体转变温度高达 125 K。此后,世界各国的实验室有关超导体研究的新进展纷至沓来,在世界范围内形成了"超导热"浪潮。在如此短的时间内取得如此大的进展,在科学史上是极为罕见的。从此,超导体以一种全新的面目出现在人们的生活之中。

现在,以 NbTi、Nb_3Sn 为代表的实用超导材料已实现了商品化,在核磁共振人体成像(NMRI)、超导磁体及大型加速器磁体等多个领域获得了应用。量子扰动超导探测器(SQUID)作为超导体弱电应用的典范已在微弱电磁信号测量方面起到了重要作用,其灵敏度是其他任何非超导的装置无法达到的。但是,由于常规低温超导的临界温度太低,必须在昂贵的液氦(4.2 K)系统中使用,因而严重地限制了低温超导应用的发展。高温氧化物超导体的出现,突破了温度壁垒,把超导应用温度从液氦(4.2 K)提高到液氮(77 K)温区。同液氦相比,液氮是一种非常经济的冷媒,并且具有较高的热容量,给工程应用带来了极大的方便。另外,高温超导体都具有相当高的磁性能,能够用来产生 20 T以上的强磁场。

超导材料最诱人的应用是发电、输电和储能。利用超导材料制作超导发电机的线圈磁体制成的超导发电机,可以将发电机的磁场强度提高到 50 000～60 000 Gs,而且几乎没有能量损失,与常规发电机相比,超导发电机的单机容量提高 5～10 倍,发电效率提高

50％；超导输电线和超导变压器可以把电力几乎无损耗地输送给用户，据统计，目前的铜或铝导线输电，约有 15％的电能损耗在输电线上，在中国每年的电力损失达 1 000 多亿度，若改为超导输电，节省的电能相当于新建数十个大型发电厂；超导磁悬浮列车的工作原理是利用超导材料的抗磁性，将超导材料置于永久磁体（或磁场）的上方，由于超导的抗磁性，磁体的磁力线不能穿过超导体，磁体（或磁场）和超导体之间会产生排斥力，使超导体悬浮在上方。利用这种磁悬浮效应可以制作高速超导磁悬浮列车，如已运行上海浦东国际机场的高速列车（见图 7-20）。高速计算机要求在集成电路芯片上的元件和连接线密集排列，但密集排列的电路在工作时会产生大量的热量，若利用电阻接近于零的超导材料制作连接线或超微发热的超导器件，则不存在散热问题，可使计算机的速度大大提高。

图 7-20　上海磁悬浮列车

7.7.2　生物材料

　　生物材料也称为生物工程材料或生物医学材料，是生物体器官缺损、病变或衰竭的替代材料，也就是人类器官再造材料。生物材料要具有生物相容性，与人体组织的相存性好，体内组织液不会受其影响发生变化；排异反应要尽可能小，与血液接触应有抗血栓形成能力；有良好的耐老化性能，使用寿命要长；药物缓释材料应能被人体吸收或及时排出。总之，对生物材料的要求是严格慎重的。目前生物植入材科有金属及合金、生物陶瓷、生物高分子和复合材料。

　　生物活性陶瓷（45％SiO_2，24.5％Na_2O，24.5％CaO，6％P_2O_5）已实现与骨相结合，而且与软组织相结合，成为一种活性陶瓷。用可与软组织相结合的活性陶瓷修补中耳，已获得临床成功，可以使聋耳恢复听觉。为了得到能满足高强度、耐弯曲要求的材料，如作为人工牙齿和承受重荷的人工脊椎骨，研究人员已开发一类结晶化玻璃，称为玻璃陶瓷，强度高于人骨，而且还可切削加工成各种形状。

　　与人骨的钙/磷相一致的羟基磷灰石合成成功，有优良的生物相容性，而且在生物体内协调化学相互作用会促使骨骼新生,在与人体周围组织的结合上表现出具有主动能力的生物性。

热解碳是一种很好的生物复合材料,它比铝还轻,而且有高强度。把它涂在金属或高分子材料表面,有良好的生物相容性,与组织结合牢固,可以作为人工骨骼和人工牙齿。热解碳还具有抗血栓性,生物体不吸收,与血液和蛋白质的适应性好,可以用作人工心脏瓣。用碳纤维涂上热解碳,可以作为韧带的替代材料。利用具有生物活性的羟基磷灰石作为涂层材料,喷涂在钛合金或氧化铝陶瓷表面,既可发挥基体材料的强度,又可发挥涂层材料的生物活性。

制造人工器官的材料主要有聚氨酯、聚四氟乙烯、聚碳酸酯、聚甲醛、聚乙烯、聚丙烯、聚氯乙烯、硅橡胶、碳纤维等几十种。这些材料可以制造出人工心脏、人工肝脏、人工肾、人工喉、人工眼球、人工骨、人工皮、人造血浆和血液等。

把药物包裹在膜里是控制释放的最简单方法。关键是制备无害而易分解的高分子材料作为胶囊。已经开发的聚氨酯就是一种能够满足这个要求的材料,可用来制成抗癌缓释药的胶囊。后来又进一步使胶囊微型化,希望埋在癌变肿瘤内部大幅度提高药效。长效避孕药缓释胶囊的胶膜是用硅橡胶和左旋甲基炔诺酮制成的。把6个各含有36 mg避孕药的胶囊埋入上肢适当部位,药效可长达5～6年,取出后2～3个月内可以恢复生育能力,相当方便。

7.7.3 新型高分子材料

高分子材料是指分子量在 $10^3 \sim 10^6$ 之间的高分子化合物。高分子材料分为有机高分子材料和无机高分子材料(如聚硫化氮等)。20世纪,高分子材料得到高度发展,这种新型材料的种类数目庞大,据估计已超过400万种,而世界上由100多种元素构成的无机化合物则仅5万种左右。更重要的是,高分子材料已由高强度、耐腐蚀的结构性能发展到具有导电、热电、压电、光致变色、光架桥、物质透过和吸附性、催化能力等功能聚合物材料,是21世纪材料高技术领域的重点发展对象。

1. 导电高分子材料

高分子材料属于共价键结合的高分子链结构,电子被紧紧束缚,因而属于绝缘材料。由于近年来高技术发展的需要,人们采用多种技术使高分子材料具备导电性,综合起来有三类:掺入表面活性剂,导电材料(碳、金属粉)复合以及结构型导电高分子材料。

表面活性剂是带有一个或多个极性取代基的碳氢化物分子的物质,吸附在高分子材料上,改变其电性能。表面活性剂可以用来提高高分子材料的抗静电能力。聚合物静电常引起生产障碍、爆炸和火灾、电击及静电感应灾害。在集成电路、半导体元件生产的电子工业中,由于包装塑料薄膜带电可造成元件破坏;在飞机内,人在地毯上行走引起的静电对机内电信系统造成干扰甚至会引起可燃气体爆炸;在计算机房内,由于操作者、磁卡或其他用品带电，会使计算机停机或误动作。20 世纪国际上投入航运的 300 艘大型油船中，就有 18 艘因静电爆炸而造成破坏。表面活性剂使聚合物表面电导率提高，是一种有效的抗静电剂。

复合型导电高分子材料是以聚合物（如聚乙烯、聚氯乙烯、环氧树脂、ABS 树脂等）为基材，掺入导电超微细金属粉（如 Ag、Cu 等）、金属氧化物、炭黑等制成的复合型导电高分子材料。复合型导电高分子材料的电阻率在 $10^4 \sim 10^6$ $\Omega \cdot m$ 的聚合物材料，可用作发热体、CV 电缆的半导电层、电子计算机接点及导电薄膜等。而电阻率更低为 $10^{-1} \sim 10^4$ $\Omega \cdot m$ 的材料可用作电磁波屏蔽、接线柱垫圈及电子计算机导电塑料接点等，在激光束光电印刷机中，制成导电薄膜，可使光敏层中产生的电荷迅速传递，提高成像的清晰度。复合型导电高分子材料最大的优点在于成品电阻率易于在 $10^{-1} \sim 10^6$ $\Omega \cdot m$ 范围选择，产品适应范围广。但由于填充剂加入量较大，复合材料的力学性能会受到一定程度的削弱。

有机化合物导电性与金属不同，某些类型材料仅在待定的结晶轴方向上电导率很高，还有些在特定的结晶面内有很高的电导率，因而有机合成金属从导电性上讲，属于低维材料，完全不同于普通金属的三维导电性，这类材料就是结构型导电高分子材料。结构型导电高分子材料可用于制作轻质高性能蓄电池材料、太阳能电池材料、电解电极材料、微波吸收材料、防静电屏蔽材料等。

2. 液晶材料

液晶是在 1888 年首先由奥地利植物学家 F. 莱内泽（F. Reinitser）在加热胆甾醇苯甲酸酯时发现的。当加热这种结晶化合物时，发现它在 146.6 ℃ 熔化后，变成一种乳白色混浊的液体，直到温度达到 180.6 ℃，这种乳白色液体才变得透明。而后德国物理学家 O. 雷曼（O. Lehmann）在 F. 莱内泽发现的基础上，利用偏光显微镜对乳白色浑浊液体进行研究，发现这种乳白色混浊液具有晶体才有的双折射现象，即不同方向其折射率不同。O. 雷曼称物质的这种状态为流动的晶体（态），于是"液晶"的名字就成为流动晶体的简称。

液晶突破性的进展是在 20 世纪 60 年代开始的。1961 年，美国无线电公司（RCA）的海尔梅尔（Heilmeier）发现多种液晶具有电光效应。他们很快研制出液晶钟表、数字和字符显示器等产品。这项技术被 RCA 公司定为重大机密，一直到 1968 年才向世人公布。日本得知液晶技术应用信息后，敏锐地看到其发展的巨大潜力，很快将液晶与大规模集成电路相结合，研制产品，打开市场，在 70 年代形成了液晶显示技术的强大产业。RCA 公司由于未能看到液晶广阔的应用前景，决策失误，失去了一次极好的发展机遇。

液晶按形成条件可分为热致液晶、溶致液晶和压致液晶。液晶根据其分子排列形式和有序性不同，可分为向列型、近晶型、胆甾型和碟型液晶等四种。按物质来源可分为天然聚合物液晶和合成聚合物液晶。天然聚合物液晶主要有纤维素衍生物、多肽及蛋白质等。

电光效应是液晶最有用的性质之一,所谓电光效应是指在电场作用下,液晶分子的排列方式发生改变,从而使液晶光学性质发生变化的效应。由于液晶分子对电场的作用非常敏感,外电场的微小变化,就会引起液晶分子排列方式的改变,从而引起液晶光学性质的改变,因此,在外电场作用下,从液晶反射出的光线,在强度、颜色和色调上都有所不同,这就是液晶的电光效应。此效应最重要的应用是在各种各样的显示装置上,如手表、计算器、微型电视、仪表、显示器等,如图 7-21 所示。

图 7-21　液晶显示器

温度效应是液晶另一个独特的性质。当胆甾型液晶的螺距与入射光的波长一致时,就产生强烈的选择性反射。入射白光照射时,因其螺距对温度十分敏感,使它的颜色在几摄氏温度范围内发生剧烈改变,这就是液晶的温度效应。这个效应在金属材料的无损探伤、红外像转换、微电子学中热点的探测及在医学上诊断疾病、探查肿瘤等方面有重要的应用。目前,温度效应已被大量应用,甚至在我们日常生活中也得到应用。如变色水杯的图案就是用一种含有热致变色液晶的涂料印制的。在室温下杯子具有一种图案,当杯里加入 80～90 到℃的热水时,由于液晶的热致变色效应,原来的图案消失了,新的图案会显现出来。而当温度降低时,它又会恢复到原来的图案。

3. 光功能高分子材料

光功能高分子材料品种很多,按用途可以分类为光导材料(如光纤、塑料透镜等)、光记录材料(如光盘、烧孔材料等)、光加工材料(如感光树脂)和光导电材料等。随着现代高新技术的发展,这些材料在光通信、光存储与显示、激光技术以及超大型集成电路中起着越来越重要的作用。

感光高分子材料是指在光或射线下,能迅速发生化学变化或物理变化的一类功能高分子材料。通常把印刷制版用感光高分子材料称为感光树脂,而集成电路精细加工用材料称为光刻胶。在制作半导体晶体管和集成电路方面,在基片的局部进行杂质扩散、局部氧化以及形成微细图形的电极等都是利用光刻技术进行的。例如，在硅基片上局部扩散杂质时，首先在高温下对硅片氧化，形成 SiO_2 膜，由于利用波长 $200\sim300$ mm 的远紫外线进行光刻时，分辨率高，因而可选用相应的光致抗蚀剂膜（如聚甲基异丙基烯酮）涂敷；然后在覆上掩模图形并曝光后，使用溶剂将光反应断链后的树脂去除并显影；再将基片浸入 HF 腐蚀液中，将没有抗蚀剂膜的局部 SiO_2 蚀去；最后进行杂质扩散，可得到所需图形的集成电路图形。

光盘是大容量信息记录储存装置，用来记录文字数据，也可记录声音和图像。光盘结构的两大要素是聚合物基盘和厚几十纳米的非晶态金属记录膜。光盘的信息储存密度大，是磁带的 4 000 倍，磁盘的 250 倍，盒式录像带的 55 倍。但目前实用的相交光盘和变色光盘都是二维存储型，由于光束衍射的限制，存储密度极限值为 10^8 bit/cm^2。

光通信技术中，聚合物材料只有在拉伸时不产生双折射和偏光的条件下才能用来制造光导纤维。目前应用较多的是以有机玻璃为芯材，以含多氟烷基侧链的聚甲基丙烯酸酯类树脂为皮层的塑料光纤，最近，由于对有机玻璃采用重氢化处理，并高度纯化，已使塑料光纤的传输损耗由每千米上百分贝降至 20 dB/km，已接近石英光纤的性能，为长距离应用创造了条件。

7.7.4　特种陶瓷

陶瓷是人类最早使用的材料之一，传统陶瓷使用的原材料主要是地壳表面的岩石经风化后形成的黏土和沙等天然硅酸盐类矿物，主要成分是 SiO_2、Al_2O_3、Fe_2O_3、TiO_2、CaO、MgO、K_2O、Na_2O、PbO 等氧化物，故又称为硅酸盐材料，制成的材料主要是陶瓷、玻璃、水泥及耐火材料等。

现代陶瓷从组成上除了传统的硅酸盐、氧化物和含氧酸盐外，还包括碳化物、硼化物、硫化物及其他的盐类和单质；性能上不仅充分利用无机非金属物质的高熔点、高硬度、高化学稳定性，得到一系列耐高温、高耐磨和高耐蚀的新型陶瓷，而且还充分利用其优异的物理性能，制得了不同功能的特种陶瓷，如导电陶瓷、压电陶瓷、高导热陶瓷以及具有铁电性、半导体、超导性和各种磁性的陶瓷，适应了航空航天、能源、电子等新技术发展的需求。

1. 导电陶瓷

传统的陶瓷材料，如氧化物陶瓷，原子的外层电子通常受到原子核的吸引力，被束缚在各自原子的周围，不能自由运动，所以是不导电的绝缘体。然而某些氧化物陶瓷加热时，处于原子外层的电子可以获得足够的能量，能够克服原子核对它的吸引力而成为可以自由运动的自由电子，这种陶瓷就变成导电陶瓷。

导电陶瓷在空气中十分稳定，不与氧发生反应，最高发热温度高达 2 000 ℃以上，而且可以长时间使用，寿命超过 1 000 h 以上。因此，导电陶瓷已成为现代冶金、陶瓷、玻璃工业中广泛采用的高温发热体。现在已经研制出多种可在高温环境下应用的高温电子导电陶瓷材料:碳化硅陶瓷的最高使用温度为 1 650 ℃,氧化锆陶瓷的最高使用温度为 2 000 ℃,氧化钍陶瓷的最高使用温度高达 2 500 ℃。铬酸镧导电陶瓷是近十年内出现的一种新型电热材料,它的使用温度可达 1 800 ℃,在空气中的使用寿命在 1 700 h 以上。此外,还有离子导电陶瓷和半导体陶瓷,各具不同的功能。

氧化锆陶瓷是一种耐高温、抗氧化的复合氧化物,是在纯氧化锆中加入 10% 氧化镱制成的导电陶瓷。它能像金属那样把电能转变成热能,并能发光。目前,世界上 80% 的电能出自用汽轮机带动发电机的火力发电,但机械能变成电能的效率只有 30%～40%,而 60% 以上的能量被白白浪费掉了。如果采用磁流体发电就可以减少大量机械能损失。磁流体发电机的气流温度高达 2 000～3 000 ℃,速度为 800～1 000 m/s,气流中还有 1% 腐蚀性极强的钾离子。因此,要求电极材料既能耐高温,又经得起高速粒子的冲击,又能抵抗钾离子的腐蚀。磁流体发电机启动速度高,一般从点燃到满负荷,只需几十秒钟,因此,还要求电极材料要经得起急冷急热的变化。在这样严酷的条件下,能满足耐高温、耐腐蚀等苛刻要求的材料,只有氧化锆陶瓷。

快离子导体陶瓷指在一定条件(温度、压力)下具有离子电导特性的陶瓷,也称为固体电解质。许多晶体有很高的离子导电性,如 Ag 的卤化物和硫化物、具有 $\beta\text{-}Al_2O_3$ 结构的高迁移率的单价阳离子化合物、具有 CaF_2 结构的高浓度缺陷的氧化物。快离子导体陶瓷可以制作固体电解质电池,如锂碘、钠硫电池。锂碘电池可用作心脏起搏器的电源,钠硫电池可用作车辆的驱动能源或大电站的储能装置。快离子导体陶瓷可以制作离子选择电极,如用氧化锆制作氧分析仪的探头,可直接测定熔融钢液中氧的浓度。$\beta\text{-}Al_2O_3$ 制作钠离子选择电极,可测定合金中的钠含量。此外,还可用来提纯金属钠或制备氢和氧等。

半导体陶瓷是具有半导体特性、电导率在 $10^{-6}～10^5$ S/m 之间的陶瓷。半导体陶瓷是在绝缘体的金属氧化物陶瓷中,如钛酸钡、二氧化钛、二氧化锡和氧化锌等,掺入微量的其他金属氧化物,从而获得导电能力,它们的电阻介于绝缘体和金属之间。各种半导体陶瓷的电阻会随环境的温度、湿度、气氛、光线强弱和施加电压等的变化而有几十到几百万倍的改变,它们分别被称为热敏、湿敏、气敏、光敏和电压敏陶瓷。

2. 压电陶瓷

压电陶瓷是一种能将机械能与电能相互转换的材料。当压电陶瓷受到压力时,会在两个相对表面之间产生电位差,此时,一个表面出现正电荷,相对的另一个表面出现负电荷;反之,若在材料的某一方向施加电场,则会发生形变。如果压力是一种高频振动,则产生的就是高频电流。如果是高频电信号加在压电陶瓷上,则产生高频声信号(机械振动),这就是我们平常所说的超声波信号。也就是说,压电陶瓷具有机械能与电能之间的转换和逆转换的功能。压电材料可以因机械变形产生电场,也可以因电场作用产生机械变形,这种固有的机电耦合效应使得压电材料在工程中得到了广泛的应用。

压电陶瓷的用途非常广泛,下面来举其中几例。

（1）声音转换器　声音转换器是压电陶瓷最常见的应用之一。像拾音器、传声器、耳机、蜂鸣器、超声波探深仪、声呐、材料的超声波探伤仪等都可以用压电陶瓷制作声音转换器。如儿童玩具上的蜂鸣器就是电流通过压电陶瓷的压电效应产生振动，而发出人耳可以听得到的声音。压电陶瓷通过电子线路的控制，可产生不同频率的振动，从而发出各种不同的声音。例如电子音乐贺卡，就是通过压电效应把机械振动转换为交流电信号。

（2）压电打火机　现在煤气灶上用的一种新式电子打火机，就是利用压电陶瓷制成的。只要用手指压一下打火按钮，打火机上的压电陶瓷就能产生高电压，形成电火花而点燃煤气，可以长久使用。所以压电打火机不仅使用方便，安全可靠，而且寿命长，例如一种钛铅酸铅压电陶瓷制成的打火机可使用 100 万次以上。

（3）防核护目镜　核试验员带上用透明压电陶瓷做成的护目镜后，当核爆炸产生的光辐射达到危险程度时，护目镜里的压电陶瓷就把它转变成瞬时高压电，在 1/1 000 s 的时间内，能把光强度减弱到 1/10 000，当危险光消失后，又能恢复到原来的状态。这种护目镜结构简单，只有几十克重，安装在防核护目头盔上十分方便。

3. 透明陶瓷

透明陶瓷，又称为光学陶瓷或者玻璃陶瓷，是通过在玻璃原料中加入一些微量的金属或化合物作为结晶核心，在玻璃熔炼成形后，再用短波射线进行照射，或者进行热处理，使玻璃中的结晶核心活跃起来，彼此聚结在一起，发育成长，形成许多微小的结晶而制成的。用短波射线照射产生结晶的玻璃陶瓷，称为光敏型玻璃陶瓷；用热处理法产生结晶的玻璃陶瓷，称为热敏型玻璃陶瓷。目前已开发的透明陶瓷有白刚玉、氧化镁、氧化铍、氧化钇-氧化钍、氧化钇-氧化锆等。

透明陶瓷的机械强度和硬度都很高，能耐受很高的温度，即使在 1000 ℃ 的高温下也不会软化、变形、析晶。电绝缘性能、化学稳定性都很高。光敏型玻璃陶瓷还有一个很有趣的性能，就是它能像底片一样感光，由于这种透明陶瓷有这样的感光性能，故又称它为感光玻璃，并且它的抗化学腐蚀的性能也很好，可经受放射性物质的强烈辐射。它不但可以像玻璃那样透过光线，而且还可以透过波长 10 μm 以上的红外线，因此，可用来制造立体工业电视的观察镜、防核爆炸闪光危害的眼镜、新型光源高压钠灯的放电管等。

透明陶瓷的用途十分广泛：在机械工业上，可以用来制造车床上的高速切削刀、汽轮机叶片、水泵和喷气发动机的零件等；在化工行业上，可以用作高温耐腐蚀材料以代替不锈钢等；在国防军事方面，透明陶瓷又是一种很好的透明防弹材料，还可以做成导弹等飞行器头部的雷达天线罩和红外线整流罩等；在仪表工业方面，可用作高硬度材料以代替宝石；在电子工业上，可以用来制造印刷线路的基板；在日用生活中，可以用来制作各种器皿、瓶罐、餐具等；在光学仪器上，可以用来制作各类光学棱镜、透镜、高温观察窗、红外线窗口等，如卡西欧公司开发了具有超高折射率的透明陶瓷镜头，可应用在数码相机上，如图7-22 所示。

图 7-22 具有超高折射率的透明陶瓷镜头

参 考 文 献

[1] 赵连泽. 新型材料学导论[M]. 南京:南京大学出版社,2000.

[2] 张立德,牟季美. 纳米材料和纳米结构[M]. 北京:科学出版社,2001.

[3] 谭毅,李敬锋. 新材料概论[M]. 北京:冶金工业出版社,2004.

[4] 鲁云,朱世杰,马鸣图,等. 先进复合材料[M]. 北京:机械工业出版社,2004.

[5] 李宗全,陈湘明. 材料结构与性能[M]. 杭州:浙江大学出版社,2001.

[6] 丁秉钧. 纳米材料[M]. 北京:机械工业出版社,2004.

[7] 王正品,张路,要玉宏. 金属功能材料[M]. 北京:化学工业出版社,2004.

[8] 吴承建,陈国良,强文江. 金属材料学[M]. 北京:冶金工业出版社,2000.

[9] 董成瑞,任海鹏,金同哲. 微合金非调质钢[M]. 北京:冶金工业出版社,2000.

[10] 陈全明. 金属材料及强化技术[M]. 上海:同济大学出版社,1992.

[11] 平郑骅,汪长春. 高分子世界[M]. 上海:复旦大学出版社,2001.

[12] 朱敏. 功能材料[M]. 北京:机械工业出版社,2002.

[13] 徐晓红. 材料概论[M]. 北京:高等教育出版社,2006.

[14] 沈新元. 先进高分子材料[M]. 北京:中国纺织出版社,2005.

[15] 雷永泉. 新能源材料[M]. 天津:天津大学出版社,2000.

[16] 胡蕴成,邓良平,刘宜家. 半导体硅材料与信息化社会的高速发展[J]. 新材料产业, 2007,7;52-56.

[17] 宋大有. 世界硅材料发展动态[J]. 上海有色金属,2000,21(1):29-30.

[18] 蒋荣华,肖顺珍. 国内外多晶硅发展现状[J]. 半导体技术,2001,26(11):7-10.

[19] 邓志杰. 硅单晶材料发展动态[J]. 稀有金属,2000,24(5):369-372.

[20] 魏凤春,张恒,张晓,等. 智能材料的开发与应用[J]. 材料导报,2006,20:375-378.

[21] 商泽进,王忠民,冯振宇. 含形状记忆合金的智能材料结构的应用[J]. 稀有金属材料与工程,2007,36:163-167.

[22] 高志刚. 形状记忆合金的应用[J]. 现代制造技术与装备,2007,1:44-45.

[23] 耿冰,形状记忆合金的研究现状及应用特点[J]. 辽宁大学学报,2007,34(3):225-228.

[24] 都有为. 磁性材料新近进展[J]. 物理,2006,35(9):730-739.

[25] 李国栋. 当代磁性材料和磁学的研究和应用[J]. 生物磁学,2004,4(3):26-29.

[26] 张学锋,张方,郭芳芳. 超级钢的开发应用现状及未来展望[J]. 冶金丛刊,2007,1:42-44.

[27] 戴永年,杨斌,姚耀春,等. 锂离子电池的发展状况[J]. 电池,2005,35(3):193-195.

[28] 陈立泉. 我国新能源材料产业化现状[J]. 新材料产业,2005,7:30-34.

[29] 钟俐苹,胡泽豪,李立君,等. 高性能金属材料研究进展[J]. 金属热处理,2003,28(11):11-15.

[30] 王国栋,刘相华,李维娟. 400MPa超级钢控轧控冷优化工艺及工业试验[J]. 钢铁,2001,36(6):39-43.

[31] 翁宇庆. 超细晶钢-钢的组织细化理论与控制技术[M]. 北京:冶金工业出版社,2003.